JN221557

保科英人
宮ノ下明大

大衆文化のなかの虫たち

文化昆虫学入門

論創社

目次

Ⅱ部 近代文化昆虫学

Ⅲ部　身の回り品に見る現代文化昆虫学

07章　暮らしの中のテントウムシデザイン　108

08章　食品のモチーフとなった昆虫たち　130

09章　東アジアの町中ぶらぶら文化蝶類学　152

Ⅳ部　サブカルチャーに見る現代文化昆虫学

10章　特撮ヒーローのモチーフとなった昆虫たち　170

11章　昆虫絵本の世界　185

12章　映画に登場する昆虫たち　226

I部　文化昆虫学概論

01章 文化昆虫学序論

本書タイトルは「大衆文化のなかの虫たち――文化昆虫学入門」である。我々はまずは序論として、一般には聞き慣れない学問である文化昆虫学とは何ぞや？ との話から進めたいと思う。次に、その学問を研究する際の方法論について紹介していく。

1 文化昆虫学の定義とその範囲

❶ 文化昆虫学は何を研究する学問なのか？

「文化昆虫学」。一般にはほとんど知られていない学問である。大半の方は、末尾に「～学」と付くからには、何かを研究する学問だろうぐらいの推察はできるはずだ。では、どのような学問なのか？

文化昆虫学は一応、昆虫学の一分野とされる。昆虫学とは文字通り昆虫を研究する学問で、農業昆虫学、蚕学、衛生昆虫学、昆虫分類学、昆虫生態学、昆虫生理学などの諸分野から構成される。

しかし、文化昆虫学は昆虫学の中ではかなり異端な存在である。まず歴史が浅い。例えば、農業昆虫学はかつて人類が田畑を営み始めると同時に生まれたと言っても過言ではない歴史を持つ。農業と害虫は切っても切れない関係だからだ。しかし、文化昆虫学は米国のC. L. Hogueが１９８０年に正式な学問としての設立を提唱したことに端を発するとされているので、半世紀の歴史すらない。では、文化昆虫学の定義は何か？　三橋淳編集『昆虫学大事典』（朝倉書店）では、文化昆虫学は以下のように説明されている。

「文化昆虫学とは、昆虫が人間の歴史あるいは生活に与えたインパクト、昆虫にかかわる美術、文学や民俗などを調査して、その体系化を考究する学問である」

個々の単語の意味は簡単でも、このように文章にすると「何のこっちゃ？」と思われる方が多いにちがいない。ここでもう少し砕けた表現をするなら、

「文化昆虫学とは、人間の文化活動、たとえば絵画、文学、工芸、映画、信仰、または食生活、経済活動の中で、昆虫がどのようにかかわっているか、そして人々の自然観、昆虫観を研究する学問」

となる。これでもまだわかりにくい。ここで日本の様々な昔話や民話を思い出していただきたい。これらの話に登場するキツネたちは大概ズル賢く描かれている。無論、善人として描かれるキツネ、妖狐のように人間に害をなす暴威として描かれるキツネも存在するわけだが、どのようなキツネであっても「智」との共通

点がある。馬鹿で間抜けなキツネなんぞとんと聞いたことがない。このように、古来我々日本人はキツネを賢い獣とみなしてきた。この考察が文化動物学なのである。

これでご理解いただけただろう。文化昆虫学とは、前述のキツネを適当な昆虫に置き換えればよいのである。例えば、昆虫が題材となっている和歌や俳句を収集し、「セミは日本人にとって儚さの象徴」「カメムシは嫌悪される虫」などの昆虫観の考察を導くのが文化昆虫学のわかりやすい研究事例である。

❷ 文化昆虫学が扱う文化の範囲とは?

文化昆虫学が研究対象とする文化とはかなり広い。かと言って、我々は扱う文化の範囲を無限に広げているわけではない。例えば、先ほど経済活動における人と昆虫との関わりの分析は、文化昆虫学の範疇に入ると述べた。しかし、害虫が農作物に与える経済的被害の研究は農業昆虫学、蚊がもたらす伝染病対策に必要な経済的コストの研究は医療経済学にそれぞれ属している。いくら、経済活動と昆虫との関わりと言っても、これらの研究は文化昆虫学には入らない。あまりに実用的すぎる。つまり、文化昆虫学で対象にする経済活動とは文化的ないしは余暇的なものに限られるということである。

なお、昨今話題に上がることが少なくない昆虫食文化についてである。世界には昆虫はデザートのような嗜好品ではなく、必要な動物性タンパク質の摂取である地域もある。この場合、昆虫を食べる風習は言わば生活に必要不可欠であり、文化的・余暇的なものとは到底言い難い。よって、昆虫食習慣を含む人と虫との関わり全てを扱う学問を「民族昆虫学」と呼び、文化昆虫学とは差別化を図る場合がある。もっとも筆者らは文化昆虫学の定義にそこまでこだわっていないので、昆虫食は文化昆虫学の範疇か否かの問題には深く立ち入らない。どっちでもよいとのスタンスだ。

❸ 我が国における文化昆虫学史

80年代に米国で産声を上げた文化昆虫学であるが、その後順調に発展してきたとは言い難い。文化昆虫学専任の学者がいないからである。昆虫生態学や昆虫分類学を本職とする米国学者が片手間にやっているのが文化昆虫学なのだから、目立った進展がないのは当然だ。この点は我が国も同様で、全国の大学に文化昆虫学講座と銘打った研究室はない。著者の1人の保科が所属先の福井大学で「近現代文化昆虫学」との共通教育科目を令和元年秋に開講したのが、ほぼ唯一の文化昆虫学関連の大学授業と思われる。

出版界に目を転じると、1990年の『別冊歴史読本特別号』や2000年の生物学雑誌『遺伝』で文化昆虫学の特集が組まれたことが注目に値する。2014年には『文化昆虫学事始め』が刊行された。また、文化昆虫学との文言は使われていないが、『鳥獣虫魚の文学史　虫の巻』(2012年)は、日本の古典に登場する昆虫たちをプロの文学者たちが講究した重要な研究成果である。

著者2人が文化昆虫学業界に殴り込みをかけたのは2000年代半ば以降だ。つまり、せいぜい15年前の話である。それでも、我々は昆虫分類学及び応用昆虫学を本職としつつ、それなりの文化昆虫学の研究成果を積み重ねてきた。またまだ発展途上とは言え、その成果を本書にて皆さんに紹介することとしたい。

❹〝お堅い文化〟ばかりが論考対象となっていた20世紀までの文化昆虫学

文化昆虫学が分析対象とするモノはあくまで余暇的なものに限られるとは言え、古今東西無限に広がっているはずである。しかし、２０００年発行の雑誌『遺伝』で文化昆虫学の特集が組まれるまで、つまり21世紀寸前までは不思議なことに、文化昆虫学は平安期王朝文学「虫愛づる姫君」がどうだとか、万葉集や古今和歌集に詠まれた昆虫はどうだとか、江戸期の浮世草子や歌舞伎に登場する昆虫は何であったか、正倉院宝物や江戸期博物画に描かれた昆虫に如何なるものがあったかなどなど、古典文学作品や伝統的美術作品に研究対象が絞られてきた（例えば、奥本大三郎編『虫の日本史』）。

しかし、よく考えてもらいたい。確かに遣唐使廃止以後、日本独自の平安文化が花開いたわけだが、その担い手は社会の支配者層に限定される。この点は鎌倉期に成立した百人一首も同様だ。歌の詠み手は公家や高僧ばかりである。つまり、王朝文学や勅撰和歌集が当時の日本人の大部分を占める庶民の昆虫観をどこまで反映した作品なのか、甚だ疑問である。正倉院宝物も奈良時代の農民の日常生活品が含まれているわけではない。

一方、江戸期の元禄文化や化政文化では文学や歌舞伎、浄瑠璃、能などの担い手は支配者層から離れ、各種文化は確かに大衆化した。しかし、現代日本で「井原西鶴の作品に大変興味がある」と公言できる人はかなりの知的エリートのはずである。また、能の公演に毎年欠かさず行っている人々の多くも中流階級以上で、それなりの学歴や社会的地位、知的レベルの方々で構成されているはずである。

また、美術史の観点から描き手の昆虫観を考察してきた従来の諸研究を、民族の感性の事例として文化昆虫学の研究で引用することへの疑義もある。我々現代日本人も、世界を股にかけて活躍する日本人アーチストの自然観が、自分ら大衆の感性の代弁者である、などとは露ほども考えておるまい。超有名絵画から読み取れる昆虫観はどこまで言っても、庶民から乖離し、ずば抜けた感性の持ち主である偉大な作者の昆虫観でしかない。

ようするに、これまでの文化昆虫学の分析対象は平安文学や浮世草子、江戸期風俗、美術史上の重要絵画などのお堅い文化に限定されてきた。もちろん、文化昆虫学の業界でサブカルチャーが無視されてきたのは、何より有名古典や著名絵画などの〝お堅い文化〟を扱うことこそが学術であり、やれアニメだの映画だのと言った大衆文化を軽視する風潮が根強いことも大きな理由だったはずである。

❺ 近現代の大衆文化に着目せよ！

江戸期以前のお堅い文化を対象とした文化昆虫学は、無論それはそれで十二分に価値があるが、民族の昆虫観の実相には届かない、と言うのが著者らの信念なのだ。

幸い、明治以降の時代になると、大衆の手による、大衆のための文化の実像に迫れる資料が今も多く残されている。現代文化になるとなおさらだ。そして、「文化の担い手は本来大衆のはずなり」との理想を掲げ、明治大正期のペット昆虫や現代の特撮やアニメ、街中のお菓子にモチーフなどに見られる昆虫に着目してきたのが、我々著者2人なのである。新古今和歌集で詠まれている虫がどうのこうの、ヘルマン・ヘッセは蝶愛好家どうのこうの、円山応挙の百蝶図がどうのこうの、と一般大衆の趣味感覚からかけ離れた文化昆虫学はもうウンザリだ。本書では従来の堅い文化をかなぐり捨て、あくまで大衆受けするモノで扱われる昆虫を主な論考対象としている。本書タイトル「大衆文化のなかの虫たち——文化昆虫学入門」とは、上流階級文化ばかりを扱ってきた従来の文化昆虫学へのアンチテーゼの証しなのである。

2　大衆文化を対象とした文化昆虫学研究調査法

1にて我々は、文化昆虫学を進めるにあたり、従来軽視されてきた大衆文化の重要性を指摘した。では、いかなる方法で大衆文化を文化昆虫学に取り込み、分析及び論考を進め、そして成果を発表していけばよいのか。そして、なるべくなら調査者の主観で結果が左右されることなく、客観的な研究考察となることが望ましい。この**2**ではその方法論をいくつか事例的に概説したい。

❶ 統計解析の導入

筆者の1人保科は、数量化Ⅲ類と呼ばれる統計手法を用いた分析を行ったことがある（保科ら「アキバ系の文化甲虫学〜序章〜」）。まず、『涼宮ハルヒの憂鬱』『かみちゃまかりん』『虫姫さま』など、昆虫が作中に登場するアキバ系文化33作品を選んだ。次に、（1）作品は男女いずれを主なユーザーをしているか、（2）メディアは、マンガ、アニメ、ゲーム、小説のいずれか、（3）作品中の昆虫の扱われ方は、「嫌悪」「親しみ」「軽視」「重視」「敵」「味方」「シリアス」「コミカル」「強い」「弱い」「謎」「神聖視」「モチーフ」のどれに該当するか、(4)カブトムシ、クワガタ、トンボなどの虫の種類、の計4つの項目でデータマトリックスを作成した。

そして、統計ソフトを用いた数量化Ⅲ類で分析を行った。一応、結果としては作品がコメディであれば、登場する昆虫はコミカルや軽視と言った軽い感情で扱われる一方、非コメディ系ストーリーでは、昆虫はシリアスや軽視との重たい扱われ方をする、との当たり前の考察となった。

ここで紹介したのはあくまで分析方法の1事例の提示である。統計手法は数多くあるし、現在は専用ソフトも普及している。目的や分析対象作品の性質によって、適当な統計手法の選択が重要となってくる。

❷ 検索回数の分析

我々筆者2人の友人である高田兼太氏は、グーグル(Google)検索機能をフルに活用した分析を行っている。具体的には、「ホタル」との用語がどの季節に最も検索されたかを分析することで、人々が何月にホタルに関心を持ったか、また人々はホタルがいつ成虫となると認識しているかを明らかにすることができる。この分析方法の絶対的強みは、調査者の主観が一切入らずにデータを数値化できることにある。客観的な文化昆虫学の研究を進める上で、この手法は極めて秀逸である。

❸ RPG（ロールプレイングゲーム）の昆虫型モンスターの数値データの活用

ウルトラマンや仮面ライダーに登場する昆虫モチーフの敵キャラクターの強い弱いをファン同士が熱く語り合うことは容易だが、あくまで個々のファンの主観による印象を述べているにすぎない。しかし、ドラゴンクエストやファイナルファンタジーと言った有名RPG（ロールプレイングゲーム）だと、敵モンスターの強弱を客観的な数値データとして抽出することができる。なぜなら、ゲームメーカー監修の公式ガイドブックの中で、敵モンスターの強さを表す「攻撃力」「守備力」「体力」などが数値として明記されているからである。

筆者の1人保科は、この数値を活用した分析を試みたことがある。その結果、（1）昆虫型モンスターはHP（＝体力）が低めに設定されている。つまり、昆虫はザコ扱いである、（2）カブトムシをモチーフとした敵モンスターは防御力が高めである。よって、カブトムシは固い虫との人々の印象がゲーム中にも生かされている、などの傾向を導き出した。

この他、昆虫型の敵モンスターを甲虫目、鱗翅目、直翅目などの目（もく）ごとに分類し、どのような分類群の昆虫がRPGに採用されやすいかの分析も可能である。さらに、昨今のRPGでは一部の敵モンスターをプレイヤーの仲間にできる。よって、果たして昆虫型モンスターは味方のパーティーに加わってプレイヤーの助力となれるのかどうかを示し、RPG全体での昆虫型モンスターの重みを考察してもよいのである。

とにかく、1つのＲＰＧを調査対象として選ぶと、分析する敵モンスターの分母数を完全に固定でき、各種データを忠実に数値化できる。ＲＰＧの活用もまた現代文化昆虫学の重要な一手法である。

❹ 新聞の「歌壇」の分析

未発表データであるが、筆者の1人保科は朝日新聞掲載の読者投稿の俳句と短歌に着目したことがある。まず指導学生の卒業研究のテーマとして平成23年から同26年までの朝日俳壇（朝日新聞に掲載される読者の投稿短歌及び俳句）と若越俳壇（朝日新聞福井県版に掲載される前者と同様の短歌及び俳句）の全ての歌に登場する昆虫を調べさせた。その結果、昆虫を題材としていた全歌の中で、蝶と蛾を含む鱗翅目の登場頻度は朝日歌壇で20％弱、若越歌壇で14％弱となった。

さて、これら約15％～20％との数字の評価は難しい。一見これらは高い数字のように思えるが、そもそも昆虫が登場する歌自身が朝日新聞掲載の全ての短歌及び俳句のせいぜい5％を占めるに過ぎなかった。となると、同紙に歌を寄稿した市井の詠み手が格別蝶に強く執着していたとは言い難い、との考察になる。

朝日俳壇と若越俳壇は、多数の一般読者が投稿した短歌および俳句から、一流の歌人による選抜を経て、その一部が新聞紙面に掲載されるとの流れで構成されている。つまり、選抜者による主観はどうしても介在することとなる。それでも、文化昆虫学者が自分の好みで短歌や俳句集を読み、そこから昆虫が詠まれた歌を分析考察するよりは、歌の選抜を第三者に委ねた方が、客観性との点で言えばよっぽどマシなのである。

❺ 事例の列挙に終始することなく、反論・失敗を怖れずに全般的傾向の言及に踏み込む

❶〜❹で文化昆虫学の主にデータ収集法や分析手法を紹介してきた。ここでは集めたデータをどう生かすかについて考えてみよう。

1人の人間が小説、ロック音楽、詩歌、神話、アニメ、コミック、ゲームを全て網羅し、そこで描かれる昆虫を漏らすことなく抽出することは到底不可能である。となると、特に全体的な傾向や結論を示さず、昆虫登場事例を単に羅列するスタイルはある意味賢明である。例えば、篠田知和基博士著の『世界昆虫神話』(八坂書房)。この本では古今東西の神話や民話、小説に登場する昆虫の事例が列挙されている。しかし、篠田博士は「フランス人の全般的な昆虫観はどうこうである」「日本人の蜂に対する見方はこうこうである」等の考察をほとんどしていない。博士がしているのはあくまで事例の羅列である。

文化昆虫学的な事例の単純な大量記述は参考資料として大変重宝されるし、何より結果や考察を示さないので、事例漏れによる考察間違いを指摘される怖れがない。調査者の主観に左右される文化論的考察を外す文章は、学術的に客観性に富むし、何より批判を避けるとの意味で無難である。

問題は事例の単なる列挙は文化論として面白くない、との点である。筆者らは「あんたらの考察は主観的すぎる」との批判を怖れない。やはり文化昆虫学は文化論。独善的との反論を受けようとも、事例の列挙に留まらず、何らかの結論を出す方向で、筆者らは文化昆虫学を続けていく所存である。

❻ 研究成果の発表法

❺に述べた発想で、何かしらの文化昆虫学的考察に辿り着けたと仮定しよう。では、その成果をどこで発表していけばよいか。率直なところ、国内には文化昆虫学の成果発表に特化した媒体がない。そこで、筆者2人は国内雑誌では一般的昆虫学雑誌である『家屋害虫』『都市有害生物管理』『きべりはむし』『伊丹市昆虫館研究報告』などに投稿している。

海外の雑誌で言えば、アメリカの昆虫学雑誌『American Entomologists』が執筆者が米国人であるかないかを問わず、かなりの文化昆虫学関連の論文を掲載してきた。この雑誌は論文掲載に結構な経費がかかること、非英語圏の人間からすれば投稿前の英文校閲にも費用が発生すること、査読制度を取っていて投稿論文が必ずしも掲載されるとは限らないこと等の事情はある。しかし、同誌は伝統ある昆虫学の雑誌であり、読者数が多いことは何よりの魅力である。

2017年にはチェコで『Ethnoentomology』、直訳すれば『民族昆虫学』との雑誌が刊行を開始した。世界的にも稀有な文化昆虫学専門雑誌である。本誌は完全オンラインかつオープンアクセスとの体裁をとっており、世界中の誰しもがいつでも論文に目を通すことができる。しかも、論文投稿者には一切の料金がかからない。このように『Ethnoentomology』は良いことずくめの雑誌なのであるが、ただ1つ難点があるとすれば、創刊間もないと言うこともあってか、雑誌の認知度が低く掲載論文は決して多くない。果たして世界で何人の人間が目を通しているか心許ない部分がある。今後の雑誌の発展に期待したいところである。

このように問題はいくつかあれど、海外誌への投稿は、日本人と昆虫との関係を外国人に紹介するうえで、重要な選択肢なのである。

以上が文化昆虫学序論である。文化昆虫学とは何か、そして、その従来の調査方法の一部を紹介した。特に本書で取り上げた調査法は当学問分野で決まりきったものではなく、あくまで現時点で良法と思われる案の提示である。今後は学問の進展とともに、さらなる調査法が考案されていくはずである。

本章では文化昆虫学の定義や調査法を主に紹介した。続いて、我が国の文化昆虫学の根幹部分とも言うべき「日本人の昆虫観」について検証する。そして、その昆虫観を抱いた日本人は文化作品の中で昆虫にどのような役割を与えてきたかを概説する。そして、II部以降では個別論に入る。まずは、II部で明治・大正・昭和戦前期の日本人と昆虫との関係を論じる。そして、III部では食品や文房具など、身の回りの昆虫モチーフ物品を取り上げる。最後のIV部では、特撮や映画、ゲームなどに登場する昆虫について細かく論じていくこととしたい。

（保科英人・宮ノ下明大）

02章 日本人の昆虫観概説

01章で「文化昆虫学とはそもそも何ぞや」「聞き慣れないその学問はどのような調査研究法でもって進めていくのか」の2点について概説した。ここからは「日本人の昆虫観」を検討していくこととしたい。昆虫観であれ鳥観であれ、民族の特定の生物に対する見方や感情が大なり小なり文化作品に反映されるのは当然である。童話でカメがおじいさん役とされがちなのは、我々がカメを長寿のシンボルとして見ているからに他ならない。文化昆虫学を進めるうえで、おおよその昆虫観を知っておくことは学問上必須の作業である。

一般的に日本人は虫好きな国民である、と言われている。従来の文化昆虫学の論説では、古典、俳句、浮世絵などの日本の伝統文化でいかに昆虫が好意的に使われてきたかを強調してきた。一昨年にはフランス文学者の奥本大三郎氏が「日本では生活の中に虫がいる。しかし、西洋の子供はクワガタで遊ばない。ゴキブリとカブトムシの区別がつかないアメリカ人もたくさんいる」と欧米人と比較しながら、如何に日本人が古来昆虫に親しみを感じているかを力説している（平成29年8月13日付赤旗日曜版）。

確かにそうだろう。日本人は虫好き民族に違いない。近代以降に来日した外国人の中には日本人が虫に対して特別な感性を持っていることに驚嘆した人々も少なくない。小泉八雲などはその好例だ。「我ら虫好き民族なり」との自負は決して日本人の独りよがりではないのだ。

特に鳴く虫のような情緒の対象となる昆虫ほど、「我々日本人の虫に対する感性は独特である」との自負の傾向は強くなる。例えば、美術史家の宮下規久朗氏は「虫の声を愛でる感受性は西洋には全くない」と言い切る（宮下『モチーフで読む美術史』）。そして、現代人だけでなく、近代日本人も己らの鳴く虫への独特の感性があることを誇りに思う傾向があった。例えば、大正時代中頃の東京毎日新聞社の記者は、同社主催の「蟲聲會」とのお祭りを前にして「抑蟲の聲を樂しむと云ふことは實に我日本國民特有の趣味で外國では絶へてないのである」とまで言い切っている（大正7年7月31日付東京毎日新聞）。ちなみに、虫の鳴き声鑑賞の風習は中国にも西洋にもあるので、この記者は明らかに事実誤認をしている。

日本人自身による「日本人虫好き論」が単に「俺たちゃ変人だからな」の域に留まっているならよい。筆者が気になるのは、「日本人虫好き論」の背後に「自分たちは世界でも特別に優れた感性を持つ民族」「日本は小さい虫まで愛することができる、自然を大事にする国」と他国への優越感が見え隠れする点だ。現在日本の国力は確実に衰亡期に入っている。昨今ＴＶや雑誌でよく見る「日本はスゴイ！」論は、自信を失いつつある日本人にとって心地よいものだから、との冷めた見方もあるぐらいだ。殊更に日本人自身が「日本人虫好き論」を強調する風潮に筆者はやや危険なものを感じる。

ここらで日本人の昆虫観が本当に世界で群を抜いた独特なものなのか、を今一度検証し直してみてもよさそうだ。なお、本章の内容は平成30年発行『環境考古学と富士山』2号掲載の拙文の一部の焼き直しである。

1　日本神話でセリフを与えられなかった昆虫たち

日本神話と言えば、おおよそ古事記、日本書紀、風土記に掲載された神話を指す。特に古事記と日本書紀の両者を併せて『記紀』と総称で呼ぶことも多い。言わずもがな、古事記や日本書紀、風土記に収録された神話とは古代天皇政府が編纂した官製神話である。つまり、神話の端々から読み取れる自然観は当時の支配者層の感性や都合に強く影響されている。神話の編纂の過程で地域に残る伝承なども盛り込まれたとは言え、倭の国の庶民の自然観はあくまで間接的にしか書物に反映されていない点は注意する必要がある。

『記紀』にはトンボに因む有名な2つの逸話が掲載されている。1つ目は神武天皇が御巡幸の際、腋上の嗛間（ほほま）の丘に登られ、国の形を望見して「なんと素晴らしい国を得たことよ。狭い国ではあるけれど蜻蛉（あきつ）が交尾しているように、山々が連なり囲んでいる国だ」と言われた。これにより秋津洲（あきつしま）の名ができた（『日本書紀』）。２つ目は雄略天皇の御代。天皇は阿岐豆野へ狩りに出かけ座って休んでいた。するとアブが飛んできて天皇を刺した。さらにトンボが来てそのアブを食って飛び去った。天皇は「(前半略）手腓に虻かきつき　その虻を　蜻蛉早咋ひかくの如　名に負はむと　そらみつ　倭の国を　蜻蛉島（あきずしま）とふ」との御製を詠んだ（『古事記』）。

王の近くを昆虫が飛んだとの逸話は海外にもある。例えば、欧州の中世前期、イベリア半島を支配した西ゴート王国では672年王位に就いたバンバが聖なる塗油式を執り行った際、バンバの頭から蒸気が昇り、頭の付近から1匹の蜂が飛んでいったと言う。この逸話は雄略天皇の故事に似通る部分がある。

しかし、古代天皇家とトンボの関係はバンバと蜂のそれよりははるかに深いものだ。神武・雄略の両天皇とトンボとの逸話は秋津洲との日本の古称をも生み出した。また初代の神武天皇は言わずもがな、第21代雄略天皇も単なる21番目の天皇ではない。雄略天皇は国内では瀬戸内海の水軍と航路を支配していた吉備氏を討ち滅ぼし、外では倭の軍が朝鮮半島の高麗と新羅両国の軍を破った。『記紀』が描く雄略天皇は軍事的カリスマであるが、実際史実としても雄略天皇の時代に王権の専制化が進んだとされている。つまり神武と雄略は共に節目の天皇であり、その両天皇とトンボの間で強い紐帯が描かれていることが重要なのだ。『記紀』から古代日本人のトンボに対する強い愛着を確かに看取できる。

しかし、筆者はむしろ『記紀』神話に登場するトンボがセリフを与えられていない点に着目したい。話の展開からして「我々トンボは神倭伊波礼毘古命（＝神武天皇）以来の国造りによって水田に安住の地を得ました。よって恩返しとして御子孫にあらせられる大長谷若建命（＝雄略天皇）を刺した不埒なアブめを私は討ったのです」と、トンボが高らかに名乗りを上げる場面が盛り込まれてもよさそうなものだが、『記紀』編者はそのようなドラマを一切描写していない。

一見些細なことであるにもかかわらず、なぜ筆者はトンボが言葉を発していない点にそこまでこだわるのか。それは日本神話ではネズミやヒキガエルと言った動物が神々との間で会話を交わしているからである。例えば、大穴牟遅神（後の大国主神）は須佐之男命の策略にはまり、自分がいる野原の周囲を火で囲まれた。すると、ネズミが出てきて「内はほらほら、外はすぶすぶ」（＝地面の内側は空洞だから、そこを踏めば地中の穴に潜りこめて助かります）と大穴牟遅神に助言した。また、大国主神が出雲の岬にいたとき、天のガガイモの船に乗って近づいてくる神がいた。大国主神は名を問うたが、その神は黙したまま答えない。仕方なく大国主神は自らに従う神々に問いただしたが、誰もその神の名を知らない。すると、ヒキガエルが前に進み出て「久延毘古ならばその名を知っているでしょう」と奉答した、と言うのである。

このように『記紀』神話ではネズミやヒキガエルが神々に物申す場面が描かれている。つまり、これらの動物は神話中の脇役とは言えキャラクター化されている。一方のトンボは完全に沈黙させられているから、キャラクターではない。『記紀』神話では昆虫の扱いは哺乳類や両生類と比較して数段下とされていると判断せざるを得ない。この他、『記紀』に出てくる昆虫で目立つのは不吉の予兆として描かれる虫の大群である。そもそも、『記紀』に昆虫が出てくる場面自体が決して多くないのである。以上、『記紀』からは日本人の強烈な昆虫愛を到底読み取れない、と言うのが筆者なりの結論だ。

では、海外の神話では昆虫はどれくらいの頻度で登場し、どのような扱いを受けているのか？　その詳細は拙文「古事記・日本書紀に見る日本人の昆虫観の再評価」に譲りたいが、ギリシャ神話、ローマ神話、北欧神話、朝鮮神話、中国神話などなど。東アジアや欧州主要神話に限って言えば、日本神話でも海外神話でも、昆虫の扱いは軽く、昆虫への強い親近感は感じられない。その点については各国大差がない、と日本人虫好き論者にはある意味残念な結論を述べておこう。例えば、メソポタミアのシュメール神話にも女神イナンナを助けたハエがいて、そのハエは褒美としてビール醸造所と居酒屋で生きることを許されたとの結末になっている（岡田明子・小林登志子『シュメル神話の世界――粘土板に刻まれた最古のロマン』）。前出の雄略天皇の敵を討ったトンボと似たような話であるが、大きな違いはこのハエが神から褒賞をもらった点にある。

イナンナとハエの間の方が、天皇とトンボよりも大きな絆が見受けられるのだ。日本神話では虫は所詮虫けらとしての扱い、と捉えておくのが無難である。

2 日米海軍の動物好き比べ

何となくではあるが、どうも少なからぬ日本人は「アメリカは超大国で、日本は地勢上政治的に米国に隷属せざるをえない。しかし、自然を大事に思う心はアメリカに勝っている」と根拠なき自信を持っているような気がする。ここで、「自然を大事に思う心」を「犬猫のような可愛い動物だけでなく、昆虫を含む多種多様な生物に対しても親近感を持てる心」に置き換えて日米比較を行ってみよう。

筆者は近代日米海軍の艦船名や戦闘機名に注目した。昭和16年大東亜戦争中、アメリカ海軍は「ワスプ」「ホーネット」との名を持つ航空母艦（＝空母）を有していた。共にスズメバチないしはジガバチを意味する艦名である。確かに大空を雄飛する多数の艦載機を擁し、敵艦を自由自在に攻撃する空母はスズメバチそのものだ。

では、相対した日本海軍の空母名は如何なるものであったか。大東亜戦争中の空母は「飛龍」「雲龍」「海鷹」「大鳳」「隼鷹」とドラゴンや鳥系の漢字がずらりと並ぶ。空母以外では「大鯨」「迅鯨」などの潜水母艦があった。しかし、日本近代海軍約80年の歴史の中で昆虫由来の艦艇名は全く見当たらない（**注1**）。

どうやら日本海軍は軍艦に昆虫、と言うよりは無脚（ただしクジラは例外）、4つ脚、6つ脚の動物の名を付ける発想をそもそも持たなかったらしい。軍艦の名前の由来となる動物は、クジラ以外はドラゴンと鳥ばかりなのである。一方、アメリカ海軍は上述の「ワスプ」「ホーネット」の空母ほか、戦闘機にはなぜか地べたを這いずる哺乳類の「バッファロー」「ワイルドキャット」（ヤマネコ）などと命名したし、「シーライオン」（アシカ）と言う名の潜水艦も保持していた。また、水陸両方に着陸できる汎用機はグラマンＪ２Ｆ「ダック」（アヒル）と名付けられた。アメリカ海軍は動物に由来する命名に対してかなり柔軟な発想を持っていたことがわかる。

あくまで兵器の名前だけ見れば、近代海軍においては日本よりもアメリカ側に昆虫、そして多種多様な動物に対する親近感が滲み出ている、との結論になる。つまり、実際の戦争だけでなく、動物好き比べでも日本はアメリカに完敗したわけだ。

3　大金持ち華族昆虫学者が生まれなかった近代日本

近代日本の華族の中には、研究に没頭できる時間と経済力を生かし、博物学者となるものも少なからずいた。華族鳥類学者としては、山階芳麿や鷹司信輔、黒田長禮・長久父子、蜂須賀正氏などが挙げられる。一方、華族昆虫学者には仁禮景雄、高千穂宣麿、中川久知などがいる。

ここで華族学者と昆虫学の関係を鳥類学と対比させながら改めて〝斜め〟から見てみよう。華族鳥類学者の〝鳥の公爵〟鷹司信輔は文字通り公爵で最上位の爵位を持つ。そして、同じく鳥類学者の山階芳麿、黒田長禮・長久父子、蜂須賀正氏は侯爵である。鷹司信輔は五摂家出身で旧公家として最高位の家格にあり、世間で貴族院議長候補と噂されたこともあるほどの政界の重鎮だった（拙文「帝国議会における鳥類学者鷹司信輔」）。

一方、昆虫学者の中川久知は伯爵家の生まれであるが、28歳の時に分家して華族の籍を脱して平民となっている。仁禮景雄も同じく実家の仁禮子爵家から分家したのち平民として生涯を終えた。高千穂宣麿だけはその生涯の殆どを男爵の爵位保持者として過ごした。

華族鳥類学者と華族昆虫学者との間には明瞭な爵位の差がある。公侯爵で構成される前者と伯子男爵及び無爵位者で構成される後者。端的に言うと、爵位の差は経済力の差でもあった。経済的余裕がある公爵や侯爵が研究対象として選んだのは鳥であって昆虫ではなかった。公爵や侯爵の家の当主たちは昆虫に目もくれず、優雅に鳥類学に取り組む一方で、無爵位または貧乏男爵の虫好き華族は時には日々の生活の心配をしつつ、泥臭く昆虫を追いかけたのである。

欧州では時折金満貴族昆虫学者が輩出したが、日本には結局敗戦まで大金持ち華族昆虫学者は誕生しなかった点は注記しておきたい。欧州と日本との間の風土の差、と言ってしまえばそれまでだが、これが日本の近代華族動物学者たちのある一面である。

4　虫けらよりもモフモフ鳥獣が大事なのは欧米人も日本人も同じ

希少種保全との観点で日本人の昆虫愛を再検証してみよう。環境省希少野生動植物種保存推進員と福井県環境審議会野生生物部会長を長く務めてきた筆者は主に福井県内の希少昆虫の保全の問題に否応なく向かい合ってきた。本稿は希少種保護行政について論じる場所ではない。本稿では「福井県は見た目が良いコウノトリばかりにカネをかけて保護している」との結論だけ申し上げておこう。このような状況でも「日本人は昆虫が好き」などと堂々と主張できるのか。

沖縄辺野古基地をめぐる騒動も同じだ。なぜ「サンゴ礁の海とジュゴンを守れ。基地を造らせるな」との声が国内外から湧き上がるのか。理由は簡単だ。サンゴ礁の海が、人間の目には極めて華やかに見えるからである。一方で、いくら希少種であっても、見た目地味なイネ科草本植物群落が高速道路建設で消滅の危機に瀕しても、国内外のアーチストやタレントは見向きもしないに違いない。

国民の民意に支えられたコウノトリやトキ、その他見た目麗しき希少鳥獣への偏重保護、ジュゴンへの過剰とも言うべき同情、過激な猫愛護者の存在、その他諸々の事例から得られる結論はただ1つ。ようするに日本人は「カワイイは正義」なのである。そして、貴族のキツネ猟に反対し続けた英国の動物愛護運動、オーストラリアを拠点に暴れまわるシーシェパード、米国の見た目よろしき動物にのみ適用されるアニマルライツ運動を見ていると、どうやら「カワイイは正義」は大陸の新旧、洋の東西、半球の南北を問わず、人類の普遍的な価値観らしい。トキ、コウノトリ、アホウドリなど特定の愛らしい動物だけにカネを垂れ流す保護行政に取り立てて疑念を抱かない日本人は、「自分たちだけが自然保護思想の延長として昆虫を愛おしむことができる民族。我々は欧米人どもとは異なり、鳥獣も昆虫も同等に尊ぶ」などと自惚れぬ方が良い。果たして、我々は「日本人は虫好きとの特別な感性を持つ」と胸を張れるのだろうか？

5　どうやら日本人の昆虫愛はオモチャへの愛と同質である

「カワイイは正義」との人類の普遍的価値観からすれば、抱擁の対象から昆虫が外されるのは当然だ。ここで改めて「日本人は虫好き」との根拠を思い返してもらいたい。奈良平安期の古典や和歌、武家政権時代の昆虫をモチーフとした武具、江戸市中のスズムシ売り、昆虫に物の哀れを見顕す俳句。現代のカブトムシペット産業、ムシキングに代表される昆虫ゲームの数々、オヤジ趣味と化しつつある昆虫採集。

確かに世界に類を見ない昆虫文化が日本にあると言えるわけだが、つまるところ日本人の昆虫に対する愛情とは、自然生物として昆虫を尊重していると言うよりは、オモチャへの執着愛と言った方が正確である。和歌や短歌に昆虫を詠み込む創作活動は大層高尚な芸術文化と思いがちだが、何のことはない。余暇的文芸に必要な題材即ちオモチャである。一般的な日本人は決して保全生態学的な意味で昆虫を取り立てて尊重する民族ではない。世界でせいぜい十人並と呼ぶべきであろう。

筆者も愛国者の端くれ、外国の方から「日本人の昆虫愛はスゴイ！」と褒められれば喜んで拝聴させていただく。ただ、日本人自ら「俺たちの昆虫愛は他国に誇れるものだ」などと世界に吹聴する必要もあるまい、と言うのが筆者の徹底的に冷めた所感である。

6　日本人の昆虫愛は欧米諸国と比べて量的に上回る程度か

日本人の虫好きを強調したい時に「欧米諸国では虫は嫌悪される存在であるが、日本では愛される対象である」との類のフレーズがよくつかわれる。もちとん、一口で欧米諸国と言っても色々な国があるし、第一向こうは日本と異なり多民族国家だ。異文化比較はそう単純ではないが、以下、筆者の個人的体験談を並べてみよう。

筆者は欧米人中心の「Cultural Entomology」（文化昆虫学）とのマニアックな非公開Facebookグループに所属している。この「Cultural Entomology」へ投稿される昆虫グッズ紹介によれば、欧米諸国にも昆虫をモチーフとした様々なアクセサリーやリュックサックなどが存在することがわかる。昆虫グッズは別に日本の専売特許ではない。

次に、筆者は海外アニメ配信チャンネル「カートゥーンネットワーク」を、時間を見つけては半ば我慢しつつ閲覧している。そして、２０１０年以降に放送された米国産アニメの１つに『アドベンチャー・タイム』との作品を見つけた。作品中では愛らしさを残す蛾？のような宇宙昆虫が登場したり、何気なくチョウがひらひら飛んだりする描写がある。エンディングアニメでは、可愛いミツバチやイモムシ、テントウムシなどがのそのそと這いまわり、長閑な雰囲気を作り上げている。

同じく「カートゥーンネットワーク」で配信されているフランス製アニメ『オギー&コックローチ』は、3匹のゴキブリが準主役である。ゴキブリたちは擬人化によるデフォルメが著しく、見た目はゴキブリと言うよりは〝ゴキブリ風小人〟である。とは言え、筆者にはこれに該当する日本製ヒット作ゴキブリアニメに心当たりがない。欧米人は虫が嫌いだが、日本人は親しみを感じている、とは一概には言えまい。

その他「カートゥーンネットワーク」で米国産諸アニメを流し見しているわけだが、昆虫の登場頻度が日本と比べて著しく低いようには思えない。日米アニメ比較に限定するならば、アニメ上で示される彼らの昆虫観が我々のそれと根本的に異なるとまでは言えそうにない。

ここでアジアに目を転じる。お隣韓国では『Larva』（＝幼虫）と言う、画面が芋虫を中心とする虫だらけのアニメが２０１１年から放送された。一方、筆者がいくら頭をひねっても、最近の日本アニメで芋虫が主役を務める『Larva』に該当する作品に心当たりがない。何よりわが国で「幼虫」などと言うアニメタイトル作品がありえるだろうか？　日本人が韓国人に対してどこまで虫好きの優位性を誇ってよいのか、アニメひとつとっても自信がなくなってくる。

なお、文学面での話になるが、国内外の神話や文学に詳しい篠田知和基博士は「虫の文学との観点で言えば、かならずしも日本が質量ともに諸外国よりも抜きん出ているとはいえない」（篠田『世界昆虫神話』）と冷静に分析していることも付け加えておこう。

あくまで筆者のフィーリングにすぎないのだが、以下のまとめを述べて本章を終わろう。確かに日本民族の昆虫愛は世界でも有数のものだ。ただ、日本人の昆虫愛の優位性はあくまで量的なものにすぎず、世界で何か唯一無二の独自の昆虫愛が我が国に存在するわけではあるまい。日本人虫好き論の背後には「小さい虫に美を見出せる特別な感性を持つ我々は、他の民族とは違う」「欧米人どもとは異なり、我々は自然を大事にできる民族」との過剰な自負が見え隠れしているように思えてならない。

（保科英人）

注1　幕末土佐藩が所有した洋式艦船には「蜻蛉」「空蟬」などがある（神谷大介『幕末の海軍』）。

03章 脇役に甘んじる昆虫たち

02章で「日本人はまあ虫好きの民族だろう。しかし、世界でわが国だけに見られる独特の昆虫観が存在するわけでもない」と結論づけた。とりあえず我が国に虫好きとの昆虫観が存在することを前提とする。では、そのような昆虫観のもと、日本の文化作品において昆虫にはいかなる役割が与えられているのか。次章以降、特定のテーマに沿った文化昆虫学論を展開していくわけだが、諸作品における大雑把な昆虫の役割をここでまとめておくことは無駄な作業とはなるまい。

当然一口で文化作品と言っても、すそ野は無限大に広がる。よって、ここでは虫好き日本人の手による文化諸作品のうち、対象を主にアニメとゲームに絞り、昆虫の役割、ざっくり言うと主役なのか脇役なのか等を最初に検討することとした。

まずは比較のために、昆虫以外の動物の作品中の作品中で与えられた役割を拾ってみよう。例えば少なからぬ日本人が涙した『フランダースの犬』。このアニメの主役は少年ネロ、そして愛犬のパトラッシュは準主役である。ネロとパトラッシュと言う人と犬の名コンビはあまりに有名なわけであるが、アニメで人と鳥獣との組み合わせは珍しいわけではない。各種の魔法少女アニメを思い返せばよい。

ならば、アニメやゲームにおける昆虫たちはどのような役割を与えられているのか。ストーリーの中でヒーローやヒロインに次ぐ重要な役が割り振られるのか。先に結論を言ってしまうと答えは「ノー」である。つまるところ『みつばちマーヤ』などの例外を除くと、昆虫は映画であれアニメであれ脇役に過ぎないのである。本パートでは、アニメやゲーム世界における昆虫たちの颯爽とした〝脇役〟ぶりを通して、我が国文化の昆虫の役割の大まかな傾向を見ていくこととする。

1　人と虫との強い繋がりが描かれない『ハクメイとミコチ』

平成30年にＴＶ放送された『ハクメイとミコチ』と言うアニメがある（図1）。この世界では人はわずか身長9センチメートルの小人だ。そして、物語の舞台は人のほか哺乳類、鳥類、両生類、爬虫類、そして昆虫たちが同等に暮らすファンタジー世界である。この世界の構成メンバーの中で人は小さい図体の部類に属するようで、ネコやカエル、トカゲの方が人よりも遥かに大きく描かれている。同アニメの主人公はタイトル通りハクメイとミコチとの名の2人の少女。物語は一話完結型で、毎回特に大きな事件が起こることもなく、2人の少女を中心とした日々の生活が緩く描かれるアニメだ。

この世界では人だけでなくタヌキもトカゲもカブトムシも仕事を持ち、異族間でも自由にコミュニケーションを取りながら生活している。実際、アニメ第1話はバッタがハクメイとミコチ2人の家に新聞を配達する場面から始まっている。また、2人がオサムシに乗って山を登るシーンもある。このように『ハクメイとミコチ』の世界観では、一見哺乳類も昆虫も重要キャラクターとして同じ扱いを受けているように思える。

しかし、本作の物語を注意深く見ていると、やはり哺乳類と昆虫の間には歴然とした差が設けられていることがわかる。例えば、ハクメイは少女でありながら、その仕事は大工や刃物研ぎなどのガテン系である。ハクメイは様々な困難を乗り越え、職人技術を習得していくのであるが、彼女の師匠はイタチのイワシ親方だ。また、とある工事現場ではハクビシンがハクメイの良き理解者となった。さらに、最終回ではかつて行き倒れとなったハクメイを助けたのはオオカミであるとの過去が描かれる。

以上、アニメ『ハクメイとミコチ』は昆虫が獣や鳥と同等の人格を与えられているとの点でかなりの異色作なのであるが、やはり限界がある。結局のところ2人のヒロインと深い繋がりが描かれる人外生物は鳥獣だけなのだ。表面的には人も哺乳類も昆虫も等しく扱われているかに見える『ハクメイとミコチ』であるが、昆虫は所詮脇役にすぎないとの従来の役割を再認識させられる名作アニメなのである。

◆図1　コミック版『ハクメイとミコチ』1巻、樫木祐人、KADOKAWA

2　季節を告げられるのは虫だけ。鳥や獣はBGMや背景になれない

虫の絶対的な強みの1つはBGMや背景となって、アニメやゲームの作品に季節を与える表現力を持つ点にある。端的に言うとセミの声をBGMとして使えば、夏の到来を示す演出となるし、猛暑を強調する演出ともなる。また、タイトルに「八月」「夏」などの名詞

が入った作品の場合。物語開始直後にセミの声を流せば、ユーザーに立ちどころに夏を意識させられるとの演出効果がある。例えば、平成31年放送のTVアニメ『八月のシンデレラナイン』の第1話の冒頭は、その作品タイトルを裏付けするかのように、ミンミンゼミとクマゼミの鳴き声で始まる。平成30年のゲーム『約束の夏、まほろばの夢』では、ゲームの始まりの青空一色の画面でミンミンゼミの声だけが鳴り響き、ユーザーに否でも応でも夏の高揚感を感じさせるのである。平成24年のTVアニメ『あの夏で待ってる』でも、第1話開始ほどなくしてミンミンゼミやアブラゼミの声が流された。

一方、多くのアニメ中で流れるスズムシやコオロギの鳴き声は晩夏から秋の夜長を視聴者に感じさせるとともに、どこか清涼な雰囲気を場面に与えるものである。さらに夕焼け空の下、赤とんぼを群飛させれば、そのシーンは秋の穏やかさを示すこととなる。

この役回りはどう逆立ちしても犬や猫、インコには務まらない。言うまでもなく、鳥や獣は寿命が長いので、特定の季節の象徴となることができないからである。鳥や獣が決まった日時や季節、場所を表せるとすれば、せいぜい朝一番のニワトリや小鳥のさえずり、黄昏時のカラス、春の到来を告げるウグイス、高原に位置することを示すカッコウぐらいであろうか。鳴き声による季節表現力で言えば、哺乳類は鳥よりさらに劣る。そもそも獣はそんなに鳴かない。幼児向けアニメでキツネを「コンコン」と鳴かせることは簡単だが、それが何かの季節を表せるわけでもない。

その点、セミやスズムシやコオロギたちの鳴き声はアニメやゲームの演出で大変使い勝手が良い。東京のど真ん中で生まれ育とうが、田舎に住んでいようが、誰しもがセミの声に聞き覚えがあり、かつセミが夏の虫だと知っているからだ。秋の鳴く虫たちも然りだ。

セミや秋の鳴く虫が作品の演出上都合が良いのは種類の豊富さも挙げられる。町中や郊外で声を聞くことができるセミは、ニイニイゼミ、アブラゼミ、ミンミンゼミ、クマゼミ、ヒグラシ、ツクツクボウシで、これだけで6種もいる。鳴く虫だとエンマコオロギ、ツヅレサセコオロギ、スズムシ、マツムシ、アオマツムシ、カンタンなどなど、軽く2桁を越えるので、作品の作り手からすれば選択肢の幅が広い。特にセミの場合は、それぞれの種の鳴き声が大変特徴的でかつ全く異なるので、場面に応じた使い分けが可能となる。

例えば平成17年放送TVアニメ版『AIR』(**図2**)。本作は同名タイトルのゲームが原作で、海岸近くの夏の田舎町を舞台とし、作中で虫の鳴き声を多用したアニメだ。第1話と第2話では、筆者が聞き分けることができた虫だけで何と7種にもなった。また第6話は主要キャラクターの遠野美凪とみちるとの別れが描かれる前半のクライマックスの回であるが、2人の思い出、別離、消失、新しい出会いと様々な場面でアブラゼミ、ミンミンゼミ、クマゼミ、ヒグラシ、ツクツクボウシ5種のセミの鳴き声が巧みに使い分けられている。『AIR』は田舎を舞台とする作品で、いかに多種多様な虫の声が重宝されているかを示す好

◆図2　TVアニメ版『AIR』1巻。©VisualArt's／Key／翼人伝承会

例と言えるだろう。

さらにセミや鳴く虫たちの特徴は仄かに流れるBGMとして採用できるとの点にある。夏を描くアニメやゲームでは、その場面の間ずっとセミの声が流れるとの演出が可能だ。逆の事例としてニワトリを考えてみればよい。アニメ中で「コケコッコー」と鳴かせることで朝到来の明瞭な演出となる。しかし、主人公たちの朝食中、庭のニワトリがずっと鳴き続ければどうなるだろう。はっきり言ってウザイ。「コケコッコー」は1回で十分だ。一方、お月見団子を食べる場面はどうであるか。バックでスズムシやマツムシがか細く鳴き続けても特に違和感はない。静寂に流れるBGM。この役割は鳥に務まるものではない。

背景でも同じことが言える。鳥や獣は背景に容易に溶け込まない。秋の夕方の下校場面をイメージしてもらいたい。キャラクターたちの後ろで赤とんぼが飛んでいる。これは自然である。一方、哺乳類はどうしても昆虫と比較すると図体がデカすぎるので、背景に置くとキャラを浸食してしまうのである。

背景と人間キャラクターの前後をわざと入れ替えて、間抜けなシーンを演出する時でも昆虫は活用される。平成31年放送のTVアニメ『みだらな青ちゃんは勉強ができない』第3話では夜の神社でヒロインの堀江青が男友達の木嶋君に迫られていると勘違いして狼狽する。その場面は、カマキリと蝶（蛾？）が画面の前面に出て、逆に2人が背景に回るとの構図になっている。本来背景であるはずの昆虫が前に押し出されることがギャグシーンの強調になっているわけだが、これも昆虫ならではの演出法である。

こうして見ると、昆虫が鳥や獣に対し優位に立つ点の1つとして、情報量を抑えてBGMや背景になりうることが挙げられよう。昆虫の存在感の相対的な薄さ、体の小ささがそれを可能にしているのである。

3　TVアニメ『のんのんびより』に見る郷愁を導く昆虫

人々の季節への慕情と故郷への郷愁は密接に関係する。日本のような四季がはっきりしている国ならなおさらだ。よって**2**とやや被ってしまうが、人々の郷愁を導く存在としての昆虫を考察してみたい。

ここで取り上げるのは平成25年放送のTVアニメ第1期『のんのんびより』と平成27年の第2期『のんのんびより　りぴーと』（**図3**）である。平成30年には劇場版『のんのんびより　ばけーしょん』が製作され、人気を博した。令和元年5月には第3期の制作発表もされている。本作の物語の舞台はド田舎の農村にある旭丘分校。ここは全校生徒わずか5人で、複式学級1クラスしかない小中併設校である。主人公は小学1年の宮内れんげ、小学5年の一条蛍、中学1年の妹の越谷夏海、中学2年の姉の越谷小鞠の4人の少女で、アニメでは彼女らを中心とした、ゆったりとした日常が描かれる。『のんのんびより』はド田舎の農村を舞台とするが故に、実に多種多様な動物や昆虫が登場する。そして、本作は文化昆虫学的に非常に大きな示唆を与えてくれる。

◆図３　『のんのんびより　にゃんぱすぼっくす』©あっと・株式会社KADOKAWA　メディアファクトリー刊／旭丘分校管理組合　©あっと・株式会社KADOKAWA ／旭丘分校管理組合二期

『のんのんびより　りぴーと』第7話。宮内れんげには東京の高校に通う姉のひかげがいる。宮内ひかげは夏休み中に帰郷すると、東京暮らしであることを周囲に盛んにアピールする。そして、帰省中は家に籠もりがちだったひかげは妹のれんげにあちこち引きずり回されることとなる。しかし、彼女らが渓流に到着し、そこでオニヤンマを見つけると、ひかげは「れんげ、走れっ」とオニヤンマを捕まえようと満面の笑みで追いかけるのである。オニヤンマがひかげを本来の田舎っ子に立ち戻らせる描写が大変印象的なのだ。

次に『のんのんびより』第13話。越谷姉妹の兄は町の百貨店の福引で沖縄旅行のチケットを当てた。小鞠・夏海姉妹やれんげ、蛍たちは大喜びで旅行に行く準備を始める。しかし、れんげは行きつけの駄菓子屋から「沖縄に行ったら人は帰りたくなくなる。もしくは人が変わってしまう」との冗談半分の話を真に受け、故郷を離れることに不安になってしまう。そこでれんげは村の川や森に「沖縄に行くけどすぐに帰って来るから」と宣言して回るのである。

この13話は一行が沖縄に飛び立つところで話は終わっており、彼女らが沖縄で何をしたかについては一切明らかにされない。あくまで、沖縄に行くまでの小鞠・夏海姉妹のワクワク感やれんげの心の葛藤が描かれるのである。とにかく13話はれんげの行く先々でミンミンゼミ、ヒグラシ、コオロギ類、アマガエルなどの動物の鳴き声が満ち溢れている回だ。そして、これらの動物たちが「決して変わらない故郷の旭丘」を表象していると言えよう。なお、全くの別作品だがゲーム『_summer』（平成17年）でも、主人公を含む幼なじみ4人組が昔から変わらない物として、草、木、土に加えセミの声を挙げる場面がある。1頭1頭の成虫の寿命は短いけれど、毎年必ず戻って来る夏の象徴としてのセミの存在感の大きさが窺い知れる。

この他にも『のんのんびより』と『のんのんびより　りぴーと』にはこれ以外にも昆虫にまつわる多くの

エピソードがあるが、同作品中で虫たちが表象するのは日本人の田園風景への郷愁である。それに尽きると言ってよい。

4　郷愁や懐旧を演出する場面で、なぜ昆虫は鳥獣を圧倒するのか？

3で述べた郷愁とは懐旧でもある。アニメやゲーム諸作品で特に過去の回想シーンの場でセミやコオロギ類の鳴き声を大きく流すとの演出は多い。『桜ノーリプライ』『_summer』『八月のシンデレラナイン』『あそびあそばせ』『可愛ければ変態でも好きになってくれますか？』などはそのほんの一例だ。ＰＣゲーム『ルナリスフィリア』（平成23年）では、現在も過去も秋が物語の舞台なのに、回想シーンの時だけ、主人公と幼なじみの少女の背後でスズムシが鳴くとの場面がある。鳴く虫が懐旧の情を増幅させているわけである。

虫の鳴き声はシリアスなシーンとの相性も良い。例えば、平成13年発売のゲーム『水夏』の第1章のクライマックス（**図4**）。風間彰と水瀬伊月は神社で逢瀬を重ねてきた。しかし1章の終盤、伊月は自分が過去に父親に殺されており、彰の目の前にいる伊月は想いを叶えるために造られた思念体であることを夜の神社で告白する。そして、音楽を抑え気味のこの場面、プレイヤーの耳に強く届く聴覚刺激物はスズムシの声なのである。また、平成24年の『アステリズム』では、主人公の桜塚白雲は憧れの姉へ

◆図4　『水夏』©2001 CIRCUS

の思いを断ち切り、後輩の加々見美々と付き合うことを決意した。そして告白してくれた美々にOKを出した直後にアブラゼミが鳴きだすとの場面がある。心情や関係の変化を強調する演出としてセミの声が活用されているわけである。

懐旧心を呼び起こし、情愛が重苦しく描かれる場面では、虫の鳴き声が重宝される。そして、筆者がいくら頭をひねっても、この役割を代替できる鳥のさえずりに心当たりがない。ウグイスやスズメ、カラスの鳴き声は季節や朝夕など、時(とき)を表す演出に用法が限定されているような気がする。

では、なぜ昆虫は人々の郷愁や懐旧を呼び起こすとの観点で、鳥獣に対して圧倒的優位に立てるのか？人が慈しむ感情の大きさとの点では、昆虫はモフモフの鳥獣にはるかに及ばない。しかし、セミやトンボは身近にたくさんいて、かつ子供の時分に誰しもが一度や二度は直接触れたことがあるはずだ。人と物理的に近い距離を持てることが昆虫の文化的な強みであり、また郷愁を呼び起こす要因なのである。

5　ゲームヒロインの純真さを強調する虫たち

星の数ほどあるマンガ、アニメ、ゲーム。無論、筆者が巡り合った作品はその中の極々一部に過ぎない。しかし、フィーリングで述べることが許されるなら、ゲーム、特にキャラクター同士の恋愛が描かれる美少女ゲームでは、その舞台は田舎、町、もしくはせいぜい地方都市である場合が圧倒的に多い。現在、首都圏、中京圏、京阪神圏に全人口の実に半分が住んでいて、日本人の2人に1人は都会人であることを鑑みると、美少女ゲームの舞台の〝田舎率〟が現実を逸脱した異様な高さを持つことは絶対確実である。

では、なぜ恋愛ストーリーゲームは大都会ではなく、町や村が舞台とされるのか。クリエイターでない筆者としては、以下憶測を塗り重ねるしかない。まず思いつくのは主人公とヒロインたちとの登下校時の語らいと言う事情。この語らいは恋愛ゲームの主要な要素だが、これが満員電車の中で行われるのはあまりに世知辛すぎる。徒歩通学との設定の方が2人で落ち着いて話ができる。そして、同じく下校時の2人が何気なく寄り添って座る場所は、マクドナルドの禁煙席よりかは河川敷の斜面や海辺のテトラポッドの方が純愛を増幅させる効果があるだろう。

次に古（いにしえ）より伝わる奇異な伝承が物語の核となる作品も少なくない。となるとシナリオの関係上、島や神社、神秘的な巨木などがどうしても必要になってくる。

3番目としてゲーム画面の収まり具合との技術上の利点が考えられる。大体において美少女ゲームの基本画面は中央に1人の少女、そして後ろに背景が描かれる。この場合、背景が高層ビルと人込みだと収まりがどうもよろしくない。キャラクターの背後が田園風景なり閑静な住宅街なり川沿いの道なりの方が画面が落ち着き、キャラクターが生かせるように思える。

最後にユーザーがキャラクターや世界観に求める純真性が、都会よりも田舎に似合う、との点が考えられよう。田舎の住民は純朴である、都心でカラオケボックスに通う子よりは家の田んぼを手伝う田舎の子の方が健気で魅力的に違いない、とのユーザーの妄想だ。この妄想が過疎地域の日本人の実情に即しているかどうかはこの際関係ない。ユーザーがそう思い込んでいることが全てである。そして、多くの日本人が持つ田園風景へのノスタルジーもまた、美少女ゲーム舞台の高い田舎率に大いに関係あり、と筆者は見ている（**図5**）。

◆図５　『桜ノーリプライ』©onomatope*。本作は田舎の島が舞台。5人のヒロインはとにかく皆素直な良い子。

　以上のいずれかの条件を満たすには、ゲームの舞台をド田舎や地方の町との設定にしておいた方が無理がない、との結論になる。もちろん、筆者が全くの主観で挙げた前述諸理由のうち、どれだけが妥当なのかはわからない。ただ、美少女ゲームの多くのヒロインたちが、実際の日本人の居住状況以上に、自然に囲まれた農村や郊外に〝好んで〟住まわれていることは１２０％確かなのである。となると、必然的にヒロインと昆虫たちが接する機会は増えることとなる。

　では、ヒロインたちは身近にいる虫とどう接しているのか？　結論から言うと昆虫に対し柔和な視線を送る田舎在住のヒロインは珍しくない。その一例として、平成28年発売の『カノジョ＊ステップ』に如月のえと言う強烈な個性を放つヒロインがいる（図6）。ゲーム中で学生ながら「のえ先生」と呼ばれる彼女はとにかく凄い。単に虫好きと言うだけでなく、昆虫学のかなりの専門的知識も有している。現代版「虫愛づる姫君」の称号は間違いなく如月のえのものだ。

　如月のえほど強烈ではなくとも、虫の存在がヒロインの個性を演出できる場合は多い。平成26年発売『恋する姉妹の六重奏』の美浜紗香。彼女は引っ込み思案でただただ大人しいと思しきヒロインなのだが、特定の場面でボソッと「この虫可愛い」と呟かせることで、彼女にも周囲を引かせる意外な一面があることを演出している。ここでは少女の特異な感性の具現として昆虫が利用されているわけだ。さらに、幼なじみのヒロインが昔から主人公と仲良しだったことをアピールせんと「昔は一緒に虫を捕ったよね」と回顧するシチュエーションもまた多い。ゲーム『FORTUNE ARTERIAL』(平成20年)と『ワンサイドサマー』(平成24年)内のシチュエーションはその好例。幼なじみは恋愛ゲームの王道的ヒロインであり、そして主人公との思い出話に昆虫採集が挙がって来るのもまた王道である。

◆図6　『カノジョ＊ステップ』の如月のえ。©2016 SMEE

現実社会のリアルな女性と比較すると、美少女ゲームのヒロインたちは明らかに虫好き方向に誇張されている。どうやら男性ユーザーには昆虫を含む生き物全般が好きな女性＝慈愛に満ちているとの思い込みがあるようだ。虫のようにゲテモノとされる生き物にさえ愛を注ぐなら猶更だ。「ヒロインの田舎出身の純朴性」を演出するためにも、彼女らに虫好きとの性質を与えておくことはキャラクターやストーリーの設定都合が良いと考えるクリエイターがいても不思議ではない。

もちろん、このような美少女キャラ設定を実社会の女性がどう評価するかはわからないし、「現実離れしている」と一笑に付すことも可能である。ただし、男性ユーザーの「女性はこうあって欲しい」との勝手な妄想がゲームのヒロインたちの嗜好に反映されているとすれば、あながち虚構世界のお伽話と片付けることもできないだろう。

この「ヒロインの純真さを強調させられる」虫の役割は、ペット鳥獣の東西の横綱である犬猫には絶対に務まらない役回りだ。なぜなら美少女ゲームのヒロインは「犬猫が苦手」は何とか許されても、「犬猫が嫌い」なんぞ以ての外である。犬猫がキライ＝冷たい女の子との確固たる図式が我々の感覚の中にあるので、理想化された二次元ヒロインにはあるまじき性格とされてしまうのだ。「犬猫好き」は当たり前すぎてヒロインの強い個性になり得ない。

逆に虫への親しみを率直に表明する行為は、町に生きる現代人からすれば、ある種の珍奇性を感じることができる。それ故に作品中でヒロインたちの虫への愛が特記されれば、彼女らの個性を演出できるとの一面がある。たかが虫、されど虫。昆虫には犬猫では務まらない、いぶし銀の裏方として十二分に少女たちの魅力を輝かせる力が確かにある。

6　虫に狂乱するお嬢様

『魔法騎士レイアース』（セガサターン版）の龍咲海、『フローラリア』の三ノ宮由佳里、『青空の見える丘』の速水伊織（図7）、『夏の魔女のパレード』のキャロル・メルクリス、アニメ版『ご注文はうさぎですか？』のリゼ、アニメ版『ぼくたちは勉強ができない』の桐須真冬などなど。ゲームやアニメの二次元世界でお金持ちだったり高慢気味だったりするお嬢様方はなぜか皆さん昆虫嫌いである。このテンプレートはクリエイターや消費者の「気位が高い女は虫が大嫌いなはず」との思い込みを反映しているはずなので、これはこれで文化昆虫学的に興味深い傾向ではある。

作品の演出上「虫に狂乱するお嬢様」が便利と思われるのは、簡単にセクハラネタに転用できる点にもある。虫嫌いの女の子の服の中に虫が潜り込んでしまい、彼女は泣き叫ぶ。そして主人公の男の子が服の中に手を突っ込んで虫を取ってやる、とのセクハラ展開だ。古めのコミックで言えば、90年代半ばの『ボンボン坂高校演劇部』にそのような場面があり、近年のゲームなら『ずっとつくしてあげるの!』『私が好きなら「好き」って言って!』『夏恋ハイプレッシャー』でも似たようなシーンがあった。

二次元世界の理想化されたヒロインたるもの犬猫やヒヨコに対しパニックになることは許されないし、ましてや図体がデカい鳥獣ではヒロインの服の中に潜り込むことはできない。バカバカしいと片づけてしまえる話だが、昆虫は少女を狂乱させる事物、そして主人公がヒロインの服の中に手を突っ込むことができる事物としての存在意義もあるのである。

◆図7 『青空の見える丘』の速水伊織。©2005-2006 feng

7 嫌悪感を強調する役割

本章6の虫に対して狂乱状態に陥る少女たちは虫が苦手なのであって、そこにはまだ可愛げが残る。しかし、世間では昆虫が単なる嫌悪感の象徴として用いられることも、またしばしばあるのである。例えば、90年代のヒットドラマ『ずっとあなたが好きだった』の陰湿キャラの冬彦さんの趣味が蝶標本収集であるのは

◆図８『THE大量地獄』©2007 TAMSOFT
©2007 D3PUBLISHER

有名な話だ。『ＯＶＡ版河原崎家の一族２』の登場人物の１人・宮原智樹は眼鏡をかけたメタボの陰湿オタクとの扱いであるが、彼の趣味の１つが昆虫標本収集なのである。

昆虫収集者とは別に昆虫そのものが嫌悪感を表すのもまた事実だ。昆虫が嫌われる理由の１つに「群れる」との性質がある。１頭、数頭のアリならばどうと言うことはなくとも、お菓子に数十、数百のアリが群がっていれば、やはり顔を背けたくなるのが人情だ。虫の集団に対する悪感情は近現代日本人に急に芽生えたわけではなく、古代以来存在するものである。例えば、平安王朝が敵視・蔑視していた東北の蝦夷と呼ばれた人々。平安初期成立の『続日本紀』は「蜂のように集まり、蟻のように群がる」「捨てておけば蟻のように群がる」等の表現で蝦夷を形容している。ここでも虫の大群への嫌悪感が読み取れるだろう。

その人間サマの敵である虫を片っ端に撃ち落とす、または虫から逃げ回ると言ったゲームやアニメ作品は少なくない。例えば、平成19年発売のＴＶゲーム『ＴＨＥ大量地獄』という作品がある（図８）。プレイヤーは女子高生を操作し、虫からうまく逃げさせなければならない。彼女が長時間虫にまとわりつかれると失神してゲームオーバーとなる。

最近の作品で言うと平成30年放送のファンタジーアニメ『ゴブリンスレイヤー』の第5話。新米冒険者2

人組が下水道でゴキブリ型モンスターの集団相手に苦戦した。暗い画面との効果もあって、これらの巨大ゴキブリはとにかく醜悪に描かれていた。冒険者にこん棒で殴られたゴキブリたちが茶色い体液を放出するシーンはグロテスクであった。ここで生物学者が「昆虫の体液は基本透明なので、あの描写はオカシイです」などとツッコむのは野暮と言うものだろう。

集団をなすことで嫌悪感を表すことができる動物。鳥獣で言えばコウモリが数少ない該当生物となるだろうが、その負の役割の大半は昆虫が担っていると言っても過言ではない。

8　結論。ある意味使い捨てができる、使い勝手の良さ

8では〝使い切り〟との肯定的な意味で、アニメやゲームにおける昆虫の〝使い捨て〟の様相を述べて本章を閉じたい。本章3で紹介した『のんのんびより　りぴーと』にもう一度ご足労願おう。同作品第4話。小学1年生の宮内れんげが教室で一生懸命世話していたカブトエビはある日全滅してしまう。カブトエビは寿命が短いので、やむを得ぬ結末ではある。れんげは墓を作って悲しむ。しかし、れんげが幼い頃から面倒を見てきた越谷夏海が機転を利かし、カブトエビが死んだ水槽に再び水を張った。すると泥の中に残っていた卵が孵化、れんげは大喜びし、そして命の重みを実感する、とのストーリーだ。

甲殻類のカブトエビは昆虫ではないが、同じ小型節足動物の仲間である。ここでも犬や猫では務まらない昆虫や甲殻類の作品中での独自の役割を見出すことができる。アニメやゲームのストーリー中で愛犬が死んだから、主人公は命の大事さを改めて理解しました、との展開はまずあり得ない。なぜなら犬猫は準家族な

ので、死んだら悲しむのはあまりに当然だからである。また、死んだ愛猫には実は子猫が残されていたので、主人公は新たにその子猫を可愛がることですっかり元気になりました、との展開も薄情すぎる。子猫が簡単に代替できるほど、愛猫の死は軽く扱えない。主人公が大事にした鳥獣の死は重大な悲劇で片づけるしかない。一方、昆虫の場合は良くも悪くも軽い命であるが故に、キャラクターたちが命を見つめ直す契機の存在となりうるのだ。

さて、『のんのんびより　りぴーと』第4話で新たに孵化したカブトエビの幼生はその後どうなったのか。実は第5話以降、カブトエビは一切登場せず、その後は描かれない。ようするにカブトエビは使い捨てにされたわけである。しかし、カブトエビは1回ぽっきりで使い切れたからこそ、『のんのんびより　りぴーと』で、しんみりとしたショートエピソードとして宮内れんげの命への想いを描くことができたのである。犬猫への情は大きすぎるので、キャラクターが一度飼い始めると、最終回まで登場させ続ける必要がある。つまり、ショートエピソードには使いづらい動物である。

本章では、郷愁を導いたり、ヒロインに個性を与えたえり、あるいは下ネタに活用できたりするなど、様々な昆虫たちを紹介してきた。昆虫と人との精神的距離感は微妙である。犬猫と人ほどの濃密な関係ではない。しかし、寿命が限られ、1つの季節だけに現れる昆虫。その生と死はキャラクターにとって大きな幸福でも悲劇でもでもなく、かと言って軽く笑い飛ばすこともなく、様々な場面や心情を演出できる存在となりうる。ある意味使い捨てできる、使い勝手の良さが昆虫にはある。

（保科英人）

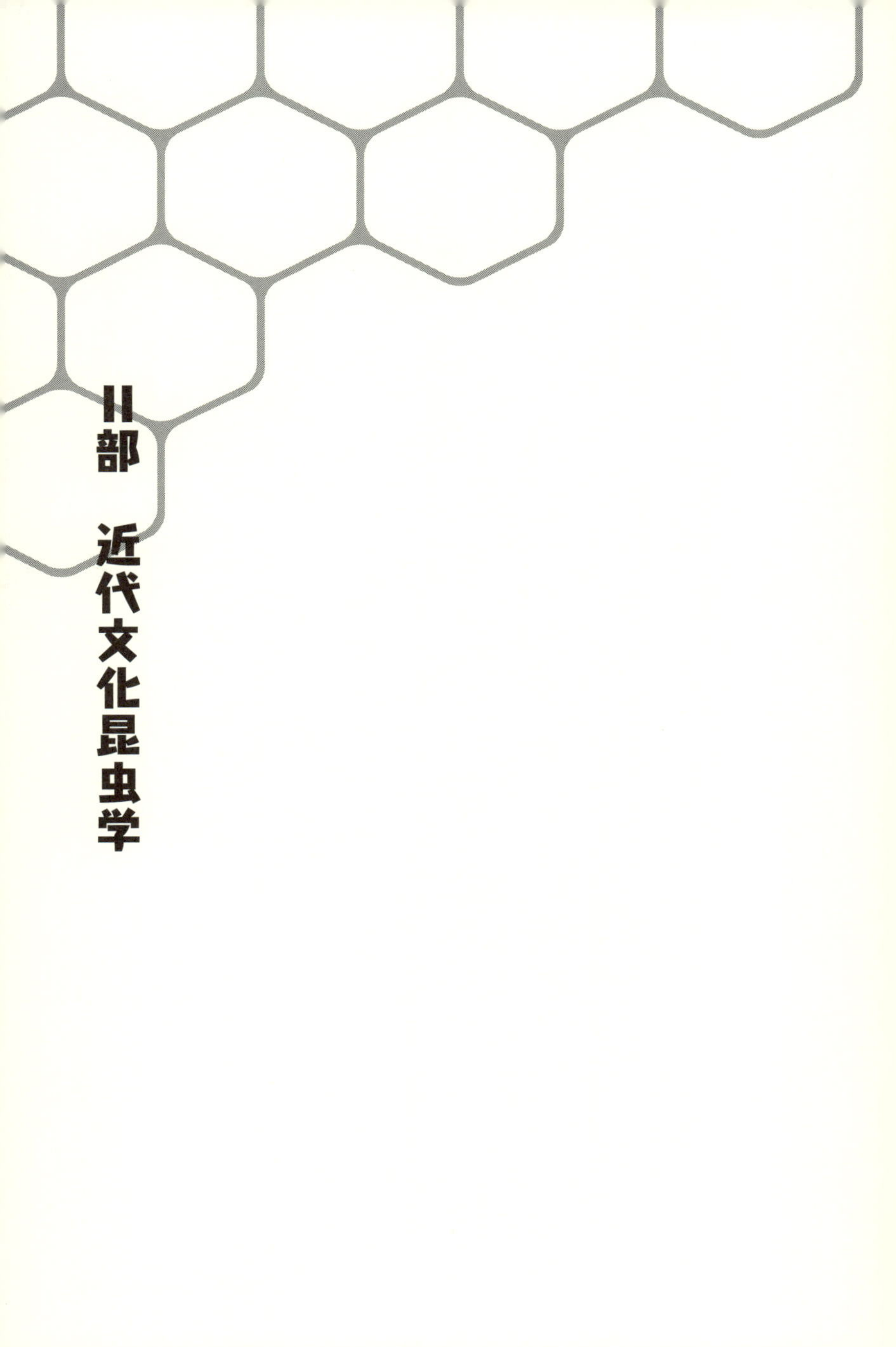

II部　近代文化昆虫学

04章 明治日本人と鳴く虫

昨年の平成30年は明治150周年の記念すべき年であった。昆虫に関わる筆者としては、今一度先人たちの虫への情熱に思いを馳せたいところである。本章では明治・大正・昭和戦前期、つまり近代日本人と虫との関係を鳴く虫を材料として文化的側面から考察することとしたい。なお、本章は拙文「鳴く蟲の近代文化昆蟲學」を加筆訂正したものである。

1　近代日本の町中で売られていた鳴く虫たち

「鳴く虫」。文字通り声を発する虫のことであるが、一般にはコオロギ及びキリギリス類、分類学的には直翅目の昆虫を指す。大きな音を発してもセミは普通鳴く虫には含めない。

さて、現代人が鳴く虫をカネで買いたいと思い立ったら、ペットショップやホームセンターに赴く。しかし、そこで売られているのはまずスズムシだけである。他の鳴く虫を買いたければ、3大都市圏にあるような愛好家向けの専門店に行くしかない。しかし、明治・大正・昭和戦前期の日本の縁日では多種多様な鳴く虫が売られていた。スズムシは言わずもがな、マツムシ、ウマオイ、クツワムシ、キリギリス、カンタン、キンヒバリ、クサヒバリ、アオマツムシ、エンマコオロギ（**図1**）など、近代日本の庶民は特殊専門店に行かずともこれらの虫を縁日で買うことができた。そして、家に持ち帰って鳴き声を楽しんでいたのである。

庶民が鳴く虫を鑑賞する文化は敗戦を境にして廃れてしまったと言ってよい。現在ではスズムシだけが何とかペット昆虫としての地位を保っているにすぎない。一方の近代日本。多くの日本人は縁日で鳴く虫の成虫を買ってきて、死ぬまで飼って終わりだったであろうが、一方で産卵をさせ累代飼育に取り組む人々も現れた。鳴く虫飼育は主婦の内職の1つとされたこともあるのである。

◆図1　エンマコオロギ

2　近代新聞に掲載された虫相場

現在とは異なり、近代期の日本の新聞には「虫相場」と言って、スズムシ○銭、マツムシ△銭、カンタン□銭のような虫ごとの価格一覧が掲載されていた。また、鳴く虫に関連する様々な雑記も盛んに記事にされていたのである。

筆者は何を血迷ったか、新聞記事から明治・大正・昭和戦前期の鳴く虫の値段を徹底的に調べた。当時の新聞記事の信憑性については留意しておく必要がある。とは言え、記事に書かれた内容が正しいか否かは、今となっては検証不可能なものがほとんどだ。本稿で活用した新聞記事は原則原文に従っただけであり、言わば鵜呑みにしていることを予め明記しておきたい。

3　明治・大正・昭和戦前期の鳴く虫のお値段は季節野菜のようなもの

筆者は無駄としか言いようがない時間とカネを費やし、拙文「鳴く蟲の近代文化昆蟲學」にて明治・大正・昭和戦前期の鳴く虫各種の価格表を作成したことがある。本書ではそれを一部改変して掲載した。**表**（60、61頁）の一番右は比較対象として東京朝日新聞1部の値段を記してある。

虫相場の記事は明治19年まで遡れた。表で鳴く虫の種ごとの年次変化を見ると、明治20年代の価格と昭和10年代中頃の価格を比較すると、後者は前者のおおよそ4～5倍になっていることがわかる。もちろん、この変化は単純に鳴く虫の商品価値が上がったと見るわけにはいかない。物価の上昇が背景にあるからだ。では、実質的に鳴く虫の値段は上がったのか下がったのか？　物価の指標に何を持ってくるかで話は変わって来るが、国家公務員の初任給や中央公論、東京朝日新聞1部の価格上昇率などを比較対象とした場合、鳴く虫の値段と価値は近代期を通して実質的にあまり変わらなかったとまとめてよい。

むしろ鳴く虫の価格で着目すべきは年よりも月によって価格が大きく上下していた点にある。毎年、東京の虫売りの先陣を切ったのは5月28日の深川不動の縁日であった。スズムシやマツムシはこの5月末の虫売りに合わせ養殖個体が出荷されていたが、その後に自然個体群に由来する個体が市場に供給されるのである。野外個体群は年によって豊作不作があるだろうし、どの地域からどのタイミングで鳴く虫が市場に供給されるかで、相場も変動したはずだ。

また、鳴く虫の養殖業者と卸問屋は共に数が多くなかった。そして、温度調整できるインキュベーターがない時代なら天候不順による養殖の失敗もあり得たはずだ。このような業界の市場への供給の不安定さも虫の価格が大きく揺れ動く要因の1つとなっただろう。例えば明治39年6月19日付読売新聞には、鳴く虫の卵の越冬がうまくいくかどうか、春になって幼虫が孵化してくれるかどうか毎年ヒヤヒヤものである、との虫屋のコメントが掲載されている。天候不順となれば飼育のプロでさえ鳴く虫の卵の大半を失うのである。実際、明治40年には虫養殖業者の最大手の「川隅」が養殖に失敗し、鳴く虫の価格は例年の数倍に跳ね上がったと言う（明治40年8月3日付都新聞）。

以上、近代期の鳴く虫の値段は、季節や産地の不作の影響を受けやすい現代のスーパーの野菜のようなものである。表の虫相場が新聞に掲載された月日が年によって全く異なる以上、「明治〇年のクツワムシの値段は前年に比べて△割下落した（または上昇した）」等の細かい数字の比較はほとんど意味がないのである。

4 今も昔も最安値の鳴く虫のスズムシ

多種多様な鳴く虫の近代ペット昆虫の中で最も安かったのはスズムシである。東京朝日新聞1部の価格と比較すると、スズムシは新聞代の数倍、高くても5倍程度に収まっていることがわかる（表）。現在ホームセンターで売られているスズムシが数百円以内であることを鑑みると、「新聞1部の数倍」との価格は現在の我々の感覚にかなり近いものと言えるだろう。

近代期を通して、安価な鳴く虫の代表的存在であるスズムシであるが、例外として通常個体の4倍、5倍

カンタン	アオマツムシ	マツムシ	ヤマトヒバリ	キンヒバリ	クサヒバリ	新聞代
12～13銭		4～5銭			12～13銭	1.5銭
15銭		3～4銭			15銭	1.5銭
12銭		5銭			12銭	1.5銭
12銭		3銭		3.5銭	12銭	1銭
10銭		8銭	3銭	3銭	8銭	1.5銭
12銭		4.5銭			13銭	1.5銭
		3銭				1.5銭
12銭		4～4.5銭		8銭	12銭	1.5銭
		5銭				1.5銭
12.5銭		5銭	12.5銭	12.5銭	12.5銭	1銭
15銭		7銭			15銭	1.5銭
10銭		7銭			17～20銭	1.5銭
15銭		5～6銭			15銭	1.5銭
		5銭		10銭	16～17銭	1.5銭
11銭		4.5銭			8.5～9.5銭	1.5銭
18銭		7銭			15銭	1.5銭
30銭		7銭			25銭	2銭
25銭		8銭	15銭	15銭	16銭	2銭
20銭		8銭			15銭	2銭
20～25銭		10銭	25銭		15～20銭	2銭
25銭		7銭	18銭		20銭	2銭
		20銭				2銭
25銭		7銭	16銭	15銭	18銭	2銭
30銭		8銭			25銭	2銭
20～25銭		7～8銭			20銭	2銭
35～40銭		15銭		20銭	20銭	3銭
35～40銭		15銭		20銭	20銭	4銭
50～60銭		10～15銭			20銭	4銭
60銭		10銭			20銭	4銭
	1円	20銭	30銭	40銭		3銭
50銭		15銭		30銭	30銭	3銭
80銭		20銭	40銭	40銭	40銭	3銭
65～70銭	70銭	20銭	40～50銭	40～50銭	40～50銭	3銭
80銭	1円30銭	15銭		50銭	50銭	3銭
25銭	40銭	5銭	15銭		15銭	3銭
30銭		5銭			15銭	3銭
10銭	50銭	10～15銭	40銭		30銭	3銭
70銭		15銭	40銭		40銭	3銭
	50銭	15銭			35銭	3銭
60～70銭		15銭	30～35銭	30～35銭		3銭
70銭		15～20銭	40銭		40銭	4銭
		30銭			70銭	4銭

表　近代日本の鳴く虫の年別価格

和　暦	キリギリス	ウマオイ	クツワムシ	カネタタキ	エンマコオロギ	スズムシ
明治19年	12〜13銭		4〜5銭			4〜5銭
明治21年	2〜3銭				13〜16銭	2.5〜3銭
明治22年	12銭		10銭		10銭	3銭
明治23年	1銭		1銭	4.5銭	3.5銭	3.5銭
明治24年	10銭	4銭	10銭			3銭
明治25年			12〜13銭			3.5銭
明治26年	3〜8銭					2.5銭
明治28年	2銭		10銭		6銭	3銭
明治29年	9銭					3.5銭
明治30年	12銭	12銭	12銭	10銭	6銭	4銭
明治33年	15銭		10銭		8銭	5銭
明治34年			10〜20銭			5〜20銭
明治35年	15銭		13銭		5銭	4銭
明治36年	0.5〜20銭	1.5〜4銭	15銭			4銭
明治37年	11銭		8.5〜9.5銭	8.5〜9.5銭		3.5銭
明治38年	15銭		5〜13銭	6〜7銭	5〜6銭	4銭
明治39年			18銭		10銭	6銭
明治40年	20銭		18銭	15銭	5銭	5銭
明治42年	3銭		8銭		4銭	5銭
明治44年	25銭		20銭	10銭	6〜7銭	6〜7銭
大正2年		25銭	20銭	15銭		5銭
大正4年	4銭					
大正6年	25銭		18銭	8銭		5銭
大正7年	25銭	30銭	25銭	15銭		6銭
大正8年	7〜8銭		15銭		7〜8銭	7〜8銭
大正9年	35〜40銭		20銭	20銭	15銭	15銭
大正10年			20銭	20銭	15銭	15銭
大正11年	13〜14銭		10銭			10銭
大正12年	10銭		8〜9銭	30銭		5〜6銭
大正13年	40銭	50銭	40銭			15銭
大正14年	20銭					10銭
大正15年	15銭	50銭	50銭	40銭	20銭	15銭
昭和2年	50銭	40銭	40銭	70銭	20銭	10〜15銭
昭和3年	40銭	45銭	40銭	40銭		12.5銭
昭和4年			10銭	15銭	5銭	5銭
昭和5年	10銭		10銭	10銭	5銭	5銭
昭和6年	10〜15銭	20銭	25銭	40銭	15銭	10〜15銭
昭和9年	20銭		35銭	40銭	50銭	8銭
昭和10年	40〜50銭	35〜50銭	35銭	30〜50銭		10〜20銭
昭和12年	30〜35銭		30〜35銭		30〜35銭	10銭
昭和14年	40銭		40銭	40銭		
昭和16年	45銭		65銭			20銭

※保科（2017）を一部改変。新聞代は東京朝日新聞1部の価格。

の値が付けられたプレミア個体がいた（例えば表の明治34年）。極まれに音色が非常に良いとされた個体である。これらの特別なスズムシには〝遠寺の鐘〟〝月下の鈴〟〝月下の露〟などの雅な名前を与えられていたと言う。

なお、詳細不明だが、カンタンにもプレミア個体が存在したと思われるフシがある。大正12年6月5日付読売新聞に「邯鄲（カンタン）は六十銭内外（中略）邯鄲の宵啼きはぐつと高く一円五六十銭から二円」との記事がある。どうも、この「邯鄲の宵啼き」と言うのは特別な上級個体のようだ。なにせ大正後期は大工の日当が3円強の時代である。たかが鳴く虫1頭が2円もするなど、このカンタンがいかにとんでもない高級品であるかがわかる。

5　最後発組のアオマツムシはやたらと高い

今や全国都市部の街路樹で普通に見られる外来種のアオマツムシは、スズムシとは逆に最も高値で取り引きされた鳴く虫であったが、同時に鳴く虫市場では最も遅れて鳴く虫市場に出てきた新顔であった。そもそもアオマツムシは本来日本の虫ではない。明治後半に東京に入ってきたとされる外来種だが、我が国への侵入年代については諸説あってはっきりしない。

アオマツムシが縁日等で売られるようになったのは大正も終わりに近い10年頃である。大正後半〜昭和初期のアオマツムシは東京にしか見られないこともあってか知る人ぞ知る鳴く虫の新顔として人気を博した。「ソプラノ歌手」に準えられたこともある。そして、その人気と希少性を反映したせいか、アオマツムシはやたらと高かった。1円を超える値段を付けられることもあった（表）。大正後半〜昭和初期は大工の日当が2〜3円と言う時代だ。現在の貨幣価値で言えば、この頃のアオマツムシは1頭数千円から5千円程度とイメージすればよいのか。庶民には手が出ない、とまでは言えなくとも、親が子供にホイホイと気軽に買ってやれる値段ではない。余談ながら、アオマツムシは現在国内の都市部に広く生息する普通種であるが、それでも専門店では1頭1000円〜1500円ぐらいする。アオマツムシは街路樹の高いところで鳴くので、声を聞くのは誰でもできるが、捕獲するのはそう容易ではないからだろう。

近代日本のアオマツムシには旧大名家にまつわる逸話がある。昭和3年7月15日付読売新聞によれば、アオマツムシを東京で初めて飼ったのは島津公爵家で、かつ同家ではアサスズとの和名を与えていたと言う。

6　近代日本の鳴く虫業界

戦前の虫売りの業界と言えば養殖業者と卸問屋、小売り商人などから構成されていた。そして、彼らは「虫屋」と呼ばれていた。まず、養殖業者・卸問屋であるが、東京府下にあった店舗数はせいぜい一桁であった。明治36年6月5日付毎日新聞によれば、維新前後には養殖業者は36軒あったが、近年は富に減ったとのこと（注、この毎日新聞は現在の同名新聞とは無関係）。

養殖業者の商売規模であるが、最大手の「川隅」は昭和初期には毎年10数万頭の鳴く虫を出荷していた。10万とは一見途方もなく大きな数字のように思えるが、問題は儲け率である。あくまで新聞記事に載った数字であるが、明治30年代の業者の儲け率はたった5〜6分であったと言う。鳴く虫養殖はどうしても餌代がかさむのである。鳴く虫を増やすことは技術的にはそう難しくなくとも、商売にするとなると話はまた別である。維新前後と比較すると、明治後半には養殖業者の数がめっきり減ってしまったのは、業界の高コスト体質と関係があるのかもしれない。

次に卸問屋は鳴く虫を養殖業者から人工飼育個体を買うだけでなく、自然個体も扱っていた。特に飼育下で共食いしやすいキリギリスの場合は、かなりの商品個体を天然物に依存していた。もちろん野外から鳴く虫の成虫を捕って来る場合、育てる餌代はかからない代わりに、虫を集める人件費がいる。明治40年8月3日付都新聞によると、明治30年頃問屋が採集人に払う日当は一律35銭くらいであった。しかし、同40年になると出来高制となり、日当1円を稼ぐ虫捕り名人も出現した。この頃の1円と言えば大工の日当にほぼ等しいから、これは相当な稼ぎである。平成令和の日本を考えてもらいたい。果たして大工さんと同じだけのカネを虫捕りで稼げるのかどうか。

鳴く虫を捕るのは大きな元手がいるわけでもなく、かつ捕れなかったとしても損失リスクを負うわけでもない。鳴く虫採集は中々おいしいバイトだったはずである。そのせいであろうか、大正末には河原で虫を捕っていた老人が酷暑による心臓まひで急死するとの悲劇も発生した。

そして、実際に縁日の現場に立つ小売り（虫売り）についてである。年間を通して虫を売って生活しているものはおらず、季節限定の商売であった。鳴く虫そのものが夏から秋限定の商品なのだからあたりまえである。行商の腕が良ければ、1日5、6円の売り上げが得られた。3円程度でも上等の部類に入った。もっとも、雨天の日には商売にならないので行商を一ヶ月するとしても、実質収入につながるのは半月程度だったそうだ。

　では、果たして虫売りは儲かる商売だったのか？　まず、虫売りは明治後半だと、4、5円の元手があれば商いを始めることができた。大工の日当の4、5日分があればよいわけだから、商売を始める敷居は低い。次に肝心の儲け率である。これについては、仕入れ値の2〜4倍で売っていたとの記事がある一方で、利益率は3割との数字もあり、どの数字が実態に近いのかは新聞記事だけでは判別しがたい。いずれにせよ卸問屋よりは小売りの利益率はかなり高くなっている。

　もっとも、虫売りがどこまで美味しい商売であったかは検討の余地がある。商品が生き物である以上、商い中に死んでしまう個体は確実に出て来るし、餌もやらねばならない。売るタイミングを逸すれば値下げも余儀なくされる。結局のところ、明治40年8月3日付都新聞の「虫売りはそれほど儲かる商売ではない」との記事は、説得力があるように思える。

　なお、虫売りには儲け率を大きく上げる秘策が1つあった。それは金持ちや一流文化人宅に直接虫を持ち込み、市場価格よりも高く買ってもらうのである。例えば、明治期の歌舞伎界の大物は鳴く虫好きが多かった。明治30年代、市川團十郎は「尤も鳴く虫を好むる方」との評判であった。鳴く虫の売り出し時には虫屋の元方が市川團十郎を訪れ、鳴く虫一通りを揃えて持参した。明治20年代半ば、上方の市川右團次もまた相当な鳴く虫好きだったらしい。市川右團次は天王寺仲町の別荘に鳴く虫を放ち、その声を楽しんだ。また、さすがは右團次、その年の虫の初売りに非常にこだわりがあった。そして、虫売りを直接自宅に招き通常価格の5倍のカネで虫を買い取ったと言う。これぞ「大坂一の風流男」と呼ばれる心意気なのである。

7　政財界、皇族、軍の要人たちと鳴く虫

昨今の自民党政治家の重鎮の趣味が鳴く虫の飼育、との話はあまり聞かない。新聞に載らないだけで、代議士のセンセー方は自宅でスズムシを飼われているのだろうか？　一方、近代期は政財界や皇族、軍の重鎮たちに鳴く虫を積極的に購入する者が少なくなかった。明治天皇皇后はカンタンの鳴き声を好んだので、公家出身の華族の中にはカンタンを皇后に献上するものもいたとの話も伝わっている。この他、明治末から昭和戦前期にかけて、奈良県知事がマツムシとスズムシをそれぞれ１００匹程度を皇室に献上していたとの文書が残っている（宮内省書陵部公文書館所蔵『進献録』）

近代日本で鳴く虫好きの政財軍・華族界の重鎮として名前が挙がっていたのは大隈重信や伊東巳代治、東郷平八郎、黒木為楨などであるが、中でも特筆すべきは三島彌太郎子爵である。三島は福島事件で有名な三島通庸の子。彌太郎は現在の日本では父ほどの知名度があるわけではない。しかし、彌太郎は貴族院の最大会派の研究会の有力議員であり、政界への影響力は有名な父を凌ぐものがあった。そのような政治家である彌太郎は駒場の農学校で学び、のち米国に留学し害虫学を修めた。有力政治家としては異色の経歴である。彌太郎は養蚕が絡む法案に対しては積極的に問題を指摘するなど、貴族院議員となった後も昆虫学の知識を生かすことができた。また、彌太郎は学問として昆虫学に見識があるだけでなく、そもそも虫そのものが好きであった。彌太郎が鳴く虫を自宅で飼育していたとしても何の不思議もないだろう。

8　庶民に開放された鳴く虫鑑賞会

昨今、博物館等が開く鳴く虫市民講座はよく耳にする。ただ、このような肩ひじ張った社会教育ではなく、不特定多数の市民を集め、たこ焼きやわた菓子を食いながら鳴く虫の声を単純に鑑賞しようとの催しはどれくらいあるのであろうか。

近代期の東京府下の虫の鳴き声催しと言えば向島百花園の虫放会が最も有名であった。この虫放会は、元来は江戸後期の天保2年8月に没した初代菊塢追善の催しの放生会が変化したものだ。明治40年の向島虫放会では政財界の重鎮が来賓として顔を揃えた。そのうちの1人が榎本武揚である。榎本は向島の風景を愛した人物であったが、そもそも旧幕臣で生粋の江戸っ子の榎本は、江戸以来の伝統を誇る百花園の行事の来賓として最適の要人だったに違いない。大正10年の向島虫放会では吟平の長唄、菊塢の庭唄、声色屋の流しなど様々な催しも合わせて披露された。現代日本では、地域の鳴く虫フェスティバルに大臣級の政治家が招待される、と言った状況はあまりないように思える。

やや時代は遡って大正3年。この年に東京大正博覧会が上野公園で開催された。博覧会では美術館左手に鳴蟲所が設けられた。この鳴蟲所となった小屋の屋根には市松格子の油障子を掛け、小屋中央の一間通りに虫籠を飾り付け、秋草も配置、さらに周囲には青竹の垣を作ったと言うのだから、中々手が込んでいる。この小屋ではスズムシ、マツムシ、クツワムシ、カンタン、クサヒバリ、カネタタキ、エンマコオロギなど約400頭の鳴き声が楽しめたそうだ。

近代の東京で開催された最大の鳴く虫鑑賞会の1つが大正8年8月3日及び4日の日比谷公園の「虫聲會」である。会を主催した東京毎日新聞の記事によると、マツムシ、スズムシ、クツワムシ、キリギリス、エンマコオロギ、クサヒバリ、カンタン、カネタタキ、ヤマトヒバリ、キンヒバリ、ウマオイなどが何と数十万匹も日比谷公園に放された。また、放虫する個体とは別に鳴く虫用の数十個の虫籠を用意して、当日放す鳴く虫の全種類を見本として陳列した。まさに至れり尽くせりである。「虫聲會」は大盛況だったわけだが、その余波は大きかった。東京毎日新聞が東京市中の虫屋が扱う鳴く虫をかき集めて「虫聲會」に投入したので、市内の虫屋は軒並み在庫切れになってしまったと言う。

9 鳴く虫事件簿。明治編。

隣人の血統書付きの犬猫ペットを傷つけてしまったら？　逆に自分の飼い犬が散歩中によそ様を噛んでしまったら？　裁判沙汰になるようなペットがらみの揉め事は決して珍しくない平成令和の日本だが、ペット昆虫が住民間のトラブルの原因となり警察沙汰になったとの話は、筆者寡聞にして知らない。しかし、明治10年代、鳴く虫をめぐって警官が出動した珍事件を記した新聞記事が2つ見つかった。

1つ目。時は明治13年、場所は東京本芝四丁目。11歳の清水吉五郎はキリギリスを捕らえ、喜んで母親のお兼に見せびらかした。しかし、吉五郎は同番地の同じく11歳の伊藤熊次が秘蔵のキリギリスに逃げられて泣いているのを知り、「このキリギリスは熊次のものだろう」と考え、彼に返すことにした。ここで素直にキリギリスを返していれば話は終わりなのだが、母親がしゃしゃり出たものだからややこしくなった。吉五郎の母のお兼はせっかく捕まえたキリギリスを返すのは癪だから、足を全てもいでしまえと吉五郎に指示。物事を深く考えない吉五郎は母親の言う通りに足を全て取ったキリギリスを熊次に返却したが、受け取った熊次は「キリギリスに脚がない」と泣き出した。すると熊次の母親のおきんが激怒、清水家に乗り込み、側にあった丼鉢を投げつけた。すると不運にも丼鉢はお兼に当たらず、横にいた吉五郎が怪我をしてしまった。今度はお兼が怒る番で、2人の母親は町の往来で取っ組み合いの大喧嘩を始めた。騒動の中、巡査が駆けつけ2人は拘引されてしまった。巡査は2人から喧嘩の事情を聞き、さぞかし呆れかえったに違いない。

2つ目は、宗派が絡んだクツワムシの事件。明治19年、京都上京区に木村恭庵と言う名のキリスト教徒が住んでいた。一方、木村の隣家の何某は法華宗の信者で毎朝鐘と太鼓を打ち鳴らし題目を唱えていた。木村はあまりの騒音に耐えかねて何某に苦情を申し入れたが、木村がキリスト教徒だったこともあり、何某は一層張り切って騒ぎ立てた。怒った木村は50頭のクツワムシを買い、夕方から裏口に虫籠を吊るす作戦に出た。毎晩ガチャガチャ鳴かれた何某は不眠となった。この揉事に仕方なく大宮派出所の巡査が仲裁に入ったが両者収まるはずもない。

木村は矛を収めるどころか、逆にクツワムシを200頭に増やした。警官の再度の説得で木村は200頭のクツワムシの半分を庭先に放したが、その結果虫籠と放されたクツワムシ両方がガチャガチャと大声で鳴く始末となった。困り果てた何某は木村の家主に何とかしてくれと泣きついたが、木村は「ならば未だ飼っている残りの半分も庭先に放すまで」と、今度は庭先でクツワムシの大合唱が続く羽目となる。不眠で病気になってしまった何某は毎夜毎夜クツワムシ退治に四苦八苦しているそうだ。話は話で面白いのだが傑作なのはこの三面記事の見出しで、ずばり「轡虫遂に勝つ」となっている。

キリギリスをめぐる2人の母親の大喧嘩はあり得ない話ではない。ただ、クツワムシの事件はどうも創作臭が漂う。普通に考えると、庭に放したクツワムシの大群はすぐに霧散するのではなかろうか。数百単位の個体のクツワムシが高密度の状態で一か所に長く留まっていたと言うのはどうにも納得しがたい。クツワムシの事件を報じた朝日新聞（のち大阪朝日新聞。現在の朝日新聞）は在阪の新聞社である。言うまでもなく京都に近い。よって、この話は全くのガセネタと言うわけでもなかろうが、宗教トラブルが生じ、片方が嫌がらせでクツワムシを放したとの話を同社記者が面白おかしく過大に記事にした可能性はある。

いずれにせよ、はからずも警察沙汰となってしまった明治10年代のキリギリスとクツワムシの両事件簿。当事者たちは憤懣この上なかったであろうが、後世から見ればもちろん笑い話でしかない。

10　羽田空港を飛び立った最初の旅人はスズムシとマツムシ

東京羽田の国際飛行場（現在の東京国際空港）が開場したのは昭和6年8月25日である。同日午前7時半、遼東半島の大連に向けて航空機が飛び立った。しかし、飛行士や機関士以外の乗客は全くなく、大連の東京カフェに送られるスズムシとマツムシ6千匹が唯一の〝乗客〟であった。当時の航空運賃は到底庶民の手に届くようなものではなく、そのため初飛行の一般乗客はゼロであった。しかし、記念すべき初飛行がカラではあまりにも体裁が悪いとのことで、飛行会社の努力の末に何とかマツムシとスズムシが積み込まれたと言う。それにしても、羽田発の国際便の最初の乗客は人間サマではなく、鳴く虫だったと言うのは恐れ入る。

昭和5年、虫問屋の角谷商店は「大連まで運んでも死ぬのは1割程度」との証言を残しているので、羽田を飛び立った鳴く虫のうち、かなりの個体は無事大連のカフェにたどり着いたのではなかろうか。

昭和6年に羽田から大連に飛び立ったスズムシとマツムシには上記のような特別の事情があったわけだが、近代期に鳴く虫が海外に輸送されたとの新聞記事はこの他にもいくつか散見する。昭和初期、東京で養殖された鳴く虫が上述の大連や樺太などに船で運ばれていたとの記録もある。

樺太や大連は当時の大日本帝国の領土ないしは租借地だったので、内地ではないにしても完全な外国ではない。一方、正真正銘の外国に運ばれた鳴く虫の事例がある。大正初期の在メキシコ代理公使の堀口九萬一は日本からスズムシを取り寄せて鳴き声を楽しみ「鈴虫の鳴く聲聞けば異国の空も故郷と思はるゝ哉」との想いを漏らした。そして今年はスズムシの卵を日本から送らせる手配をしたとの新聞記事がある。卵が無事輸送され、メキシコでの飼育が成功したか否かは定かでない。しかし、記事中に「外人の美音愛賞」とあるように、うまくいけば現地のメキシコ国民や同国高官にスズムシの音色を聞かせることができたかもしれない。こうなればパンダ外交ならぬスズムシ外交である。

この他、キューバ、カリフォルニア、ロンドンなどにスズムシを持ち込み、現地滞在の同胞を懐かしめ、また外人にスズムシの鳴き声を誇り、日本の鳴く虫を愛でる文化を海外で紹介した日本人もいた。同時にそのスズムシを海外で売って、ちゃっかりと儲けていたと言う。

11　ナチスドイツとスズムシ

ナチスドイツとスズムシにまつわる意外な逸話がある。昭和13年8月17日、来日したナチスドイツの青少年団体であるヒトラー・ユーゲント一行30名が東京銀座を行軍した。ナチス思想に染まっているとは言え、そこは若者である。彼らはスズムシを売る露店に興味津々で、年少者の数人が一籠ずつスズムシを買った。ただ、彼らが買ったスズムシがドイツに無事持ち帰られたかどうかは不明である。

12　鳴き声を愛でる習慣は衰退したが、文化的には美麗な蝶に勝っている鳴く虫

現代とは全く異なり、鳴く虫関連の記事を盛んに掲載していた戦前の新聞であるが、大東亜戦争が始まった昭和16年12月以降になると、鳴く虫を利用した余暇に関する特集や虫相場が記事中に見出し難くなる。そして、東京の虫屋は大東亜戦争中の空襲で壊滅した。近代鳴く虫の虫売り業界は戦争によって終焉させられたのである。

戦後の日本人の鳴く虫への執着心は、戦前と比べ明らかに減退した。現在は夜店でマツムシやカンタンはおろか、スズムシを売っている露店すらあまり目にしなくなった。スズムシが確実に買えるのはペットショップかホームセンターである。一方、近代期に盛んに行われたホタル狩りは、ホタル観賞会と姿形を変えつつも、現代の日本社会に根強く残っている。初夏の新聞の1面にホタルが乱舞する写真が掲載されることもしばしばである。近代期鳴く虫とホタルは同等に人々に愛されたのに、戦後の日本人の両者への関心は、

なぜ大きく差がついてしまったのか？

これは筆者の憶測にすぎないが、戦後のカラーテレビの普及とともに、日本人の生き物への愛着もビジュアル重視になったとの一面もあるのではないか。鳴く虫の魅力は新聞では中々伝え難いが、ホタルは幻想的な写真を1枚載せるだけで人々の懐旧の念を呼び起こすことができる。ビジュアル重視の時代では、鳴く虫は到底ホタルには勝てないのである。

大衆からの人気との点ではホタルに完敗する一方で、鳴く虫は短歌や俳句の趣味の世界では今なお重要な題材である。そして、文化的重要性との意味では、鳴く虫は茶、黒、緑の地味な色彩しか持たないにもかかわらず、姿形が美しい蝶をはるかに優越する。筆者は日本人の蝶に対する文化的な冷淡さは季節性の欠如にあると推察したことがある。モンシロチョウやキチョウ、モンキアゲハ、ヤマトシジミなど我々の極身近に生息する蝶の多くは春から秋まで成虫が出現する。これは短い季節一瞬の命を尊ぶ日本人からすれば、蝶は面白みのない昆虫、と取られても仕方がないのかもしれない（拙文「明治百五拾年　アキバ系文化蝶類学」）。

秋の夜長に盛んに鳴くスズムシやマツムシたち。令和の新時代に入ろうとも、日本人は鳴く虫に物の哀れを見出し、その鳴き声に耳を傾き続けるに違いない。

（保科英人）

05章 明治日本人とホタル

04章では近代日本における鳴く虫文化を紹介した。本章では同時期の日本人とホタルについて取り上げる。価格を初めとした鳴く虫関連の記事が近代新聞に多く掲載されていたことは既に前述した。実は、ホタルもまたさかんに新聞記事に取り上げられていた。縁日で売られていた価格に加え、ホタルの各名所の見ごろの時期も読者に通知されていたのである。

近代期の新聞記事に登場するホタルとは、日本人に親しまれてきたゲンジボタルとヘイケボタルのことである（**図1・図2**）。近代期新聞には「ゲンジボタル」「ヘイケボタル」との名称はほとんど出てこない。ほとんどの表記が「蛍」「ほたる」である。新聞記事を読むだけでは、これら蛍がゲンジボタルかヘイケボタルか、今となってはわかるはずもない。両者区別することなく混同されていた可能性も高い。よって、本稿で言う「ホタル」とはゲンジボタルとヘイケボタル両方を指すものと御理解いただきたい。

近代日本人はホタルをどのように見つめていたのか。本章は新聞記事を主な資料として執筆した拙文「明治百五拾年　近代日本ホタル売買・放虫史」を加筆訂正したものである。

1　近代日本のホタルのお値段と出所

現在ホタルを買おうと思い立ち、夜店や一般ペットショップに足を運んだとしても大概は徒労に終わる。売っているはずもない。どうしても買いたければ極めて特殊な専門店に行くしかない。しかし、近代期の日本では縁日や街中で普通にホタルを買うことができた。では、ホタルは1頭如何ほどの価格で売られていたのか？

表（76頁）は拙文「明治百五拾年　近代日本ホタル売買・放虫史」で示した近代期ホタル価格表を一部改変したものである。比較対象としてスズムシとその年1月時点の東京朝日新聞1部の価格を併記した。当時のホタルがスズムシと比べると大幅に安価であったことは一目瞭然である。なお、一部の価格が小数点以下なのは厘（10厘＝1銭）を銭の単位に変換したこと、あるいは原記事が「△頭○銭」のように複数個体の価格表示であり、1頭当たりの価格に換算したが故である。

平成令和の現在、夏から初秋にホームセンター等で売っているスズムシはおおよそ1頭数百円だ。一方、同じくホタルを取り扱う専門店のウェブサイトをいくつか覗くと、

◆図1　ヘイケボタル　　◆図2　ゲンジボタル

表　近代期のホタル・スズムシ1頭及び東京朝日新聞1部の価格

和　暦	ホタル	スズムシ	東京朝日
明治19年	0.3～0.5銭	4～5銭	1.5銭
明治21年	0.2銭	2.5～3銭	1銭
明治22年	0.1銭	3銭	1銭
明治23年	2.5銭	3.5銭	1銭
明治24年	0.1～0.3銭	3銭	1.5銭
明治25年	1銭	3.5銭	1.5銭
明治28年	0.2銭	3銭	1.5銭
明治29年	2銭	3.5銭	1.5銭
明治30年	0.3銭	4銭	1銭
明治31年	0.5銭		1.5銭
明治33年	0.5銭	5銭	1.5銭
明治35年	0.3銭	4銭	1.5銭
明治36年	0.2～0.3銭	4銭	1.5銭
明治37年	0.2～0.5銭	3.5銭	1.5銭
明治39年	0.5～0.6銭	5銭	2銭
明治40年	0.3銭	5銭	2銭
大正3年	0.3銭		2銭
大正6年	5銭	5銭	2銭
大正11年	0.1銭	10銭	4銭
大正15年	1銭	15銭	3銭
昭和12年	1銭	10銭	5銭
昭和13年	0.4～0.5銭		6銭
昭和14年	1銭		6銭

※保科（2018）を一部改変。

ゲンジボタルやヘイケボタルも1頭数百円程度の価格が付けられていることがわかった。つまり昨今はスズムシとホタルの値段に大差はない。

　次に現在大手新聞の朝刊が1部150円前後なので、スズムシは新聞1部の数倍程度の値段なわけだが、これは近代期も同様である（**表**）。つまり、スズムシの商品としての価値は明治時代も現代も大きく変わっていない。逆に近代期のホタルの価格はその年の新聞代と比較すると非常に安価であることがわかる。現在の貨幣価値で言うならせいぜい数十円以下と考えればよいだろう。明治22年のホタルは1匹1厘（＝0・1銭）。新聞1部のカネでホタルが10頭買えると言うのは、現在では到底ありえない安値である。近代期のホタルが如何に安かったかが窺い知れる。

　縁日で売られていた鳴く虫は養殖個体と自然個体の両方であった、と64頁で述べた。では、商品のホタルの出所はいずこであったか。明治前半期、市場に出回っていたホタルは甲州、武州大宮、宇都宮、目黒池上などで捕られた関東周辺の野外個体が主であった。一方、大正半ばには近江守山でホタルの人工増殖の研究が始まり、ほどなくして養殖技術が確立した。やがて東京や大阪の市場に十万単位の守山産養殖個体が全国の野外ホタルとともに出回るようになったのである。

2 「蛍売り」とはいかなる商売であったか

では、蛍売りと呼ばれる商売はどのようなものであったか。昭和初期の話であるが、蛍売りは最低5、6円の元手があれば女子供でもできる商売だったと言う。昭和初期と言えば、大工の日当が2～3円と言う時代だ。大工の日当数日分が初期投資である蛍売りは確かに商売を始める敷居が低い。

新聞記事によると昭和10年代の大阪では店を構える場所にもよりけりだが、客寄せに大声張り上げることなく一晩で1頭1銭のホタルを千頭売ることもできた。なお、筆者が戦前生まれの方にヒヤリングしたところ、やはり蛍の売り手は「あ～ホタルいらんかえ～」と大声を上げることもなく、ただ黙って買い手が来るのを待つ気楽な商売に見えたそうだ。

次いで儲け率についてであるが、明治33年の時点ではホタルは100頭10銭で卸され、2頭1銭で小売りされたとの数字が残っている。卸値の5倍で小売りされていたわけだから、一見かなりの儲け率のように思える。ただし、商い中に死亡するホタルが少なからず出ることを考えると、ホタル売りがどこまでおいしい商売であったかは定かでない。

さて、縁日に立つ蛍売りが里に出かけてホタルを捕って来るわけではない。野外のホタルを大量に集めて小売りや問屋に下ろす専門業者が別にいた。大正11年の数字であるが、相州の小田原山傳商店は1年で

1千万頭ものホタルを市場に供給していた。この時の相場は10頭1銭であるから、単純に計算すると1万円の売り上げだ。大正後半の国家公務員高等官の初任給は約70円なので、これを現在の大卒国家公務員の初任給約20万円に該当させると、小田原山傳商店の売上高は初夏だけで現在の貨幣基準の3千万円となる。扱うホタルの数が膨大であることを考えると、売上高は意外と高くない。一方、大正初期のスズムシやマツムシなどの鳴く虫の問屋の1シーズンの売上高は現在の貨幣基準で1億数千万円ぐらいだった。鳴く虫に比べるとホタルは単価が安いので、どうしても低めの数値になってしまうのである。

3　ホタル受難の時代の到来

明治20年代、東京近郊のホタルの名所の武州大宮の料亭旅館は屋内からのホタル見物は言うまでもなく、舟上でホタルを見物できるサービスまで客に提供していた。ホタルの名所としての大宮の名声は高く、かの文豪田山花袋も大宮のホタル観光の紀行文を書き残している。

これだけなら「自然や昆虫を愛でる日本人」で話は終わるのであるが、商魂たくましい日本商人たちは美談では終わらせてくれない。郊外に客を招いて野外のホタルを見せるよりも、都市部のど真ん中にあらかじめ用意したホタルをバラまく方が手っ取り早いではないか、と横着になってきたのである。

早くも明治13年の段階で大仁村（現在の大阪市内）の玉藤樓幸町の長亭等が客寄せに庭前の樹木へ無数のホタルを放ったとの記録がある。同じ京阪神地区では、京都の四条河原の茶店一同が石山より数万のホタルを取り寄せ、加茂川へ放し来客を楽しませた。東京でも明治18年浅草公園の池に千頭単位のホタルが放された。その3年後、東京本郷区菊坂下釣掘の庭園内で数万のホタルが放虫された。明治35年の新聞広告によると、本芝浦鑛泉・芝濱館は数十万頭ものホタルを江州石山より取り寄せ、僅か3日間で全てを使いつくすホタル狩りを催したと言う。この他、明治後半以降上野不忍池でも大量のホタルを放す催し物がしばしば実施されていた。

大正7年8月、東京日比谷公園で東京毎日新聞社主催の「虫聲會」が開催された。これはマツムシ、スズムシ、クツワムシなど鳴く虫が数十万匹も同公園に放された大納涼祭として、前章で紹介ずみである。しかし、この時放虫用のホタルもまた5万頭が房総半島より集められていたのである。ただ、東京毎日新聞社側が来客にホタルと鳴く虫ともに捕ること一切自由としてしまったので、初日の8月3日にホタルを入れた虫籠を主催者側が運び込んだとたん、来客はホタルに殺到し会場は大混乱、大半のホタルは放される前に哀れ虫籠ごと踏みつぶされてしまった。我らが先人は随分素行が悪かったようだ。

余談であるが、大災害や事故による鉄道運休の際、秩序正しく大人しく並ぶ日本人は海外から称賛され、日本人自身もまた誇らしげに思うことがある。それはそれで大いに結構であるが、日本人のDNAに「お行儀よく並ぶ」との遺伝子が組み込まれていないことは覚えておいた方が良い。今は何のかんの言って豊かだから、我々はお行儀良くしているが、一度経済状況が真っ逆さまになったらどうなるのだろう。日露戦争の講和に反対した大衆が日比谷公園で暴徒化し、同じく同公園で狂騒した群集がホタルを踏みつぶしてから、たった百年しかたっていないことを忘れてもらっては困る。

さて、鉄道を中心とした輸送インフラの発展とも関連しているのだろうが、明治中頃から客寄せに放虫されるホタルの数が年を追うごとに増加する傾向があることが新聞記事から読み取れる。明治30年代以降になると、店舗やお祭り行事等で放されるホタルの個体数は十万単位と言う莫大な数字が常態化したのだ。こうなると、ホタル売買にも変化が見られるようになる。明治期の縁日の各家庭向けの小売りに加え、やがて業者間の大規模取引の時代へと移っていくのである。大正以降、ホタルは各家庭が軒下にホタル籠をぶら下げ数匹単位を鑑賞する時代から、大量消費される時代となっていったのだ。当たり前だが、各地からかき集められたホタルが東京で放された後、無事生き延びて次世代を残し、生を全うするチャンスはほとんどなかった。また、東京で放されたホタルが数十万頭なら、輸送の途中で死んでしまう個体もまた膨大な数にのぼったはずだ。ホタルにとって受難の時代の到来である。

4 哀れ、大型小売店の景品にされてしまったホタル

明治末以降にはホタルを用いた新手の商法が登場した。放したホタルを客に見せるだけでなく一部の個体を商品お買い上げの客に贈呈、ようするにホタルを景品として活用し始めたのだ。上野広小路の松坂屋いとう呉服店（現在の松坂屋百貨店）は、明治45年の初夏以降土日には夜間開店して、近江、美濃、相模、甲州のホタルを取り寄せ来客にホタルを配ったほか、庭園にも放った。明治45年から6年間にわたって集めたホタルは何と530万頭にも達した。

さて、ある意味無惨としか言いようがない無数のホタルの命の浪費であるが、さすがに松坂屋も寝覚めが悪くなったのか、大正6年には松坂屋根岸別荘内にホタル供養の「ほたる塚」を建立した。同年6月18日夜

8時ほたる塚の除幕式を行い、読経、祭文店主以下一同の焼香のち、「螢の歌」を合唱、次いで園遊会に移り仮装劇「螢供養」が披露された。来会者は千人に達し非常に盛況であった。もっとも、この除幕式でも性懲りもなく3万頭のホタルが放されたそうだから、一体何を考えてんだか。

5　ホタルを大量に放して、乗客を呼び込む鉄道会社

前述のように明治大正期の東京人にとって大宮はホタルの名所として大層名高かった。大正9年の新聞記事によると、ホタル出盛りの土日には上野と大宮の両駅は子供連れの客で花見時並みに大混雑したそうだ。これら駅の人込みからホタルが持つ集客力に感づいて、と言うわけでもなかろうが、各鉄道会社も運賃収入増に結び付く様々なホタル関連の商売を考えるようになる。

明治43年6月18日玉川二子付近でホタル3万頭を放すホタル狩り及び花火大会が挙行された時は、玉川電気鉄道は当日運賃を3割引きする上、客を都心に帰すため午後11時まで運転を行うとのサービスに打って出た。京阪神でも明治30年代には鉄道作業局が近江石山や京都宇治へのホタル狩りの客の交通の便を図るため、京都、大阪、三ノ宮、神戸の各駅で石山・大津回遊割引乗車券を発売している。明治35年6月21日付神戸又新日報掲載の広告によれば、鉄道作業局は神戸三ノ宮から宇治までの往復切符を三等1円40銭、二等2円40銭で売り出している。ちなみにこの頃の大工の日当は1円弱。よって、1円40銭との価格は庶民にとって決して安くはないのだが、ホタル見物は1年に一度のささやかな贅沢と言ったところか。

大正2年7月には、王子電車が飛鳥山に数万頭のホタルを放ち、また数百の電燈をも点灯させる遊興を提

供している。翌大正3年6月、鶴見の花月園ではホタルを数万頭放し、ホタル狩りを挙行した。遊園券に京濱電車の往復券を合わせて提示すると美麗なホタル籠が進呈されたと言う。昭和9年6月には、東横電車多摩川園前駅近くのグランドに毎日2万頭もの近江産ゲンジボタルが放虫された。優待割引証を提示すれば目蒲東横電車全線各駅より多摩川園前駅往復運賃は2割引きしたうえ、お土産として蛍袋が配布されたそうだ。

これらは数例に過ぎず、在京の各私鉄が競うようにホタル狩りを挙行していたことが窺える。公園に放されたホタル、お土産として配られたホタルがその後どうなったかは言うまでもないだろう。在京鉄道会社もホタルの大量虐殺に加担していたわけである。

6　天皇家や皇族へ献上されたホタル

近代日本人とホタルとの関係で忘れてはいけないのが、天皇家や皇族へのホタルの献上である。例えば、地方へ行幸する明治天皇に対して現地の住民がホタルを献納したとの史実が明治15年の例に見いだせる。同年6月千葉方面に行幸した明治天皇は同月6日成田の新勝寺を行在所としたが、新勝寺住職は数万頭のホタルを集め天皇に供した（宮内庁編『明治天皇紀』）。次に、明治44年8月に東宮（のちの大正天皇）が北海道を巡回したおり、1人の臣民がわざわざ佐渡島から数万頭のホタルを取り寄せ、小樽市内の東宮宿泊所の後方山中に放したと言う。もっとも、新聞記事に頻繁に現れるホタルの皇室への献納は地方から臣民がホタルを抱えて上京し、宮中や天皇御所への直接持参したものである。

明治20年代以降、全国各地の臣民によるホタルの天皇家や宮家への献納が多く新聞記事に登場するようになる。明治30年代には西日本の名所と知られる近江のホタルの献上も毎年恒例となっていた。これら地方のホタルの献納の定着は鉄道路線の発展と深く関係があろう。成虫期の寿命が長くないホタルの場合、捕獲後迅速に東京へ運ぶ必要があるからだ。

大正年間の新聞記事からは滋賀や埼玉等からのホタル献納が確認できたが、昭和期に入ると新たな献上地域が名乗りを上げた。福岡県浮羽郡である。福岡から東京へのホタル輸送を可能にしたのは、航空機の発達と深い関係がある。昭和9年に明治神宮や日比谷公園、宮中、葉山御用邸にもたらされた浮羽郡産ホタルはその同県の名島空港を飛び立ったものだ。昭和10年に天皇家や山階宮、賀陽宮に献納され、また上野不忍池、靖国神社、明治神宮等に放虫された浮羽郡産ホタルは同県筑前町の大刀洗空港発の航空機で運ばれた。この時の大刀洗からの輸送費は航空輸送会社の好意で無料にされたと言う。

7　誰しもが皇族へホタルを献納できたわけではない

ホタルは全国津々浦々にいる。ならば、北は北海道から南は沖縄までホタルの皇室への献納が殺到しそうなものだ。戦前日本人にとって天皇家への献上は品が何であれ大いに栄誉であったはずだからである。しかし、少なくとも新聞記事に残るホタル献納事例は埼玉、静岡、滋賀、福岡など少数の府県からのホタルに限られている。では、なぜ他県の臣民はホタルを献納しようとしなかったのか。

臣民がホタルを皇室に献納しようと思い立ち、ホタル籠を担いでいきなり宮内省の門を叩いても守衛に追い返されるのがオチだ。当然しかるべき手続きがいる。筆者が宮内省書陵部公文書館所蔵『進献録』収録の文書を調査したところ、近代のホタル献納の申請から完了までの過程を知ることができた。

まず、大半のホタルの献納は県知事が言わば紹介者となり、県知事名で宮内大臣宛に「うちの県民の誰それがホタルを献納したがっている。そうしてよいか」と許可を願い出ていることがわかった。つまり、県知事が県民からのホタル献納の陳情がなされても「特にホタルを陛下に差し上げる必要もないだろ」と判断すれば、そこで話は終わったはずである。県知事としては、自県の海産物や農産物、歴史文書、美術品等様々な特産品から皇室への献納品を厳選せねばならないので、「皇室に献上したい」との県民の陳情を何でもかんでも認めるわけにはいかなかったはずである。

次にホタル献納を希望する臣民は仲介者となる県知事あてに種々の文書を提出せねばならない。ここで、昭和8年5月の静岡県の青島高等裁縫女学校の照宮成子内親王（昭和天皇皇女）へのホタル献納を例にとってみよう。女学校校長の仲田順光が準備した書類は以下の通りである。

- 宮内大臣宛の「献上願」
- 「献上蛍由緒書」
- 「調書」
- 医師作成の「身体検査書」

この4種の書類を仲田校長が県庁に提出。受け取った田中廣太郎静岡県知事は「うちの県の仲田校長が照宮成子内親王殿下へホタル献納を希望しておりますので何卒良しなに」との湯浅倉平宮内大臣宛の添え状を仲田提出の書類に加えて宮内省に送付、との手続きを踏んだのである。

仲田順光が用意した各書類について補足しておこう。「献上願」とは文字通り「献上を希望します」との簡略な挨拶文のようなもの。次に「献上蛍由緒書」とは静岡県志太郡（現在の藤枝市を中心とする地域）の旧田中城主がかつて宇治や大和から導入したホタルを放流したとか、地元のホタル狩りに歌われる童謡の紹介など、志太郡のホタルにまつわる解説が長々と書かれている。

「調書」とは、献上者の名前、ホタルを採集する静岡県志太郡の町村名、捕獲したホタルの選別法、献上する個体数、ホタルを入れる籠の様式、献上の日限（5月25日から5月31日までとある）、持参者の名前とその生年月日などが細々と記されている書類である。「調書」に書かれた選別法によれば、構内の清浄な場所に捕ってきたホタルの調選所を設け、良いホタルを精選し洗浄ののち籠に納める、とある。籠の様式を読むと、青島高等裁縫女学校が用意したホタル籠は檜白木造で総丈一尺五寸だったことがわかる。

最後の「身体検査書」であるが、実際に籠を持参する校主の仲田恵法と校長の仲田順光の2人の身長、体重、視力、聴力、呼吸器系、神経系の状態、言語状況「吃音症状なし」などが記されており、診察した杉本葆医師の印鑑まで押されている。

田中県知事が湯浅宮内大臣に宛てた書類は5月9日付。その中に「献納は今月25日から31日までが好適であるからお取り計らい願いたい」とある。ようするに「ホタルにはシーズンがあるから早く献納申請を通してくれ」との依頼だ。宮内省側は県知事の催促の意思をくんだのか、5月15日付で宮内次官名で「ホタルを献納してもよろしい」と県知事あてに通知しているのである。それを受け、同月24日、静岡県知事官房秘書課は宮内省官房総務課宛に「26日午後3時に仲田校長がそちらに出頭してホタルを持参しますのでよろしく」と回答している。そして、めでたくホタルは照宮成子内親王に無事届けられたわけである。

以上が、昭和8年5月の青島高等裁縫女学校のホタル献納顛末だ。書類を揃えるだけで大変である。臣民は献納するホタルをただ野外で集めて箱に詰めればよいと言うわけではない。なぜホタルを東京に持っていくだけで医師の診断書が必要なのか現代人には奇妙に思えるが、とにかく粗相があってはならぬとの皇室への畏敬行為である。たかが虫を持っていくだけなのに、何かもう大げさな話だ。もっとも、昭和戦前期、青島高等裁縫女学校は恒常的にホタルを皇室に献納しているが、作成に最も手間がかかる「献上蛍由緒書」「調書」は毎年一字一句ほぼ同じである。今風に言えばコピペと言うやつだ。この手抜きは特に不敬行為ではないと言うことなのだろうか？　この点は不思議である。

宮内省書陵部公文書館所蔵『進献録』収録文書の中から、臣民のホタル献納申請が宮内省によって却下された事例を1つ見つけた。明治37年6月8日、埼玉県木崎村の河邉民蔵は同県知事を通じ、大宮の見沼蛍の献納を申し出たが、早くも翌日の9日には宮内省内事課長名で「不許可」と県知事宛に通知されている。つまり献納申請は瞬殺されたわけだ。申請却下理由は明記されていないので以下憶測である。この頃例年のように同じ埼玉県の大宮氷川公園内の氷川神社宮司が見沼蛍を献納していたので、河邉民蔵の申請は不許可となったのではあるまいか。

『進献録』収録文書を見ると、ホタルは毎年同じ人物や組織、村から皇室に献納されていることがわかる。つまり、一種の既得権益と解釈することもできる。なお、献納されたホタルは皇族や天皇家の邸宅内で飼い殺しにされたわけではない。大半の個体は上野公園や靖国神社へ放されていた。となると、どれだけホタルの献納を受けようとも宮内省側としては扱いには困らなかったはずなのに、なぜ献納は一部の人間の既得権益になってしまったのか。

明治41年、岐阜市の名和昆虫研究所所長の名和靖は自作の蝶蛾鱗粉転写標本を皇族および天皇家に献納した。それにより、蝶蛾鱗粉転写標本の名声高まり、名和昆虫研究所へ同標本の注文が殺到したことがある（拙文「明治40年代『名和靖日記』」）。それに懲りて、と言うわけでもなかろうが、宮内省側が皇室への物品献納が献上者の売名行為になることを怖れていた形跡がある。例えば、昭和17年9月、愛知県矢作町の高木新七は同県知事を通じて竹製昆虫細工の皇太子への献納を願い出た。同月26日、宮内省総務局長は愛知県知事に高木新七の献納申請の許可を通知したが、その際「献納が広告や宣伝にならぬよう配慮せよ」との注文を知事に付けているのである。献上者の売名行為の回避が、宮内省側が無制限でホタルの献納を受け入れなかった理由の1つと考えられないこともない。

以上、皇室へのホタル献納は誰しもができるわけではなかった。過去の献上実績などが考慮され、極限られた者だけがホタル献納の栄誉に預かれていたのである。

8　乱獲により激減した各地のホタル

近代期の鉄道会社や大型小売店、皇族へ提供されたホタルの頭数は数万だの十万だのと言った桁数が大きい数字が並ぶ。もちろん、これらの数字は「大量のホタル」を現す象徴的な意味合いがあるはずで、必ずしもホタルの実数を正しく示しているわけではないだろう。何はともあれ明治以降に捕獲されたホタルの頭数は無数であり、乱獲と呼ぶに十分な状況であったことは容易に想像がつく。となると、乱獲によるホタルの自然個体群への影響はどの程度のものであったかとの疑問がわく。

近代ホタル研究の第一人者であった神田左京は乱獲によるホタル減少を指摘していた。今となっては明治大正期のホタルの衰亡を科学的に検証することは困難だが、新聞記事を積み重ねることによって、乱獲によるホタル個体群への影響の断片を読み取ることができる。

明治10年代~20年の時点では大阪の桜の宮、天王寺、北野、今宮、京都の桂川、宇治、そして東京の小石川や広尾でも野生のホタルを十分鑑賞できていた。明治10年代半ばの京都桂川では「川が埋まるほど」のホタルが群れ飛んでいた。

明治20年代、武州大宮の旅館がホタル見物の客を呼び込もうとして東京人に営業攻勢をかけていたことは上述の通りだが、かと言って同時期の東京府下からホタルが完全に姿を消していたわけではなかった。明治20年代半ばでも向島、広尾、小石川江戸端、三河島、入谷田甫などはホタル狩りの客で賑わっていた。

しかし、明治30年代に入ると東京府下のホタルの激減がうかがえる記事が散見されるようになる。例えば、明治34年の新聞記事には「小石川と牛込の間にある大堰付近はかつてはホタルの名所であったが、今や有名無実だ。王子や田端のホタルも昔ほどではない」とあるのだ。無論、明治30年代でも東京府下にホタルの名所とされる場所として目黒や池上本願寺などが挙がっており、府下でホタルが見られなくなったわけではない。ただ、同年代には既に客寄せにホタルの大量放虫が行われていたので、この時期の名所に群れ飛んでいたホタルが地元産個体なのかどうかは疑いが残る。いずれにせよ、種々の記録から明治の終わりには東京都心部でホタルの乱舞は見られ難くなっていたと見るべきである。明治期に東京府下のホタルが激減したのは間違いないだろうが、その原因を乱獲だけに求めてよいかどうかには躊躇いが残る。明治期の東京産ホタルの減少は江戸以来の都市化の影響も見逃すべきではないだろう。

明治の次の大正期は大型小売店や鉄道会社などによってホタルが十万単位で大量消費される時代となったわけだが、当然のことながら東京府下の減退しつつあるホタルでこれら大口需要を賄いきれるはずもない。そこで武州大宮や甲州、相模小田原、近江石山などのホタルが大量捕獲され、東京に商品として持ち込まれた。一方、やや先の時代の話であるが、昭和10年代の大阪のホタル市場には近江守山のほか四国産個体まで投入されていた。

東京府下と比するとホタルにとって良好な生息環境が残されていた大宮や甲州、近江であっても、毎年何十万頭以上の個体が乱獲されるのであれば自然個体群はただではすまないはずだ。実際、早くも大正3年には「ホタルの産地として有名な笛吹川では近年少なくなった。そこで代替として甲府の南の鎌田川岸で捕られたホタルが東京へ出荷されている」との記録がある。笛吹川のホタルが少なくなった原因は多々あろうが、乱獲が大きな要因と考えるのが自然だろう。また、笛吹川の代替地となった鎌田川でもホタルの繁殖を図るため、山梨県は時々ホタル狩りを止めさせたと言う。甲州でも乱獲の影響が出始めていたのだ。

ホタルの〝輸出国〟が〝輸入国〟へ転落した事例はいくつかある。明治20年代半ば、東海道線を利用して東京へホタルを出荷していた宇治は、昭和10年代には後述する滋賀守山ホタルの養殖場から30万頭を買わなければならなくなっていた。そして、東京近郊のホタルの名所として栄華を誇った武州大宮も昭和10年代にはホタルは乱獲によって激減していた。昭和13年大宮町は6月11、12、18、19日の「螢デー」の日に大宮公園舟遊池付近へ市民のために7、8万頭のホタルを放すことを決定した。大宮見沼のゲンジホタル発生地は昭和7年に天然記念物に仮指定されていて市民が自由に捕れなかったがゆえだが、東京近郊最大のホタル供給地だったはずの大宮が放虫せざるを得ない状況に追い込まれている点は見逃せない。

最後に近江守山の事例である。守山蛍は明治43年から大正7年まで毎年皇室に献上されていたが、名声が高まるにつれ同地のホタルは各地へ出荷された。ホタル捕りを専業とするものさえいたらしいから、その徹底した乱獲ぶりが窺える。明治終わり頃、守山町からの出荷数は年間数百万頭にも及んだ。同地のホタルは、国内はもとより朝鮮半島にまで輸出されていた。しかし、大正中頃にはやはり乱獲により激減してしまった。同地有力者はこれを憂いて、やむなく守山町内に5箇所の捕獲禁止区域を設けている。さらに大正8年、大阪毎日新聞の本山彦一社長の一部資金供出と岐阜県の名和昆虫研究所の技術指導のもと、守山町のホタル保護繁殖の研究がスタートした。なお、守山螢養殖所の事業は成功し、守山は一大供給地としての地位を回復した。昭和10年代初めには年間600万頭ものホタルを生産するようになり、国内各地や満州、朝鮮からの注文に応じるまでになっていた。現在のホタル取扱業者がどこまでの大口注文に応えられる供給量を持っているかは筆者には見当もつかないが、この600万頭と言う年間生産量は数字として決して小さくない気がする。

こうして守山からの養殖個体の出荷と各地での乱獲に支えられながら、近代日本人のホタルの大量消費は大東亜戦争敗戦まで続いたのである。

（保科英人）

06章 近代文化蛙学——明治大正期の超高級ペットのカジカガエル

江戸中期の絵師の伊藤若冲（1716－1800）の作品の1つが「池辺群虫図」である。その題名通り、池周辺に集まった虫たちが描かれた絵で、本書が非常に毛嫌いする「お堅い文化昆虫学」の代表のような題材だ。江戸期に描かれた昆虫画云々との話になると、「池辺群虫図」はほぼ間違いなく事例として挙がる。

ただ不承不承ながら「池辺群虫図」を眺めると、1つのことに気付く。〝群虫図〟なわけだからカブトムシ、アブラゼミ、キアゲハ、各種トンボなどが描かれているのは当然だ。しかし、「池辺群虫図」の中央部を占めるのは、左側を向いて並んでいる7頭のカエルである。この他、イモリやヘビ、クモなども池周辺に姿を見せており、「池辺群虫図」は現在の分類学で言うところの昆虫綱だけが描かれているわけではない。むしろ、真ん中の位置に座っている以上、この絵の閲覧者の目に真っ先に飛び込んでくるのは、昆虫ではなくカエルのはずである。「池辺群虫図」は西欧流の近代動物分類学が日本で広まる以前の作品だ。よって、「伊藤若冲はカエルを昆虫と同じ仲間の動物と思い込んでいたのか」とのツッコミは野暮である。しかし、「池辺群虫図」の中でカエルが大きな比重を占めているのは見逃せない点だ。

明治維新を契機として欧米の近代動物学が日本に本格的に導入された。その結果、分類学的にはカエルを含む両生爬虫類と昆虫類は厳密に区別されるようになった。では、維新以降、動物学とは無縁の一般日本人はカエルとどう向き合ったのか。結論から言うと、明治以降もカエルを虫の一種とみなす風潮は残った。本書の副題「文化昆虫学」とはやや離れてしまうが、本章では文化的に虫に準じるものして扱われてきたカエルの一種カジカガエルを取り上げる。本章は拙文「文化蛙学 近代日本人とカジカガエル」を一部加筆訂正したものである。

1 とにかく高かった明治大正期のカジカガエル

本題に入る前にカジカガエル（**図1**）の生物学的特徴について解説しておこう。雄の体長は約4センチメートル、雌は約8センチメートル。青森以南の本州から九州南部にまで生息する。体色は灰褐色か茶褐色で地味。フィフィフィフィ……との笛のような声で鳴く。個人の主観の範疇ではあるが、日本でも最も美しい鳴き声を持つと評価されるカエルだ。

◆図1　カジカガエル

さて、このカジカガエルは江戸以来のペット動物である。もちろん飼育目的はカジカガエルの姿形を眺めるのではなく、鳴き声を愛でるためである。明治維新を契機として、我が国のありとあらゆる分野に西洋化の波が押し寄せてきたわけだが、カジカガエルの売買および飼育鑑賞する伝統的風習は維新後もしぶとく

表　明治・大正・昭和戦前期のカジカガエルの価格

西　暦	和　暦	カジカガエル	典拠新聞	東京朝日	大工日当
1884年	明治17年	24銭～10円	読売.6.14		
1885年	明治18年	15銭～3円	東京横浜毎日.6.19		43銭
1886年	明治19年	10銭～20円	毎日.7.2		40銭
1887年	明治20年	12.5銭～50銭	読売.7.28		42銭
1890年	明治23年	1～1円50銭	東京朝日.6.26	1銭	42銭
1892年	明治25年	30～50銭	読売.4.24	1.5銭	44銭
1892年	明治25年	15銭～5円	読売.8.14	1.5銭	44銭
1895年	明治28年	50銭～1円	萬朝報.6.20	1.5銭	
1897年	明治30年	20～50銭以上	東京朝日.6.22	1銭	81銭
1900年	明治33年	25銭～1円	萬朝報.6.11	1.5銭	85銭
1902年	明治35年	5～28銭	東京朝日.6.8	1.5銭	88銭
1902年	明治35年	20銭～1円	読売.6.8	1.5銭	88銭
1903年	明治36年	25銭～10円以上	東京朝日.5.31	1.5銭	85銭
1903年	明治36年	10銭～数十円	読売.6.27	1.5銭	85銭
1904年	明治37年	15銭	読売.7.11	1.5銭	81銭
1905年	明治38年	20銭～30円	読売.6.23	1.5銭	88銭
1907年	明治40年	15～30銭	都.5.28	2銭	1円
1909年	明治42年	50銭以上	都.8.26	2銭	1円9銭
1910年	明治43年	3～25銭	東京朝日.7.6	2銭	1円11銭
1912年	明治45年	5～10銭	東京朝日.4.8	2銭	1円19銭
1917年	大正6年	50銭～8円	運輸日報.6.19	2銭	1円29銭
1919年	大正8年	10銭～7円	中央.6.27	2銭	2円6銭
1920年	大正9年	40銭～5円以上	読売.6.5	3銭	2円93銭
1921年	大正10年	40銭～5円以上	読売.5.7	4銭	3円8銭
1922年	大正11年	40銭～5円以上	読売.6.3	4銭	3円30銭
1924年	大正13年	50銭	読売.7.11	3銭	3円50銭
1926年	大正15年	50銭～15円	東京朝日.7.1	3銭	
1938年	昭和13年	15銭	読売.6.22	4銭	2円43銭

※保科（2019）を一部改変

残った。

現在の複数のカエル生体通販サイトでは、値段に大きく幅はあれど、カジカガエルは1頭だいたい数千円程度である。現在、カジカガエルは都市のど真ん中ではまず見られないが、地方へ行けばそう珍しいカエルと言うわけでもない。

では、明治大正期カジカガエルは如何ほどの値段で売られていたのか。結論から先に言うと恐ろしく高かった。明治・大正・昭和戦前期の新聞記事より得られたカジカガエルの価格を表（93頁）に記した。価格が掲載された年代（西暦及び和暦）、新聞名および掲載日を記述した。その他、比較材料として東京朝日新聞の年代ごとの1部の値段および大工の日当を表に挿入した。

明治大正期、カジカガエルの値段はスズムシやマツムシ、ホタルと同じく「虫相場」との欄の中で紹介されるのが常であった。そして、鳴く虫などを取り扱う虫屋と呼ばれる商売人がカジカガエルを売りさばいていたのである。本章冒頭の「明治以降もカエルを虫の一種とみなす風潮は残った」とはこのことである。

表からは同じ年でもカジカガエルの価格差が非常に大きいことがわかる。これは、市場に出回ったカジカガエルは個体ごとに上等、下等と言ったランク付けをされて、その差が値段にそのまま反映されたからだ。ここは極一部の例外を除き、同種の売り物であれば、ほぼ同じ価格で取り引きされた鳴く虫やホタルとは根本的に異なる点である（04章および05章）。

表中で5円、10円と記されたカジカガエルは上等扱いで取り引きされた個体である。大工の日当と比較すると、上等とされたカジカガエルがいかに高級品かがわかる。明治38年には30円もの値段が付けられた個体が売られていた。大工の日当の30倍以上である。同年の88銭との大工日当を仮に現在の1万円なり2万円なりに置き換えてみればよい。当時の最上物カジカガエルは現在の血統書付きの犬猫か、高級熱帯魚のような数十万円レベルの贅沢品であったことがわかる。到底庶民が買えるものではない。また、最安値のカジカガエルであっても、東京朝日新聞1部の10倍以上の場合が殆どである。となると、現在の貨幣価値でいえば、安物のカエルであってもお値段１０００～数千円と言ったところか。カジカガエルは下等個体と言えども、縁日で親が子に気軽に買ってやれるものではなかった。ちなみに、明治大正・昭和戦前期の鳴く虫は最も高かったアオマツムシでも1円ちょっと、最安のスズムシは新聞1部のせいぜい数倍以下の銭で買えた。カジカガエルはとにかく高かった、の一言に尽きよう。

カジカガエル本体もさることながら、カエルを飼育する専用の容器も安くなかった。昭和10年代、金網付の容器は大が1円30銭、中90銭、小50銭との価格が付けられていた。明治20年代中頃には10円もする飼育用の水盤金網が売られていたと言う。もはや美術工芸品に匹敵する値段である。

近代期に売られていたカジカガエルは天然個体がそのまま商品となるか、ないしは野外で捕獲されたのち、長年飼育された個体が取り引きされた。つまり、売られていたカジカガエルは現在のヒメダカやカブトムシのような完全養殖個体ではない。清流に住むカジカガエルの累代飼育はそう簡単ではないので、供給を天然物に依存した商売になるのは当然である。

清流の多くが失われた現代でも、地方へ行けばカジカガエルはそんなに珍しくないと前述した。明治大正期であれば、なおのことカジカガエルは各地で普通に見られたはずだ。にもかかわらず、当時なぜ大枚をはたかないと上物のカジカガエルを買うことができなかったのか？　その理由について**2**以下で記すこととしよう。

2　流通個体の絶対数が少ない？

カジカガエルに関する近代期の新聞記事を拾っていくと、時折「近年カジカガエルの飼育が流行して品薄となり、どうたらこうたら」との文言が見受けられた。カジカガエルはどうやら品切れになりやすかったらしい。その場合、当然価格は高騰した。また、品切れ対象になったのはカジカガエル本体だけでなく、専用の飼育容器にまで及んだ。例えば、明治10年代初めに大阪でカジカガエル飼育が流行した際は、飼育に必要な水盤金網が品切れとなり、わざわざ東京まで買いに行く物好きがいたそうだ。

明治大正期、客が殺到したあまり、鳴く虫やホタルが売り切れた、との形跡はほとんど見られない。では、品薄になりがちなカジカガエル特有の事情とは一体何なのか。何と言ってもカジカガエルは市場に流通する個体数が絶対的に少なかったことが推測されよう。例えば、明治20年7月28日付読売新聞によると、山梨県南巨摩郡柳川および小室近郊産のカジカガエル３００頭が東京の虫屋と鳥屋に渡ったと言う。ホタルの場合は一商店が千万単位の個体を扱うこともあったから、３００とは随分と小さい数字である。さらに消費者の手に渡る前に死ぬ個体は出たはずだから、市場に流通する個体は一層少なくなったものと思われる。

流通個体の少なさはカジカカエルの生態学的特徴が大きく影響している。飼育にハエやクモなどの生き餌を必要とするカエルでは、必然的に1人の商売人が抱えられる在庫は小さくなる。１００頭仕入れることは比較的容易でも、売り切るまで１００頭を維持し続けることは大変な労力なのである。この点は餌がほぼ不要なホタル、そして切った野菜を与えておけばよいスズムシとは絶対的に異なる点だ。消費者の手に渡るまでのカジカガエルの飼育にかかる膨大なコストは当然価格に上乗せされる。

カジカガエルは鳴き声を楽しむペットだ。標本になってもそれなりの価値が生じる蝶やクワガタと異なり、カジカガエルは売れる前に死んでしまえばただの生ゴミでしかない。商売人としては多くの在庫を抱えずに、少数精鋭主義で行くしかない。ならば、口コミ等でちょっとばかしカジカガエル飼育がプチ・ブームとなると、すぐに品切れになり、その結果値段が跳ね上がった、と思われるのである。

なお、高額で取り引きされたとなれば、小遣い稼ぎにと人々がカジカガエルに殺到し乱獲されそうなものだが、捕りすぎでカエルが減った、との新聞記事に出くわしていない。大量消費されたホタルとは異なり、市場があまりに小さすぎたことがカジカガエルには幸いしたようだ。

3 カジカガエルの価格を決める要因① 体格と年齢

カジカガエルは鳴いてナンボのペットである。床の間に飾るだけなら、生き餌を必要としない陶器製のカエルで十分である。となると、同じカジカガエルであっても、より良い声で鳴く個体が珍重されるのは当然の流れだ。カジカガエルは鳴き声の良し悪し、声量の大小で上物、下物などのランク付けがなされたわけである。そして、このランク付けもまた、最終的にカジカガエルの価格を高止まりさせた1つの要因でもある。

このような価値観でカジカガエルをランク付けするとなれば、まずは体の大きな個体、つまり老齢個体が高評価となる。しかし、単純に図体がデカければよいと言うものではなかったらしい。新聞記者の取材に応じた飼育のプロは「身体の丈短く、咽喉太く、姿勢の正しいものが善良。身体長く咽喉の細いものは劣等」（明治36年6月27日付読売新聞）、「成るべく短くて平均八・九分で喉の極大きく姿勢のよいのを選ばねばならぬ」（大正10年8月11日付東京朝日新聞）と語っている。ようするに体がずんぐりむっくりなカジカガエルの方がより美しい声で鳴く良い個体とされていたようである。

また、飼育慣れした個体であることも重要視された。人間サマと同じ脊椎動物のカエルとなると、それなりに神経がデリケートなようで、ある程度飼育環境に置かないと中々鳴いてくれなかったそうだ。つまり、大型の老齢個体がより珍重されたのは前述の通りであるが、いくら図体が大きくとも野外で捕獲されたばかりで、容器の中でパニックになっている個体よりは、幼齢時より人の手で育てられて大きくなり、飼育環境に馴染んで良く鳴く個体の方が価値があるとされた。つまり、寿司のネタとは全くの逆で、天然物よりも養殖個体の方が高額で取り引きされる要因があったわけである。

4　カジカガエルの価格を決める要因②　産地

次に売り物個体のランク付けに大きな影響を与えたのは、カジカガエルの産地である。近代期の一連の新聞記事では、東京市場にもたらされたカジカガエルの産地として、多摩、青梅、八王子、秩父、日光、箱根、小田原、甲斐、静岡、信州、京都鴨川、京都嵐山、鈴鹿山、熊野、函館などの地名が挙がっている（注1）。

縁日で売られていた鳴く虫は天然個体も相当量が流通していたが、産地はほぼ関東に限られ、遠方から東京に持ち込まれた形跡はない。一方、ホタルの場合は大正期には近江、昭和初期には福岡からも大量に移送されていたので、商品の原産地の多様さとの点でホタルとカジカガエルは一見似通っているように思える。

しかし、ホタルとカジカガエルでは大きく事情が異なる。明治後半以降、遠方の地域のホタルが東京に移送されるようになったが、これは単に東京近郊のホタルが乱獲の結果捕れなくなってしまい、やむなく地方からホタルを取り寄せていたからに過ぎない。福岡などの地方産ホタルが関東のホタルと比して人気があり高値で売られていた、と言うわけではない。一方、カジカガエルの場合は特定の産地が言わばブランドとしての地位を持ち、高額で取り引きされたとの点に特徴がある。

カジカガエルの本場とされたのは何と言っても京都鴨川産で、中国地方や箱根富士川産個体もそれに次ぐ高い評価を得ていた。その一方で、川越、秩父、上総産カジカガエルは下等とされていた。ようするにカジカガエルの価値は明らかに〝西高東低〟である。

では、なぜ京都鴨川産が上等とされたのか。当時鴨川のカジカガエルの音色が他の地域の個体よりも良いとされたこと、そして、通常野外から捕獲してきたカジカガエルは飼育を始めてもすぐに鳴かないが、京都鴨川産のものは買ったその晩から鳴くから、との認識が人々の間にあったことが理由として挙げられる。

しかし、右の鴨川産個体の優位性はあくまで当時の新聞記事をそのまままとめただけである。筆者が近代カジカガエル愛好家の物差しを鵜呑みにしているわけではない。そもそも動物分類学的に見てカジカガエルの地理的形態変異はそんなに著しくないと言う。よって、「京都鴨川産の個体の音色は他地域のものに比べ格段に優れている」との近代愛好家たちの認識が果たしてどこまで科学的に妥当なのかどうか。筆者は両生類の分類のド素人なので確言は致しかねるが、動物学的には相当胡散臭いと言わざるを得ない。第一、京都鴨川の個体だけが、すぐに飼育環境に馴染むなどと、どう考えてもオカシイ。

そもそも当時の動物形態学の知見でカジカガエルの産地間の個体識別を正しくできたのかどうか。DNA分析なんぞなかった時代である。関東産の個体を京都鴨川産と偽って売っていた商人も中にはいたのではなかろうか。平成令和の日本でも産地偽装なんぞはザラにあるのだから、明治大正のカジカガエル売りが常に清く正しく美しく商売をしていたわけではあるまい。

なお、科学的根拠は胡散臭いにもかかわらず、京都鴨川のカジカガエルが飛び抜けて高値で取り引きされていたこと、現代人にあざ笑う資格はない。越前ガニを見よ。同じ裏日本の海底をノソノソ歩いている同じズワイガニのはずなのに、なぜか福井の港で水揚げされた個体は「越前ガニ」として、石川や富山のズワイガニよりも高い値を付けているではないか。世の中そんなもんである。

5 カジカガエル商売の実態

筆者はカジカガエル商売の実態を示す僅かな記事を見つけた。まず、誰がカジカガエルを捕獲していたかであるが、地方の住民が小遣い稼ぎでカジカガエルを捕っていた事例が見つかった。例えば、明治末の茨城県諸富野村では年の出始めのカジカガエルを狙って採集に従事する者が多かったと言う（明治45年4月8日付東京朝日新聞）。また、昭和初期の秩父では、冬季に木こりや猟師が岩を動かし、石をおこし、木株を掘って冬眠中のカジカガエルを捕まえていた（昭和2年7月12日付読売新聞）。

小売りの儲け率についてはほとんど新聞記事になっていない。筆者が見つけたたった1つの数字は、明治36年当時、卸値1頭10銭なのに対し、売値は25銭であるとのものだけだ。卸値の2・5倍で売れるわけだから、儲け率は一見かなりのものである。ただ、商売の間も手間暇かけてカジカガエルに生き餌をやり続け、また売れる前に死亡する個体が出て来ることを考えると、カジカガエル売りが実際どこまで儲かったのかは不明である。

6 あな恐ろしや、カジカガエルの近代愛好家のマニアっぷり

メダカやスズムシと異なり、現代でも原則生き餌を必要とするカエル類の飼育は初心者が容易に手を出せるものではない。これは戦前期の日本では尚更であったはずだが、明治期にはカジカガエルの飼育技術はほぼ確立していた。

まず、野外から大量に捕ってきたカジカガエルを大きな器に入れる。そして、ハエを容器に入れて最初に食ったカジカガエルの個体を第一として選抜する。なぜなら、この個体は人に臆せず元気で栄養が良いからである。選抜が必要なのは、カジカガエルの飼育は大変な手間暇がかかるので、捕獲した個体全部を養いきれないが故であろう。実際のところ、カエルに人慣れしやすいか否かの性格の個体差がどこまであるのかはわからないが、面白い選抜法ではある。

次に、カジカガエルに与えるエサであるが、ハエやクモ、ハサミムシなどが良いとされていた。野外から生き餌が入手にしにくい場合は、釣り用のウジでよいとの解説もある。なお、1日に与える餌の頭数であるが、ほとんどの新聞記事で5〜10匹程度と書かれており、この点は一家言を持つ飼育愛好家たちの意見が一致している。

両生爬虫類を飼育する際に厄介な越冬についてである。明治期には土瓶を使った越冬法が考案されていた。土瓶に落ち葉や石、冬の間に枯れない程度の水を注ぎ、そこにカジカガエルを入れた後、縁の下の穴に半分ぐらい埋めておけばよいとされた。もっとも、越冬させずに温室で飼育し、年から年中鳴き声を楽しむ飼育

法も明治大正期に既にあったと言うのだから驚かされる。

飼育へのこだわりは容器にまで及んだ。ほとんどの愛好家はカジカガエル専用の容器を準備した。その1つが「かじか籠」と呼ばれるもので、その辺の適当な箱で飼育するのはダメだと言う。その理由は「これは茶味がゝつた趣味のものですから(飼育容器も)十分上品であらねばならない」だからだそうだ(大正10年8月13日付東京朝日新聞)。なんともはや、もうついていけない世界である。

近代のカジカガエル飼育マニアのこだわりはこれで収まるはずもない。飼育容器には那智石ないしは木炭を入れるか、または黒い岩石で造られた容器を使わねばならぬと言う。プロの飼育家が黒系の色を指定している理由ははっきりしている。背中が白っぽいカジカガエルは見た目が良くないからだ。もちろん近代の愛好家たちは、カジカガエルがある程度背景に合わせて体色を変えられることを知っていた。

驚愕したのは、明治の時点で具合が悪くなったカジカガエルの治療法まで考案されていることである。カジカガエルが病になれば、彼らはヨダレをたらし手でふこうとするので、病気になったことがわかる。その場合、まず水を多くしてカジカガエルを強制的に泳がせる。次にフクログモを与えれば、病を吐かせられると言う。この治療法で体調不良のカジカガエルをどこまで回復させられたのかは不明だが、それにしても大したものである。近代日本のカジカガエルの飼育愛好家たちの熱情は現代人の両生類飼育マニアに決して劣るものではないだろう。

平成令和の現在ペット専用の葬儀屋はいくらでもある。そして、戦前期の日本にもペットを弔う習慣はないでもなかった。大正中頃にはなんとカジカガエルの葬式を行う強者(つわもの)もいた。カジカガエルを後生大事に5年も6年も飼う愛好家もいたわけだから、カエルの死を悲しみ、葬儀を行う者が出てきても決して不思議ではないだろう。

7　皇室へのカジカガエルの献上例

近代日本では、鳴く虫やホタルを庭に放して愛しんだ政財界の要人や高級軍人、皇族、華族、知識人は少なくなかった。カジカガエルの飼育や鳴き声鑑賞もまた上流階級者の間で風流として好まれた動物である。例えば、明治大正期の劇作家の長田秋濤（1871－1915）はカジカガエルの飼育が趣味だったと言う。また、野田豁通男爵のすみ子夫人は大のカジカガエル好きで、自宅でなんと99頭もの個体を飼養していたそうだ。

明治大正・昭和戦前期、各地から数十万単位の個体のホタルが皇族や天皇家に盛んに献上されていた。一方、カジカガエルの天皇家及び皇族への献納事例であるが、まず明治18年にある商家が宮内省に1頭2円のカジカガエルを納入したとの記事が見つかった（明治18年6月19日付東京横浜毎日新聞）。2円の個体と言えばかなりの上物の個体である。

大正天皇はカジカガエルを好んだ。大正天皇の皇太子時代の明治33年5月23日から6月2日まで、皇太子及び皇太子妃は三重、奈良、京都を公式巡啓した。皇太子と、巡啓に同伴していた有栖川宮の2人は加陽宮殿下宅を訪問したのち、宇治橋で降車した。そして御裳川あたりに多くいたカジカガエルを御覧になった。有栖川宮が蝙蝠傘をカジカガエルの近くで振ると、カエルは飛び跳ねた。東宮はその光景を大層面白く感じ、

2頭のカジカガエルを捕らせたと言う。

皇太子時代の大正天皇のカジカガエルにまつわるエピソードは他にもある。東宮の青山御所には献納されたカジカガエルが放流されていたが、中々鳴いてくれなかった。皇太子は毎夕耳を澄ませていたが、明治42年は幸いなことにカジカガエルが良く鳴いてくれた。皇太子はその清興に大変満足されたと言う。

次の昭和天皇の生き物好きはここで説明するまでもないだろう。昭和天皇の皇太子時代の大正2年。東宮殿下は弟宮の淳宮、光宮殿下、そして学習院初等科生徒140名と共に多摩川上流の日向和田方面へ遠足に出かけ、川でカジカガエルの声を鑑賞された。一行は次に青梅町へ向かった。そこで町からはカジカガエル2籠、成木小学校からは同じくカジカガエル100頭の寄贈を受けた。なお、東宮殿下は持ち帰ったカジカガエルを天皇皇后両陛下に献上した。

そして昭和2年。西多摩郡三田村では数千匹ものカジカガエルを捕り、その中から優秀な個体110頭を選抜し、宮内省に献上した。それらのカエルたちは赤坂御所に放されたそうだ。

なお、天皇家及び皇族への直接献納ではないが、明治神宮にカジカガエルが提供されたことがある。昭和2年7月29日、西多摩、北多摩の青年団が、キリギリス、スズムシ、クツワムシ、カジカガエル等を神前に供えた。鳴く虫やカジカガエルを明治神宮に供える鳴虫奉献式は意外にもこの時が初めてであったと言う。

諸外国王家の中で、鳴き声よろしきカエルの献上事例は他にもあるのか否か。大変興味があるところである。

8　カジカガエルの鳴き声鑑賞会

大正以降、鉄道会社が企画するホタル狩りが盛んに開催され、盛んに新聞上で広告された。しかし、カジカガエルの鳴き声鑑賞会が新聞記事になった事例は決して多くはなく、多少散見される程度である。

まず、明治30年に京都平安神宮西苑の「錦蛙会」の有志者が大文字点火に合わせ、カジカガエルの鳴き声鑑賞の催しをすることになったとの記事がある。ただ、これを伝え聞いた多数の老若男女が催しに集まったが、聴衆の騒々しさ故か、カジカガエルは全く鳴いてくれなかった。取材した記者は「不風流極る話といふべし」と小馬鹿にしている。悔しい思いをした会主は「次回こそは風流韻致を尽くす」と意気込んだそうだ（明治30年8月21日付読売新聞）。

明治31年には京都嵯峨野でカジカガエルを売りにした川開きが企画された。嵐山三軒屋株式会社、嵐山倶楽部、嵐山温泉株式会社などが川開き催しを開催した際、カジカガエルが鳴く河原に花火が仕掛けられた（明治31年7月4日付大阪毎日新聞）。ただ、普通に考えればカジカガエルは花火の音に驚いて逃げてしまうはずだ。観客がカエルの鳴き声を無事楽しめたかどうかは定かでない。

次は明治末の東京。明治38年にカジカガエル愛好家らによって好蛙会が結成された。この年は上野公園三宜亭、翌39年は阪本公園内一心亭にて会合が開かれた。同39年の「河鹿啼合会」ではカジカガエル愛好家の小説家である広津柳浪（1861－1928）も参加したと言う。

上述の如くカジカガエルの鳴き声の鑑賞会の催しがしばしば開かれていたわけだが、人々は飼育籠を持ち寄って町中で鳴き声を楽しんだことが多かったようだ。今のところ筆者は鑑賞会の主催者があらかじめ準備した大量のカジカガエルを川に放流した、との記事を見つけていない。ホタルやスズムシと異なり、単価が恐ろしく高いカジカガエルは大量購入及び野外の河川への放流に向いていない、と言うことだろうか。

9　昭和10年代カジカガエル余談

昭和10年代、愛知県入鹿湖畔の別荘地分譲において、開発側の大西土地拓殖株式会社はカジカガエルの存在を盛んにアピールしていた。当時の新聞広告には「世紀の河鹿郷別荘地大分譲」とデカデカと書いてある（昭和12年10月18日付読売新聞）。

一般大衆もカジカガエルを好んだ。昭和10年代に入るとカジカガエルの鳴き声が盛んにラジオ放送されるようになる。昭和10年、群馬前橋放送局がカジカガエルの鳴き声を放送した。その後、毎年のように秋田や仙台、長野、兵庫からも、カジカガエルの声がラジオの前の国民に届けられた。

なお、当時のカジカガエルの鳴き声中継は生放送である。ならば、悪天候の時はどうしたのか。心配無用、その場合はカエルの鳴き声の代わりに小唄を流すなどの準備がされていたことが新聞記事から窺える。

（保科英人）

注1　カジカガエルは北海道には生息しない。函館産個体とは単なる誤記か、それとも別のカエルのことであろうか。

III部　身の回り品に見る現代文化昆虫学

07章 暮らしの中のテントウムシデザイン

虫嫌いの人でも「テントウムシは好き」という人はいると思う。その理由は、「小さくて、赤くて、かわいい」からだろう。趣味でテントウムシグッズを収集して楽しむ人も多いと思われる。日常の中にも、テントウムシをデザインした商品はたくさん見ることができる。私たちが好きなテントウムシは生きた本物の昆虫ではなく、そのイメージを表したデザインの方なのかもしれない。では、そのデザインの中にテントウムシはどのように描かれているのだろう。まずは、人間のテントウムシに対するイメージについて記したあとに、実際に商品のテントウムシデザインを集め、その特徴から、人間が認知したテントウムシの説明を試みたい。また、商品デザインと学生の描いたテントウムシデザインを比較して、デザインの変化を考えてみたい。もし可能なら、あなたも本文を読む前にテントウムシのイラストを描いてもらいたい。是非一緒にテントウムシデザインを考えていただければと思う。

1　欧米でのテントウムシのイメージ

英語のLadybug（レディバグ）やLadybird（レディバード）のLadyは、Our ladyつまり聖母マリアを表し、

「聖母マリアの虫」は神聖な虫として扱われている。西洋絵画では、聖母マリアは青いマントと赤い着物で描かれており、テントウムシの赤い体色（鞘翅）は、聖母マリアを連想させると考えられる。聖母マリアの着物が赤い理由は、赤は宗教的に魔女や悪魔から身を守ってくれる魔除けの色であることや、鮮やかな色合いの紫（青）や赤の染料は高価であり、高位の象徴として使われていたことが挙げられるだろう。こういった宗教的な背景もあって、テントウムシは欧米では幸運に先立って現れる、手や衣服にとまることは良いことで、幸運に恵まれると信じられ、ラッキーアイテムとして広く浸透している。また、アニメーション等のキャラクターとして登場するテントウムシは、女性であることが多いことも聖母マリアからの影響かも知れない。ＣＧアニメ映画『バグズ・ライフ』に登場するテントウムシは、明らかにナナホシテントウであるが、かわいい姿に反して口の悪い男性のキャラクターとして描かれていた。これはテントウムシを男性にすることで、その意外性によって強い印象を観客に与えることに成功している。

『虫と文明』（築地書館）では、ヨーロッパでは子供たちはテントウムシを手に這わせながら童謡を口ずさむと記しているし、２０１４年に公開された映画『美女と野獣』（仏独合作）の冒頭には、ナナホシテントウを手の指に上らせるシーンがある。また、『英語語源辞典』ではLadybirdの語源は、「害虫を食べてOur ladyに仕える」とされ、テントウムシが害虫（アブラムシ）を捕食する益虫として、良いイメージで評価されている。しかし、大方の人がテントウムシの幼虫が肉食性で害虫を食べる益虫だから好むというよりは、その姿がかわいいからだと思われる。

2 日本でのテントウムシのイメージ

一方、日本でのテントウムシのイメージはどうだろうか？ テントウムシという名は、小野蘭山の「本草綱目啓蒙」（1803－06）に、江戸ことばと但し書き付きで初めて登場し、それまでは漢語由来の瓢虫（ヒョウチュウ、瓢はヒョウタンの実）とか、訓読みで、ひさご虫とか呼ばれていた。小西正泰は、『虫の博物誌』（朝日新聞社）の中で、テントウムシは「天道虫」すなわち、太陽の虫の意であり、その形が半球形で、赤い色の種類が目につきやすいからだろうかと記している。

著者は、日本の伝統的な芸術文化の中で、過去にテントウムシの図像が使用された古い時代の事例を、日本絵画や図像に探してみたが、鳴く虫、カブトムシ、チョウなどは見つかったが、テントウムシを発見することはできなかった（十分な調査ではないので、見つかる可能性はある）。ひとつだけ、江戸時代の昆虫図鑑的な書物の水谷豊文著「虫豸写真」にテントウムシ数種の絵が確認できた（ナナホシテントウではない）。日本の古書にテントウムシの図像が登場する頻度は低いと思われる。日本ではテントウムシに対して、欧米のような特別なイメージは持たれていなかったのではないか。現在の日本市場へのテントウムシデザインの広がりは、欧米からの輸入されたイメージの影響が大きいと著者は考えている。すなわち、現在の日本人がもつテントウムシの良いイメージは西洋由来なのではないか。

『虫の博物誌』で小西は、テントウムシの方言として、「あねこむし」（青森、仙台）、「よめこむし」（秋田）を紹介し、この虫の美しさや、かわいらしさから美女や花嫁を連想したのだろうと述べている。その他にも、「おかたむし」（長野）、ひめ（姫）（山口）という方言もある。これらの方言がいつ頃から使われたのか不明であるが、日本でも昔からテントウムシは好意的に扱われていたことがうかがえる。この下地があったため、欧米からの良いイメージを日本人は受け入れやすかったのではないか。

テントウムシデザインが日本に輸入され広がった経緯については、まだ十分な調査がなく不明である。「かわいいデザイン」として子供服やその関連商品として広まった可能性もあるだろう。そこで、『夢のこども洋品店１９６０～70年代の子供服アルバム』という本から、テントウムシデザインを探してみた。チロリアンテープ、刺しゅうアップリケ、髪留め（パッチンどめ）、ボタンにテントウムシデザインは採用されていた。１９６０～70年代にはすでに子供服の世界では普通に見られたものと思われる。日本の日常品の中にいつ頃からテントウムシデザインが普及したのか、今後調査してみたいと思っている。

現代の子供たちに人気のテレビアニメ『ハピネスチャージプリキュア！』（敵は神様!?　衝撃のクリスマス、２０１４・12・21放送回）では、プリキュアのひとりであるめぐみに、友人の誠司がテントウムシのブローチをプレゼントする場面がある。誠司は「テントウムシは幸せを運ぶ虫なんだ」と説明をしている。それに対してめぐみは、「かわいい！　似合う?」と返している。このやりとりは、現代の日本でのテントウムシの良いイメージの定着を示す事例であり、この人気アニメを見た子供たちにすり込まれると思われる。

3　商品に見るテントウムシデザイン

私たちの暮らしの中には、テントウムシをデザインした多数の商品があり、これらテントウムシグッズは文化昆虫学の研究対象になっている。テントウムシデザインは、人間の文化の中に昆虫が浸透した事例として代表的なものと考えられる。桜谷保之は『テントウムシの調べ方』（文教出版）の中で、テントウムシグッズと称し、文房具、衣類、台所用品、食器、バス・トイレ用品、おもちゃ、お菓子等の157商品を報告した。しかし、これらのテントウムシの図像がどのような特徴を持ち、私たちが何を基準としてテントウムシを認識しているのか十分な知見はない。また、デザインされたテントウムシの背中の模様（鞘翅斑紋パターン）は、ナナホシテントウやフタモンテントウのように、オレンジ色に黒い点があるものが多いと記しているが、その斑紋の数や配置については、具体的に示されていなかった。

4　現代の商品に描かれたテントウムシを探す

2014年に、著者は茨城県つくば市周辺の商業施設を中心に販売されている商品の中から、テントウムシがデザインされたものを集めた。ただし、人間のイメージでデザインしたテントウムシを分析するため、明らかにナナホシテントウを模写した絵本、図鑑、学習本からの事例は取り上げなかった。調査対象には、著者が過去に購入し保持していたテントウムシグッズを含めた。

商品からのテントウムシデザインは42個で、チョコレートやその関連商品からが10個で最も多く、続いて絵本からの7個であった。その他にも、ワッペン、ヘルメット、照明機器、手ぬぐい、ティシュカバー、椅子、ネクタイ、フォーク、ハサミ等と多くの商品で確認された。

5　商品デザインの基本形

テントウムシデザインの形態の部位として、頭部、眼、触角、脚、正中線、斑紋の有無と、頭部の色、体型を記録した。デザインの形態の部位は、昆虫学的なそれと一致しない場合があるが、上記の部位は以下の状態を含めて便宜上に表記した。頭部は、頭部と前胸部に当たるが区別していない。眼は、人間の眼（レンズ眼）のように描かれたものも含めている。触角は頭部にある突起とした。正中線は上翅の会合線に当たる。体型は、全体の輪郭から判断し、円や楕円は円形に含めた。上記の各部位の有無、頭部の色、体型の頻度から、テントウムシデザインの基本形を作成した。

今回のデザインの中に昆虫学的に頭部や眼が正確に描かれたものはなかった。調査したサンプルの形態の各部位、正中線、斑紋の有無と頭部の色の頻度から、頻度70％以上の部位は、頭部（100％）、触角（71・4％）、正中線（76・1％）、斑紋（100％）であり、眼（40・4％）、脚（45・2％）の頻度は半分に達しなかった。頭部の色は黒色（80・9％）、体型は円形（100％）であった。これらの特徴をもち、斑紋は片翅1個とした図像を、テントウムシデザインの基本形として示した（**図1**）。この基本形は、人間がテントウムシをデザ

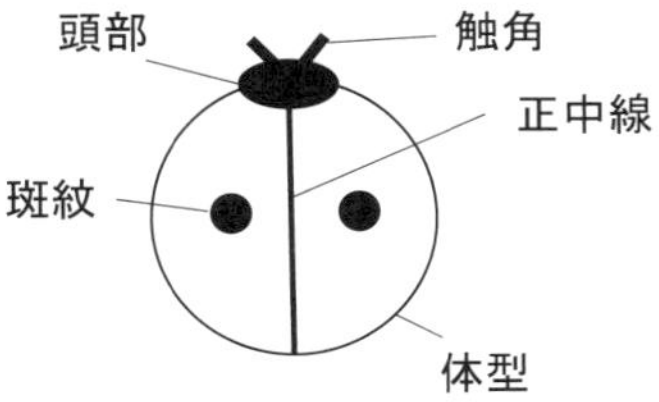

頭部
触角
正中線
斑紋
体型

◆図1　テントウムシデザインの基本形

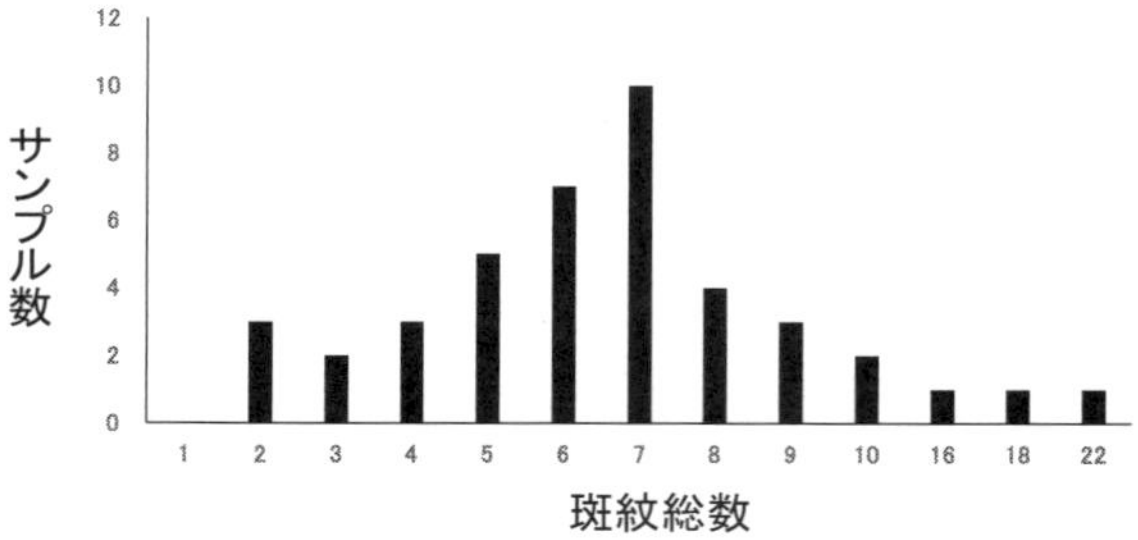

◆図2　商品デザインの斑紋数頻度

インとして認知する際の最低限の情報と考えられる。

6　商品デザインの斑紋パターン

調査したサンプルの斑紋総数、鞘翅地色、斑紋の色を見ると、斑紋総数は1個というサンプルはなかった。2個から10個まではすべての個数が見られ、7個の斑紋が10サンプルで最も多かった（**図2**）。桜谷は、28個の斑紋をもつニジュウヤホシテントウのような斑紋の数が多いグッズは見られないとしたが、今回の調査では斑紋が16、18、22個のデザインも見られた。

鞘翅地色は、赤が35で、黄が3、ピンク、銀、白、青が各1であり、83・3％が赤であった。斑紋の色は、黒が31、白が9、青、銀が各1であり、73・8％が黒であった。鞘翅地色と斑紋の色の組み合わせは、赤い翅に黒が66・6％、次いで赤い翅に白で16・6％であった。斑紋は、左右対称性をもつものが83・3％であった（対称35、非対称7）。

7　商品デザインの斑紋の個数と配置パターン

鞘翅斑紋の特徴は、大きさや形、個数、配置によって記述できる。ここでは個数と配置（対称性）の特徴を選ぶことで、そのパターンよって大きく3種類のタイプに分けられた。

タイプAは、正中線を挟んで左右の斑紋が対称なもので、具体例を**図3**①に示した。サンプル数は15だった。斑紋総数は2、4、6、8、10、16、22個が見られ、その配置によるパターンは9種類だった。

タイプBは、正中線上に斑紋が存在し、左右の斑紋が対称なもので、具体例を**図3**②に示した。サンプル数は20だった。実際には正中線が存在しないサンプルもあったが、斑紋の位置が正中線上であればこのタイプに含めた。斑紋総数は3、5、6、7、8、9個が見られ、その配置によるパターンは14種類だった。ナナホシテントウはこのタイプBのパターンに含まれ、3サンプルだった。

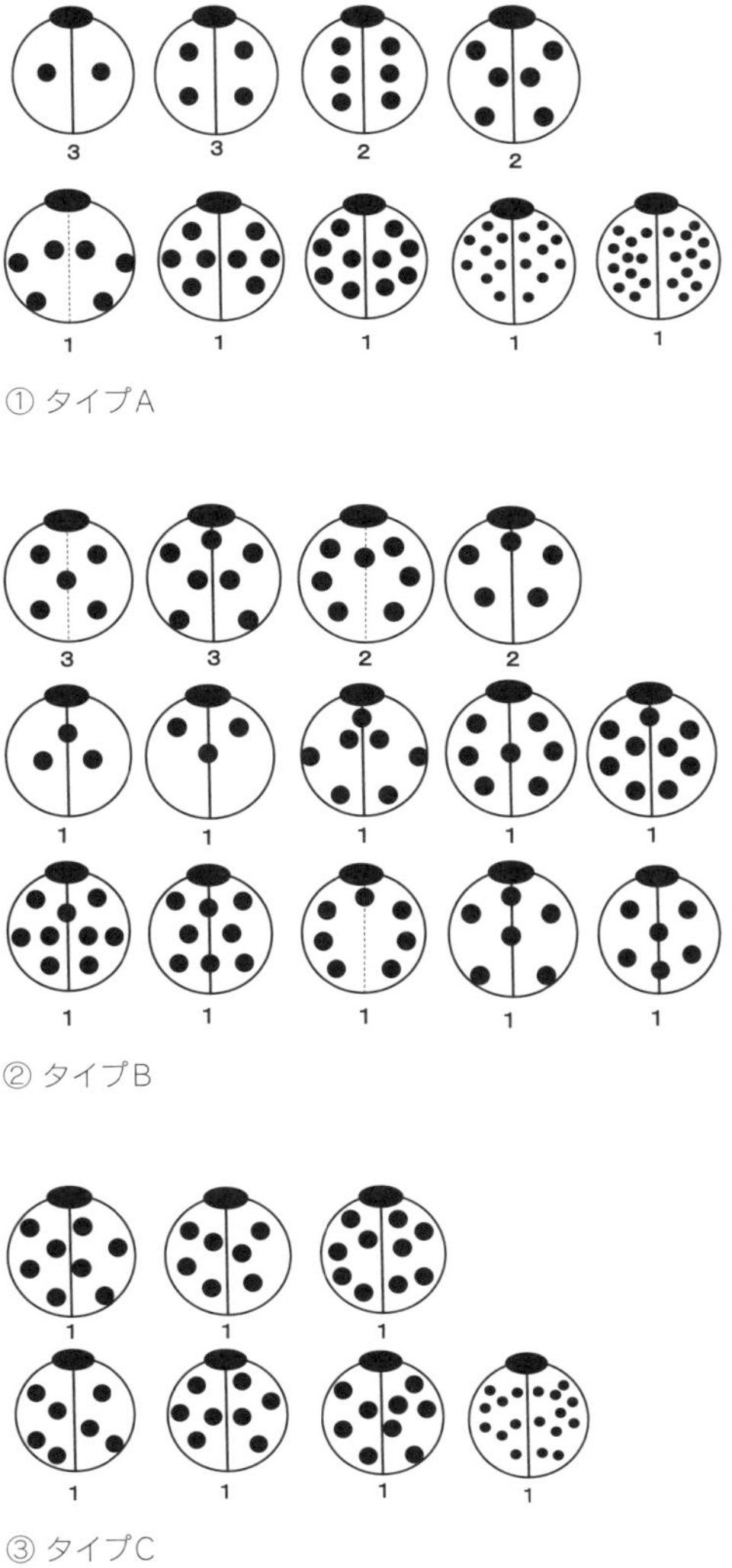

◆図3　商品テントウムシデザインのタイプ（数字は頻度を示す）

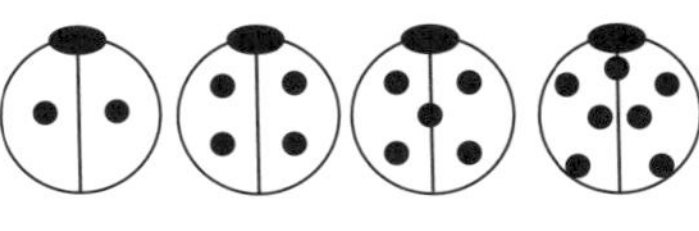

◆図4　商品テントウムシの高頻度デザイン

◆図5　テントウムシデザイン 斑紋記入モデル

タイプCは、正中線を挟んで左右の斑紋が非対称なもので、具体例を**図3**③に示した。サンプル数は7だった。斑紋総数が多く、7、8、9、10、18個が見られ、その配置によるパターンは7種類だった。

斑紋タイプの頻度は、タイプA、Bが高く、Cは低かった。頻度が特に高い特定の斑紋パターンは、本調査では存在しなかったが、その中でも頻度の高い(それぞれ3個)斑紋パターンを**図4**に示す。最も知られているナナホシテントウの斑紋パターンもここに含まれた。

8　学生の描くテントウムシデザイン

前述のテントウムシデザインの基本形に基づき、斑紋を描きやすいように、円形の体に頭部と正中線がついたモデルを作成した(**図5**)。

法政大学の学部学生42名、東京バイオテクノロジー専門学校の学生41名に対して、作成したモデルを示したアンケート用紙を配り、斑紋を自由に描いてもらった。

大学生では42名中、41名の回答を得た。斑紋総数は、7個の斑紋パターンが20サンプルで最も多く、20個の斑紋も見られた。斑紋タイプの頻度は、タイプBが高く、Cは低く、商品デザインの場合とよく似た傾向を示した。斑紋は、対称性をもつものが92・6％であった（対称38、非対称2）。ナナホシテントウの斑紋パターンと同じ例は4個だった。

専門学校生では41名の回答を得た。斑紋総数は、7個の斑紋が12サンプルで最も多く、27個の斑紋も見られた。斑紋タイプの頻度は、商品デザインの場合とは異なり、タイプCの頻度がBと同程度に高くなった。斑紋は、対称性をもつものが56％であった（対称23、非対称15）。ナナホシテントウの斑紋パターンと同じ例はなかった。

斑紋タイプ頻度は、大学生と専門学校生で異なり、専門学校生では、非対称パターン（タイプC）の頻度が高かった。また大学生では、斑紋総数が7個のものに偏っていた。これらの差が生じた理由は不明である。

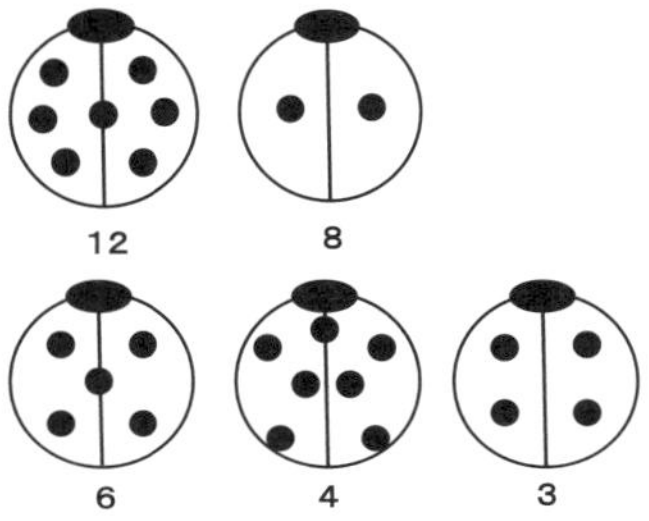

アンケート結果全体で考えると、7個の斑紋が最も多かった。また、商品デザインにはないデザインとして、斑紋なしと鞘翅の中心に1個の斑紋を持つものが見られた。斑紋なしは、専門学校生の3サンプルは、ピンク、茶色、黄色、大学生の1サンプルは鉛筆で塗りつぶして、単色を指定した積極的な斑紋なしの回答であった。実際のテントウムシには斑紋がなく単色のみの種類も多いので、学生があらかじめ知識として持っていた可能性はある。

頻度の高かった斑紋パターン上位5種類を**図6**に示す。商品デザイン

12　8　6　4　3

◆図6　学生が描いたテントウムシの高頻度斑紋パターン（数字は頻度を示す）

の高頻度なパターン（図4）が全て含まれた。最も多かったのは、正中線上中央に1斑紋、片翅に3斑紋を縦に配置したものだった（頻度12）。

9　商品のデザインと学生の描いたデザインの違い

今回収集された商品の、テントウムシデザインの特徴を以下に記す。①円形の体に黒い頭部と触角をもち、翅（正中線あり）に斑紋をもつ、②赤い翅に黒い斑紋をもつ、③斑紋数は7個の頻度が高い、④左右対称の斑紋パターンをもつ。

商品デザインと学生が描いたデザインの比較を基に、消費者がイメージするテントウムシが商品デザインでどのように変化したかを以下に示す。①頭部、眼、触角、脚、正中線（翅）の各部位から、眼、脚が省略されたものが多い。②斑紋数の幅が減少する。具体的には、斑紋なし、斑紋1個のパターンが見られない。これらの商品デザインは、消費者がテントウムシと認識しにくいので、採用されないと思われる。③商品デザインと学生が描くデザインは共に、斑紋総数が7個の頻度が高かった。これは、ナナホシテントウという名前は知っているが、その斑紋ははっきりせず、七つ星を左右バランスよく描いた結果かもしれない。ナナホシテントウと同じ斑紋パターンの頻度は、商品デザインでは7・1％（3／42）、学生が描いたデザインでは4・8％（4／82）と少なかった。

10　「テントウムシ＋四つ葉のクローバー」という図像

商品のテントウムシデザインを収集する過程で、「テントウムシ＋四つ葉のクローバー」という組み合わせの図像が多く存在することに気がついた。具体的には、ワッペン、マグカップの蓋、シール、鉛筆キャップ、チョコレートであった（図7）。四つ葉の上にテントウムシがのっているものと、テントウムシと四つ葉が単独で描かれているものがある。

ヨーロッパには、古くから「四つ葉のクローバーを見つけた人には幸運が訪れる」という言い伝えがあり、そのデザインは様々な商品に使用されている。これは日本でも広く定着したものであり、著者も子供のころ四つ葉のクローバーを探した経験がある。テントウムシも幸運を運ぶと言われているので、幸運を示す2種類の図像を組み合わせることで、幸運度を高めたデザインにしたのだろう。テントウムシと四つ葉のクローバーのデザインは共にヨーロッパ由来のものと思われる。このことは、テントウムシのデザインは西洋由来という著者の考えを支持する。テントウムシと別の図像との組み合わせのようなデザインの多様性が存在することは、テントウムシデザインの広がりを示すものであろう。

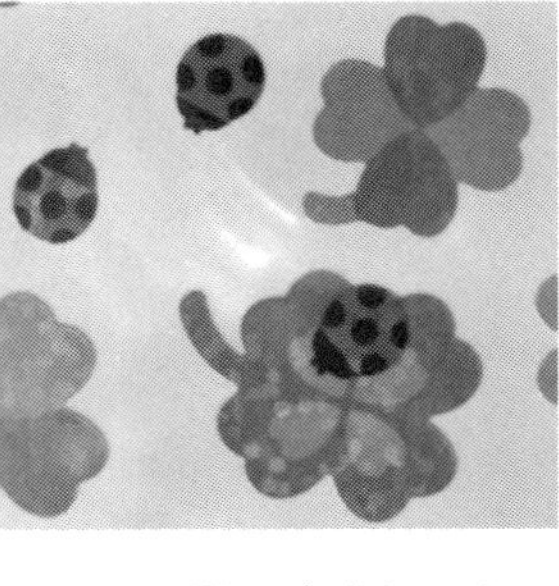

◆図7　四つ葉のクローバー＋テントウムシデザインのマグカップの蓋とシール

①(13)　②(5)　③(3)
④(1)　⑤(1)　⑥(1)
⑦(1)　⑧(1)　⑨(1)

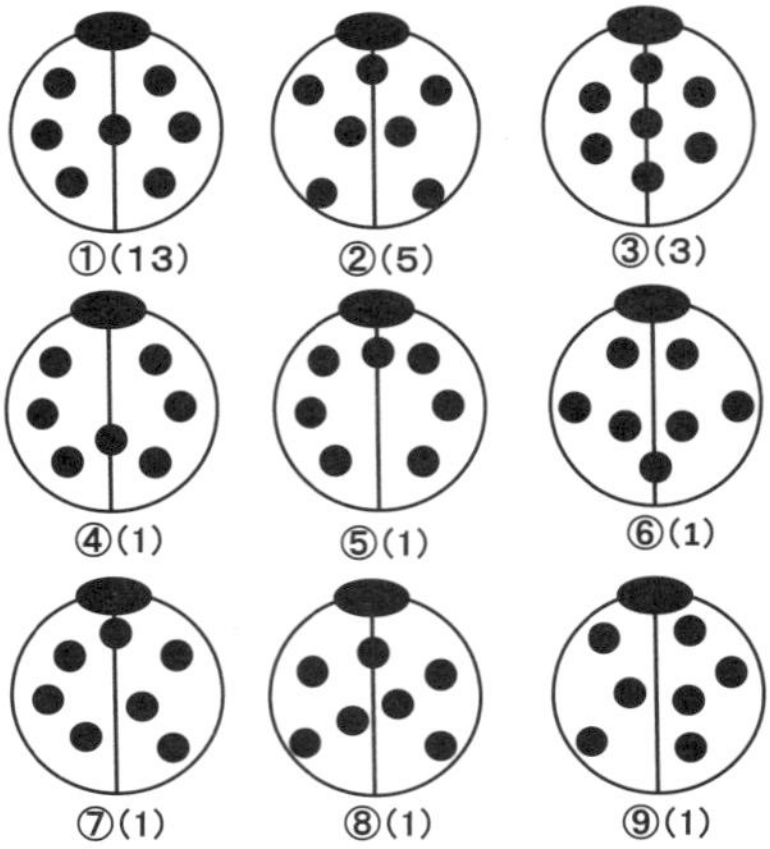

◆図８　七つ星テントウムシのデザイン
（ ）内は人数

11　七つ星のテントウムシを描こう

日本では子供向けの学習本や図鑑に、テントウムシの代表としてナナホシテントウが掲載される機会が多く、最もイメージしやすいテントウムシと思われる。前述の著者の調査により、学生82名に描かせたテントウムシの斑紋数は7個が最も多く、ナナホシテントウの名前から「七つ星」の印象が強いからと思われた。しかし、テントウムシを自由に描かせると、ナナホシテントウの斑紋パターンは曖昧にしか覚えていないと考えられた。

テントウムシの斑紋を描くとき、人間にとって描きやすいバランスのとれた配置は重要と思われる。これを確かめるため、斑紋数を7個に固定して、テントウムシの斑紋を自由に描く調査を実施した。対象は法政大学の学部3年生の27名である。斑紋の記入には頭と正中線のついたモデル（**図5**）を用いた。

12　七つ星の描き方

大学生27名の七つ星の配置パターンと頻度を**図8**に示した。9種類の斑紋パターンが描かれ、1例（**図8**⑨）を除き片翅に3個ずつ、1個は左右の翅の間（正中線の上）というパターンであった。最も多かったのは、正中線上中央に1個、片翅に縦に3個ずつの配置を持ったデザイン（図8①）であり、ほぼ半分の13名が描いた。その次にナナホシテントウの斑紋デザインが多かった（図8②、5名）。この結果は、最もバランスのとりやすく描きやすいデザインが高頻度で描かれたことを示唆している。9パターンの内、6パターン（27名中24名）は左右対称に斑紋を配置しており、大部分（88・8％）がバランスのとれたデザインであった。これはバランスの良い左右対称のデザインに対して、人間は一般に静止安定を感じることがデザインに関係しているのかも知れない。このバランスを重視した（正中線上中央に1個、片翅に縦に3個ずつの配置を持つ図8①）デザインを、「七つ星バランスモデル」と呼ぶことにする。

13　商品のテントウムシデザインの特徴

42商品のテントウムシデザインを見ると、斑紋総数7個のデザインが最も多かったが、その中で厳密な「七つ星バランスモデル」は1個しかなかった。この理由としては、商品デザインでは、バランスの良さ以外にも、独創的なデザイン、デフォルメ等が要求される場合や、シンプルなデザインを選択することもあると思われ、人間が単純に思い描いたデザインとは異なることが考えられる。また、商品の中には初めからナナホシテントウムシがモデルであり、斑紋の配置はその影響を受けた場合もあるだろう。しかし、正中線上の斑紋が中央ではなく、上下にずれた斑紋パターンは42商品の中に複数存在した。これらを含めて考えると、「七つ星バランスモデル」は、商品デザインの中でも高頻度なデザインのひとつになっている。

14　調査にあたって

今回分析した商品のテントウムシデザインは、著者単独の収集のため、厳密には商品デザインを代表したものとは言えず、複数の選択者による収集が必要である。個々の斑紋の大きさや形は分析の対象外だったが、特に斑紋の大きさでデザインの印象は変わるため、これらの情報を考慮する必要もある。消費者の代表として学生をアンケート対象としたが、大学生と専門学校生に描かせたデザインの傾向（対称性や斑紋総数の頻度）は異なっていた。消費者の描く（イメージする）テントウムシデザインを把握するには、アンケート人数を増やし、対象を広げる必要がある。

アンケート調査では、法政大学の佐野俊夫教授、東京バイオテクノロジー専門学校の宮ノ下いずる講師にご協力頂いた。また、データとして記述できなかったが、著者の周辺の複数の方にもアンケートをお願いした。ここに深く感謝申し上げる。

15　現代日本人はテントウムシをどのように見ているのか

テントウムシは見た目にかわいく、欧米では宗教的な影響もあって昆虫の中では好まれる種類であろう。このプラスのイメージが人間の文化の中で表現されたものが、私たちの暮らしの中にあふれたテントウムシデザインである。海外ではわからないが、少なくとも日本では、ナナホシテントウのイメージが強く、七つ星を均等にバランス良く配置したデザインがテントウムシとして認知されていると考えられた（図9）。こ

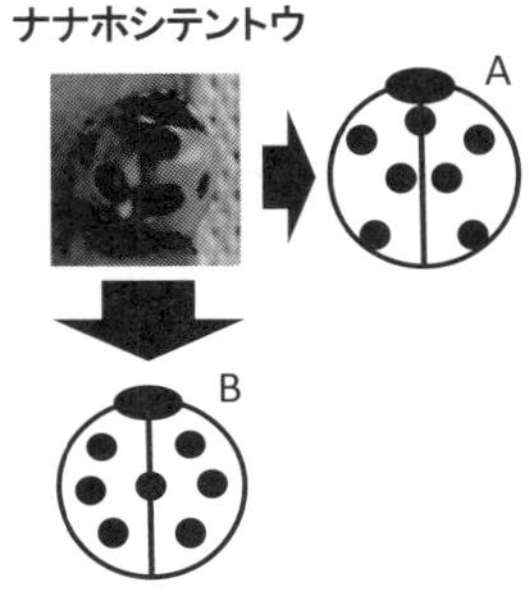

ナナホシテントウ

A

B

◆図9　七つ星テントウムシの斑紋。本当はAの斑紋だが多くの人はBの斑紋を描く

◆図10　「七つ星バランスモデル」付きメニューボード

れらのデザインは、生物学的に見たテントウムシとは大きく異なる。丸くて赤くて黒の斑紋をもつテントウムシは数える程であり、ゴマ粒のように小さく黒くて目立たないテントウムシの種類は圧倒的に多い。文化の中の昆虫は、人間が作り出したイメージの産物であり、そこに隠された歴史的あるいは生物学的な背景を明らかにしていくことが、文化昆虫学の醍醐味のひとつであろう。

茨城県つくば市のある喫茶店に、折り紙で作ったテントウムシで飾られたメニュー案内板を発見した。著者が思わず写真に収めたテントウムシのデザインは、手作りと思われる「七つ星バランスモデル」であった（図10）。

今回著者は、最大公約数的なテントウムシデザインの抽出を試みたが、現実には、輪郭は円形ではなく3角形や4角形のテントウムシデザインも存在するであろう。テントウムシデザインの多様性という視点に立てば、文化昆虫学が語るべき話題はまだたくさんあるのだ。

（宮ノ下明大）

コラム① テントウムシのお守り

鎌倉と昆虫

２０１５年の８月お盆明けに家族で鎌倉を訪れた。私には長谷寺で販売されているという「てんとう虫のお守り」を購入するという目的があった。「テントウムシとお守り」の組み合わせは文化昆虫学的に面白そうだし、その出来映えを実際に確かめたかったのだ。

てんとう虫のお守り

ＪＲ鎌倉駅から江ノ島電鉄に乗り換えて３つ目の長谷駅で降りた。徒歩で長谷寺に寄ったあと、高徳院の鎌倉大仏へ行くことにした。長谷寺では観音堂まで坂道を上り、長谷観音（十一面観音像菩薩立像）にお参りした。この観音堂で「てんとう虫のお守り」（**図１**）は販売されていた。

形はホームベースのような五角形、とがった方が頭部で大きな眼が２つ付いている。大きさは、体長３センチメートル、幅２・７センチメートルである。頭部は黒色、体（鞘翅）は赤で黒く丸い斑紋が７個あり、模様はナナホシテントウがモデルと思われる。裏側は黒地に白字でおまもり、金字で鎌倉長谷寺と記され、脚はない。赤い紐がつながっている金具には、一枚の緑色の葉っぱ（長さ１・３センチメートル、幅０・７センチメートル）が付いている。厚さは約１センチメートルあり、適度に弾力がある。

◆図１　てんとう虫のお守り　鎌倉長谷寺にて購入

てんとう虫の御利益

このお守りには、身体健全と開運招福（てんどう〈天道〉に守られる）、交通安全（てんとう〈転倒〉防止）、学業成就（いいてんとる虫）の御利益があると記されている。「てんとう」という発音に合わせた御利益を想定したものと思われる。交通安全は、テントウムシが身代わりとなって転倒してくれるということだろう。10年程前に企画されて販売が始まり、テントウムシそのものは由緒あるものではないと売り場の方から伺った。

テントウムシのかわいらしさがよく表現されたデザインで、子供や女性に人気があるのではないかと思った。しかし、5歳の娘はイチゴのお守りを選んだ。仲のいいお友達にも買いたいと言う。妻は、知り合いのお嬢さんに、良いご縁があるようにとハート型のお守りを選んでいた。やはり、テントウムシよりもイチゴやハートの人気が上だろうか。受験生には当然、テントウ虫のお守りがお薦めである。

「黄蝶」のお守りはどうか

鎌倉にある神社や寺には、それぞれ特有の「お守り」がある。円覚寺にはペット用のお守りも販売されており、その用途は多様化している。長谷寺の「てんとう虫のお守り」はユニークで私は気に入っているが、古都鎌倉ならではの由緒ある昆虫お守りはないものか。

歴史書『吾妻鏡』によると、鎌倉周辺で「黄蝶」が幅約3メートル、長さ約33メートルの規模で群れ飛び、人々は戦乱の前ぶれではないかと恐れたという。鎌倉にたびたび現れた「黄蝶」を、災いを身代わりに持って行ってもらう「黄色いチョウのお守り」にしたらどうだろうか。

（宮ノ下明大）

コラム②
正体不明の昆虫マグネット

ローマのお土産

2007年の12月に南イタリアの世界遺産を回るツアーに参加した。旅先では自分へのお土産に昆虫グッズを入手することが多い。これは必ずということではなく、旅先ならではのグッズである必要も全くない。とてもゆるい習慣なのだが、どこでも何かしらの昆虫グッズを発見できる。

この旅でローマに立ち寄った時に、何か面白いものはないかと、お土産屋さんに入った。そのときに目に留まったのが、花束を持った陽気な感じの昆虫マグネット（大きさ約10センチメートル）（**図1**左）であった。

体全体は、ややくすんだ青である。胸と腹は融合して細長い胴体となり、細い手足がつき、頭には長い触角がある。胴体には、体節を思わせる模様が描かれているので、昆虫に間違いないだろう。右手には3本の

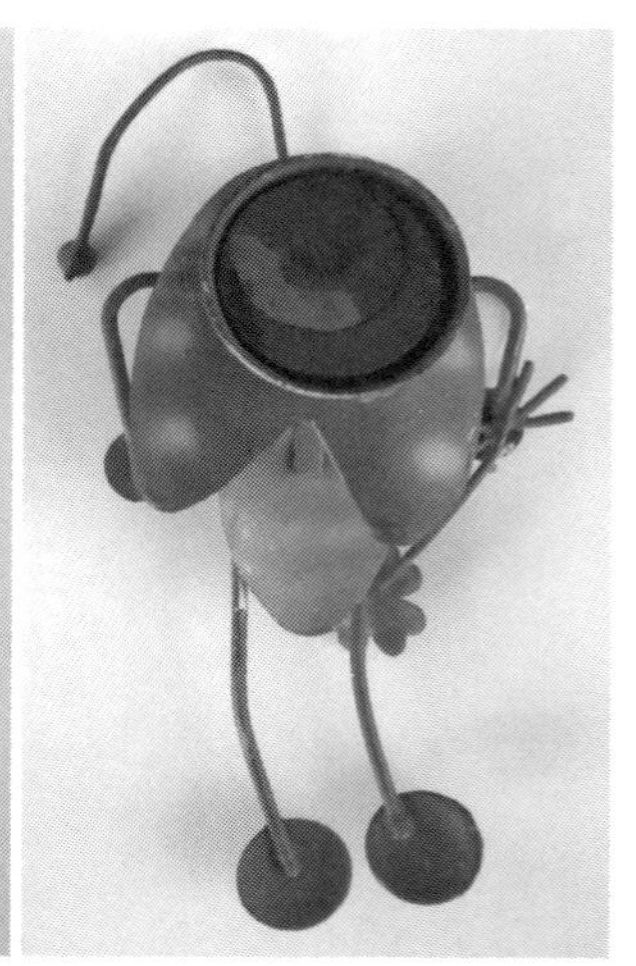

◆図1　イタリアのローマで入手した昆虫マグネット（左：正面、右：背面）。右側の触角は入手後に折れて紛失した

オレンジ色の花を持っている。背中には、亀の甲羅のようなものを背負っているが、下の部分は2つに分かれており、これは昆虫の翅だと気がついた（**図1**右）。確かに昆虫だが、いったいこの昆虫のモデルは何だろうか？　店内でしばらく考えていたが思い当たらず、とにかく買ってみた。

マグネットのモデルは何か？

帰国後、改めて昆虫マグネットを眺めてみた。細長い触角や胴体、翅の感じはゴキブリにも見える。しかし、花束を持ったゴキブリのマグネットなんて作るだろうか？　花を持っているので、蜂蜜を集めるミツバチだろうか？　ヨーロッパでは、ミツバチはポジティブなイメージを持つ昆虫なので、ゴキブリより可能性はある。

正体不明の昆虫マグネットは、我が家の冷蔵庫のドアが定位置になった。ある時、右側の触角が折れてなくなっていることに気がついた。このままだと、正体不明のまま行方不明になりかねない。とりあえず、私の机のそばに置くことにした。それから時々眺めては、正体を考えていたが、納得のいく答えを出せないまま、約7年の時が流れた。

斑紋という視点

2014年、私は身の周りのテントウムシグッズを収集し、人間の生活に浸透したテントウムシデザインの特徴を考えてみようと思い、鞘翅の斑紋パターンを調べていた。

そういえばあのマグネット、斑紋ってあったかなあ。背中側をチェックしてみた。これは……白い斑紋ではないか!!と、いうことは、テントウムシだったのか！（**図1**右）長年の謎が解け、目から鱗が落ちた瞬間だった。

今思うと不思議だが、なぜテントウムシが浮かばなかったのだろうか。まず、斑紋という視点が私には全くなかったのだ。白い斑紋は、塗装のむらにしか見えていなかった。それと、このテントウムシは、一般的なテントウムシの特徴を持っていない。テントウムシは丸い体で脚は目立たないが、この昆虫は胴体も長く、触角や手足も細く長いのだ。さらに、斑紋も正面から見えないし、マグネットに隠れてわかりにくかった。翅の色はくすんだ青で、赤い翅に黒い斑紋というテントウムシの代表的な色彩ではなかった。

しかし、斑紋の存在は、マグネットのモデルがテントウムシである重要なポイントである。私が調査したテントウムシデザインに、類似の斑紋パターンが発見されていた。

幸運を運ぶテントウムシ

テントウムシは、英語でLadybug(レディバグ)と記し、このLadyは「聖母マリア」を示す(英語語源辞典、研究社)。ヨーロッパでは、テントウムシは「聖母マリアの虫」として神聖な虫とされ、幸運を運ぶ昆虫として人気があり、様々な商品にそのデザインが使用されている。これは、テントウムシデザインが、人間の生活の中に広く浸透した理由のひとつと思われる。マグネットのモデルとなっても不思議ではない。むしろ、ローマの昆虫グッズにふさわしいデザインとして納得のいくものだ。

テントウムシが花を持つわけ

このマグネットの特徴は花を持っている点である。テントウムシは幸運を運ぶ虫である。「花=幸運」と考えると、テントウムシが花を持っていることをうまく説明できそうだ。もし、「花を運ぶテントウムシ」がデザインとして一般化されていれば、別のグッズにも似たものが存在する可能性が高い。視点が定まると、新しい発見があるものだ。実は、私の持つネクタイの中に、「花を運ぶテントウムシ」が描かれた1本が見つかった。青地のネクタイに描かれたテントウムシは、赤い翅に白い斑紋を持ち、頭、手足、花は銀色である。そして、右手に1本の大きな花を持っている(**図2**)。このデザインでは、背中側(斑紋)が正面になる後ろ姿であり、テントウムシだと一目でわかった。

見えているようで見えていない

約7年の間、私はいったい何を見ていたのだろうか。

テントウムシの持つ一般のイメージにとらわれ過ぎて、斑紋という特徴が全く見えていなかったのである。あるとき、「斑紋」という視点からテントウムシにたどり着き、「幸運を運ぶ」という視点から、「花を運ぶテントウムシ」のデザインに気がついた。ローマの正体不明の昆虫マグネットは、私に視点の大切さを教えてくれたのだ。改めてマグネットを眺めてみた。「ずいぶん時間がかかったなあ」と笑っているように見えた。

（宮ノ下明大）

◆図２　ネクタイにデザインされた「花を運ぶテントウムシ」

08章 食品のモチーフとなった昆虫たち

食品の形として昆虫が採用されることがある。食品にとってイメージは売り上げを左右する大切な要素のはずだ。男女を問わず「虫嫌い」の人がいる中で、食品と昆虫の組み合わせが存在するのはなぜなのだろう。「昆虫」というマイナスイメージを吹き飛ばす程のプラスの理由が存在するはずである。この章では、パン、チョコレート、和菓子（上生菓子）を例にして著者が出会った昆虫の形をした食品を紹介して、昆虫が使われた理由を考えてみたい。

1　昆虫パン

パン製品は、その生地は成形の素材として加工しやすく、自由に形を表現する食品として向いていると思われる。昆虫の場合、丸い胴体を用意し脚6本をつけると簡単に甲虫らしくなる。同時に、細かく表現する際にも工夫しやすく、後述するミツバチパンは凝って作った事例に挙げられるだろう。そして、パンは私たちの日常に根付いた食品で、近くのパン屋で気軽に購入するものである。身近に文化としての昆虫が存在することを発見して欲しい。

❶ ミツバチ（メロンパン）

２００９年3月に東京都新宿区のベーカリーで購入したミツバチ型のパンである。色はミツバチの体色に合わせた黄色と茶色（チョコレート）のパン生地である。ミツバチを正面から見たパンと、後ろから見たパンの2種類があり、このペアでミツバチ1匹を表現している点が大変ユニークである。

◆図1　①正面から見たミツバチパン　②後ろ側から見たミツバチパン

正面から見たパン（**図1①**）は、ミツバチの顔が表現されている。素材は、触角はオレンジピール、目、鼻、口、頬は、クッキーである。色彩を見ると、頬はピンクで、目、鼻、口は茶色であり、表情は微笑んでいる。翅は2枚の円形のクッキーで、左右非対象につけられている。

うしろ側から見たパン（**図1②**）は、円形のからだの中心（お尻の先）にアーモンドがついており、たぶんミツバチの針をイメージしたものだろう。2枚の翅は左右対称についている。このパンだけを見るとミッキーマウスの顔形にも見え、ミツバチと判定できないかもしれない。

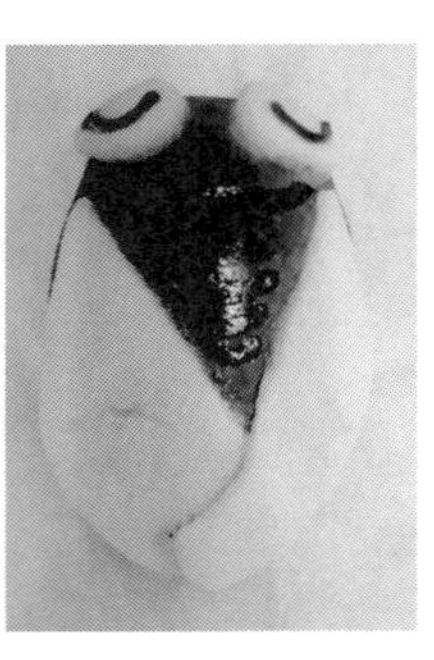
◆図２　セミパン

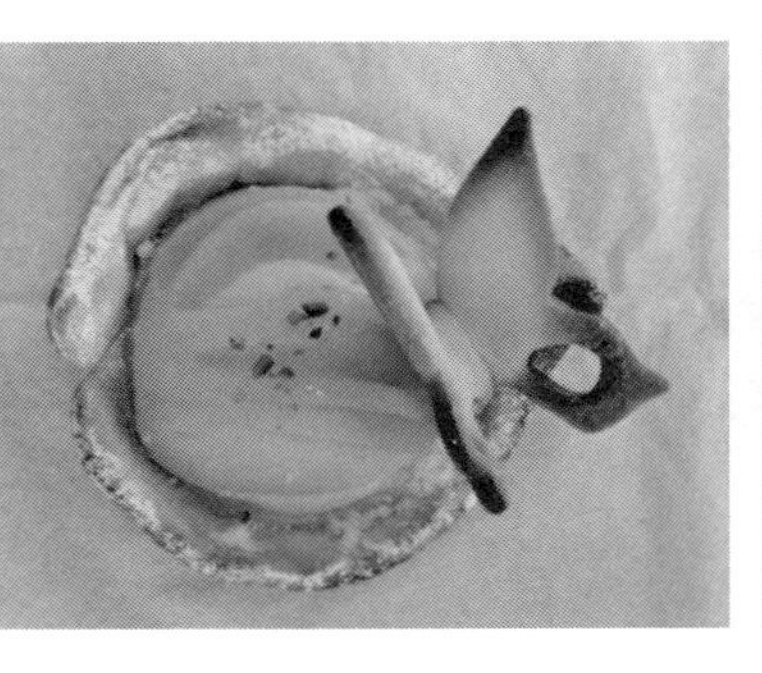
◆図３　チョウパン

❷ セミ（メロンパン）

２０１２年７月に茨城県つくば市のベーカリーで購入したセミ型のパンである（**図２**）。大きな笑った眼が特徴で、ほのぼのとした癒し系のパンといえよう。翅の合わせは右が上で左が下になっているが、実物のセミの翅は重ならない。眼と翅はメロンパン特有の薄い緑色である。子供たちに人気がありそうだ。

❸ チョウ（杏仁風ピーチタルト）

２０１４年３月に茨城県つくば市のベーカリーで購入したチョウ型のクッキーが載ったパン（タルトと呼ぶべきかも）である（**図３**）。円形のタルト地に杏仁風クリームを敷き、その上にピーチ（白桃）を載せ、さらにクッキーで作ったチョウが止まっている。おしゃれな感じなので、女性が購入しそうである。

❹ クワガタムシ（チョコレートクリームパン）

２０１４年８月に大阪府大阪市のベーカリーで高田兼太氏が購入したクワガタムシ型のパンである（**図**

4）。夏休み中の子供たちをターゲットとした夏休み限定パンと思われる。クワガタムシパンは、体長（顎含む）約20センチメートル、頭部幅約10センチメートル、体色は光沢のある黒色である。頭部と顎が強調され、がっちりとしたクワガタムシの形態をうまく表現している。これまで紹介した「昆虫パン」の中では最も大きく迫力があり、子供たちは喜ぶに違いないと思う。

◆図4　クワガタムシパン

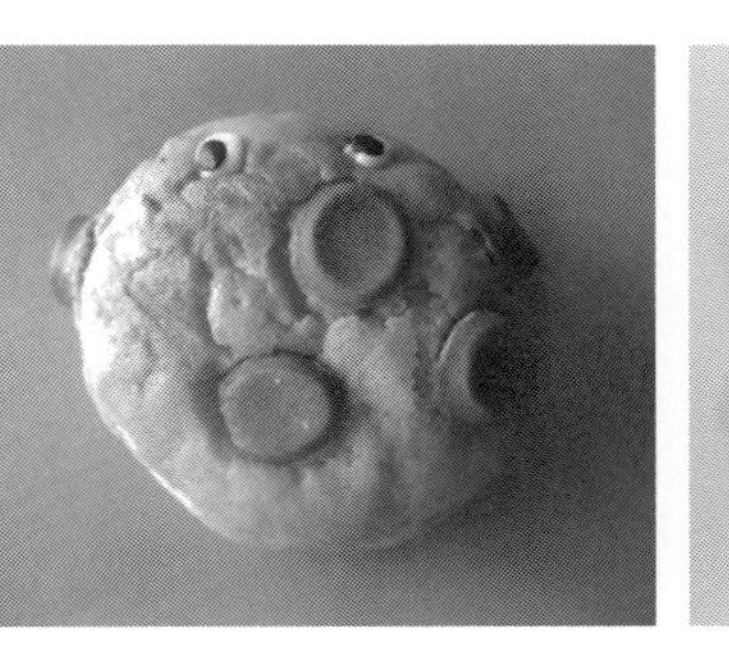
◆図5　テントウムシパン

❺ テントウムシ（メロンパン）

２０１４年9月に兵庫県伊丹市のベーカリーで高田兼太氏が購入したテントウムシ型のパンである（**図5**）。一見するとテントウムシに見えないかも知れないが、斑紋があることでそれだと判断できる。直径約10センチメートル、色はピンクでイチゴ風味である。目はチョコレートで、斑紋はクッキーでできている。斑紋の配置は特に気にしていないようで、様々なパターンがあったようだ（高田氏談）。伊丹市の街イベント「鳴く虫と郷町」の期間限定発売のパンであり、テントウムシはイベント内容と直接関係はないと思われる。かわいくて人気のあるテントウムシをモチーフとして使うことで、限定商品を特徴付けたと思われる。

❻ 季節感としての昆虫

著者はパンのモチーフとして昆虫が使われる理由として、「昆虫は季節感を示す」という仮説をもっている。紹介した「昆虫パン」の購入時期を見て欲しい。ミツバチパンとチョウパンは3月、セミパンは7月、クワガタムシパンは8月に店頭に並んでいる。これはそれぞれの昆虫が野外で活動を始める時期、あるいは活動中に重なっていることがわかる。「昆虫パン」は季節限定商品であり、販売者は季節を表現する手段として昆虫を使うのではないか。「昆虫パン」の購入者は、生物（生命体）としての昆虫の特徴、質感やイメージではなく、その季節感を受け入れていると考えられる。

本事例のテントウムシパンは9月に販売され、季節とのつながりは薄いが、テントウムシのもつかわいらしさをイベント限定商品として生かしたのだろう。どこかのパン屋で、春季にテントウムシパンが発売されても不思議ではない。実際に『アキバ系文化昆虫学』の中で保科氏は、5月のゴールデンウイークの限定商品で、背中に7個の小さなチョコレートを載せたチョコクリームパンを報告している。季節感と子供の日とかわいいテントウムシを関連づけたと考えられる。

私達には、ミツバチ、チョウ、テントウムシには春のイメージ、セミ、カブトムシには夏のイメージが広く定着している。日本人には季節の変化を愛でる文化があり、それは日本の食文化まで影響を与えている。「昆虫パン」にも、日本人（購入者）は季節を感じとり、春には無意識にミツバチパンを手に取るのではないだろうか。無意識に手が伸びるところが文化というものだろう。昆虫パンが存在する背景には、販売者と購入者の間に季節感という共通の認識がある。秋や冬を昆虫でイメージするのは難しいので、この時期には「昆虫パン」は製造されない可能性が高いのだが、実際にはどうなのだろうか。冬に蓑虫パンが販売されていたら、是非著者に一報をお願いしたい。

クワガタムシパン、テントウムシパンの購入と情報について、高田兼太氏にご協力いただいたことに、深く感謝申し上げる。

2　昆虫チョコレート

チョコレート製品は、子供達にも親しまれるおやつ、大人が楽しむ高級な嗜好品など多面的な性質をもつ食品である。バレンタインデーやハロウイン等のイベント用としても販売される。これらはプレゼント商品としての役割もあり、そこに文化としての昆虫が登場する意味がある。

❶ テントウムシ（ドイツ）

２０１５年2月に茨城県つくば市で購入したドイツ製のテントウムシ型のチョコレートである（**図6**）。製造はストルツ（Storz）というチョコレートメーカーである。ドイツでは、4月のキリスト教の祝日イースターの前後になるとテントウムシやコガネムシ（コフキコガネ）型のチョコレートが売り出される。ドイツのお土産としても知られている。購入したものは、日本のバレンタインデーの販売用にドイツから輸入したものと思われる。

①　②　③

◆図6　ドイツのテントウムシチョコレート　①レディバードクローバー、②カラフルバグ、③ガーリーバグ

基本的には、テントウムシをデザインした銀紙で楕円形や円形ドーム型のチョコを包んだものを、触角1対、脚3対を切り抜いた黒い台紙の上に貼った製品である。眼、鼻、口は擬人化して描かれている。大きく3種類が存在し、レディバードクローバー（**図6**①、紙製のクローバーの台紙に楕円形ドーム型のテントウムシチョコが載っている）、カラフルバグ（**図6**②、楕円形ドーム型）、ガーリーバグ（**図6**③、円形ドーム型）が商品名であった。それぞれ複数の金属光沢を持った色違いのテントウムシで、カラフルな彩りがきれいである。

レディバードクローバーは、テントウムシデザインの07章でも述べたが、テントウムシ＋クローバーの組み合わせデザインである。モデルはナナホシテントウと思われるが、赤地に白い斑紋で、斑紋は左側で8個、右側で10個であった。この図像の組み合わせは西洋由来であることがわかる。

カラフルバグは、体が楕円形で、斑紋の形にバリエーション（ハート、花、丸）があることが特徴である。斑紋の数は、6、7、12、19個ともまちまちであった。ハートや花の形の斑紋は、日本ではあまり見られないデザインであり、遊び心が感じられる。

ガーリーバグは円形で、眼にまつげが描かれ、ガーリーなかわいいデザインとなっている。丸い斑紋であるが、2種類の色の斑紋が配置され、デザインの多様性を感じる。

ドイツのチョコレートにテントウムシが使われる理由は、ラッキーアイテム、すなわち「幸運を運ぶ虫」というイメージであろう。ドイツでは宗教色のある祝日に関係するが、「幸運を運ぶ虫」であるテントウムシは、日本のバレンタインデーのプレゼントチョコとしても十分に評価されたということだろう。今回の商品意外にも外国から輸入されたテントウムシ型チョコは複数存在し、日本でも販売されている。

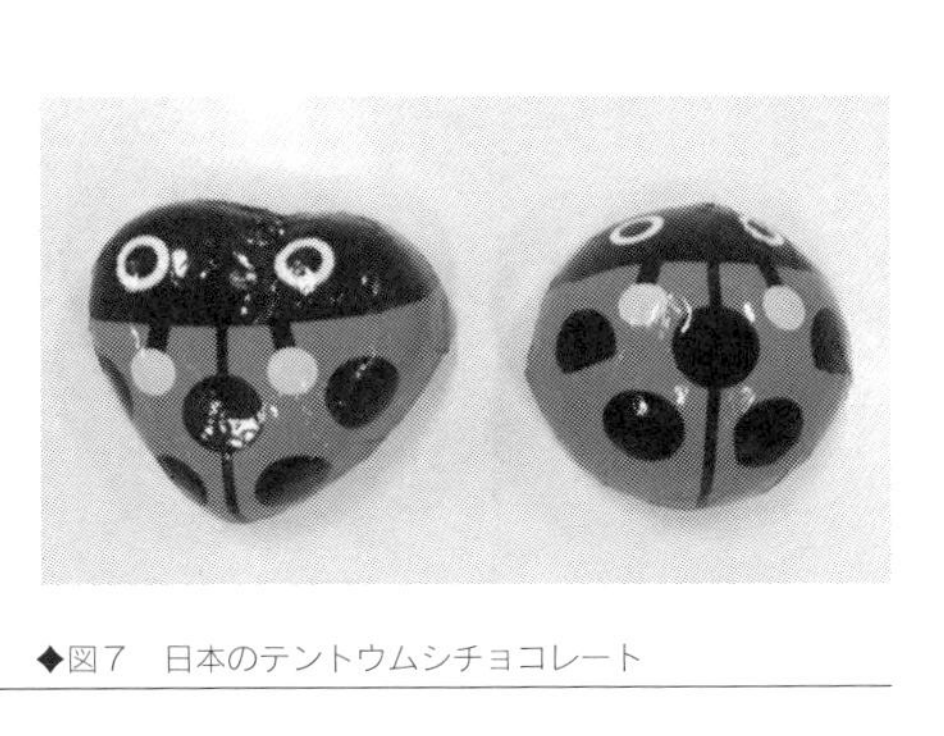

◆図7　日本のテントウムシチョコレート

❷テントウムシ（日本）

2019年3月に茨城県つくば市で購入したテントウムシ型チョコレートである（**図7**）。赤地に黒い斑紋で、斑紋数は5個であり、ナナホシテントウをモデルにしていると思われる。円形ドーム型とハート型の2種類がある。この商品の大きな特徴は、ハート型のテントウムシであることだ。円形やハート型のチョコレートを、同じテントウムシデザインの銀紙で包んだという単純なことであるが、テントウムシデザインの07章で紹介した形は全て円形であったことからみても、デザインとしては稀な事例である。しかし、ハート型でも、色や斑紋の特徴により、十分にテントウムシに見

◆図8　ドイツのミツバチチョコレート

◆図9　日本のミツバチチョコレート

えることを示している。

主に子供達を対象とした雑貨品店に、はかり売りのチョコとして他の動物のデザインに混じって販売されていた。ラッキーアイテムとしてのテントウムシというより、かわいいデザインとして使われたと考えられる。季節性に関しては、テントウムシには春のイメージがあるが、この商品の販売期間が不明なので、何とも判断できない。

❸ミツバチ（ドイツ・日本）

２０１５年2月に茨城県つくば市で購入したドイツ製のミツバチ型のチョコレートである（**図8**）。製造はストルツ（Storz）というチョコレートメーカーである。前述のテントウムシチョコと同じ時に購入したもので、おそらくドイツでも同じ時期に販売されていると思われる。ミツバチをデザインした銀紙で楕円形ドーム型のチョコを包み、薄いプラスチックで切り抜いて作成した触角と2枚の翅の上に貼った製品である。体は金色で黒の縞模様、翅には翅脈が描かれている。顔や体の模様が若干異なるデザインが2種類存在した。

２０１9年3月に茨城県つくば市で購入したミツバチ型チョコレート

である（**図9**）。基本的には前述したテントウムシチョコのミツバチ版である。円形ドーム型、ハート型の2種類の製品がある。

イスラム教では、勤勉、忠誠、献身など信仰の基本となる人間の重要な態度について説く際に、よくミツバチが引き合いに出される。ユダヤ教では、神の教えに忠実に従うこと、無私の目的のため善行を積むことの比喩としてミツバチを使う。キリスト教では、修道士が養蜂家であることが多かった。ミツバチは見習うべき手本とされた。近代初期にはハチの巣が人間社会の比喩として使われることが増え、統治者たちは紋章にミツバチをよく取り入れた。このように、ミツバチには、勤勉、豊穣というイメージや、蜂蜜を提供してくれるという事実もあり、プラスのイメージをもつ昆虫として受け入れられている。

◆図10　カブトムシ幼虫チョコレート

❹ カブトムシ

2008年2月に東京都池袋で購入したカブトムシ幼虫型チョコレートである（**図10**）。秋田県の和洋創作菓子店が「幼虫チョコ」として販売したもので、池袋で開催された「チョコスイート博覧会」に出品されていた。幼虫はフレーク入りのミルクチョコレートで、サクサクとした食感がある。表面はホワイトチョコレートでコーティングされ、脚は「さきいか」、頭部にはオレンジピールで口をつけている。色彩や形は実際のカブトムシ幼虫の雰囲気が良く出ており、リアルさが評判になった。

その当時「成虫チョコ」も販売されたが、人気は幼虫の方が上であった。2019年3月現在でも幼虫チョコはネット販売で購入可能である。

2005年あたりから、「キモカワイイ」（気持ち悪いが、かわいらしさを感じる）といった一見共通性のない言葉をつなげる表現が増えてきており、物の多様化に伴う表現の拡大といわれている。この若者言葉の「キモカワイイ」が、虫に対しても使われる表現として目に付くようになった。人間の昆虫に対するイメージは、プラスとマイナスの両面が入り交じったものであり、キモカワイイというあいまいで複雑なニュアンスをもつ言葉は、現代の若者がイメージする昆虫を上手く表現しているのかもしれない。著者の歳ではキモカワイイという表現を上手く使いこなせないが、「幼虫チョコ」は、実際の幼虫にとてもよく似ているリアルさが重要（テントウムシチョコとは異なる）で、リアルだから気持ち悪く感じるが、実体はチョコレートなので大丈夫という意味が込められていると思われる。

「幼虫チョコ」を購入する理由には、①リアルで気持ち悪い幼虫だが、実は美味しいチョコという意外性を評価した（キモカワイイ面白グッズとして楽しめることと同じかも知れない）、②プレゼントした場合のサプライズグッズとして評価した（幼虫に似ていて驚くことを期待した）の2つが考えられる。いずれにしても、カブトムシの幼虫をモチーフとしたチョコレートは、リアルであることが大きな特徴と思われ、これには昆虫（幼虫）は気持ち悪いものという共通の認識が背景にあるのだろう。

❺ カイコガ

2016年7月に群馬県の富岡製紙場（世界遺産）のお土産として購入した「かいこの一生」というカイコ型のチョコレートである。幼虫、繭、成虫の3種類がある（**図11**）。

幼虫はホワイトチョコレートで、緑色をした桑の葉の上に載っている。桑の葉部分は群馬県産桑の葉パウダーが含まれ、抹茶チョコレートに似た風味がした。幼虫の体表にはドライクランベリーが透けて見える部分があり、実際のカイコ幼虫の体色の若干透けた白色の感じがよく出ている。腹節の背面に突起もあり、実際の幼虫の形態が再現されていた。

◆図11　カイコガチョコレート

繭はホワイトチョコレートで、中に米パフが含まれ軽い食感が味わえる。繭の形は、くびれのある俵型の日本品種である。なじみのある楕円形よりもおしゃれなデザインであり、あえてこの形を採用したのではないかと感じた。

成虫はホワイトチョコレートで、翅を広げた成虫が枝のような土台に止まっている。翅はカイコガの翅の形や翅脈の特徴をよく捉えていた。成虫のチョコレートの内部には米パフが含まれており、土台の材料はチョコレートでコーティングした細かいコーンフレークが使われている。

このお土産のインターネットでの評判は、「リアル」なことである。美味しいチョコレートなのに「リアル過ぎてとても食べられない！」といった意外性（インパクトの強さ）が、サプライズグッズとして扱われているのだろう。昆虫を「キモカワイイ」という新しい感覚で表現する若い世代にとっては、面白グッズかもしれない。このカイコ型チョコのリアルさは、「誰が見てもカイコ」と特定できることが重要な意味をもつと考えられる。富岡製糸場の主役のひとつは、漠然とした白い芋虫や白い蛾ではなく、絹を生産するカイコである。幼虫、繭、成虫はカイコを伝える目的でリアルなことが欠かせない。

群馬県は養蚕農家が多く、カイコの生産する絹製品に人々の生活が支えられたという背景があり、商品の説明書にもカイコへの感謝が記されている。それが商品の包装やその色彩に高級感があり、チョコレートのデザインが丁寧に作られていることによく表れている。養蚕技術の象徴である富岡製糸場のお土産として、「かいこの一生」はぴったりである。お土産品には観光地の歴史が反映されており、そこに昆虫が関与した場合は、文化昆虫学のテーマになる事例といえる。

❻ラッキーアイテム、サプライズグッズ、面白グッズとしての昆虫

チョコレートのモチーフとなった昆虫について、テントウムシ、ミツバチ、カブトムシ、カイコの事例を紹介してきた。昆虫が食品と組み合わせて使われた理由について、①ラッキーアイテム、②サプライズグッズ、③面白グッズの3つを指摘しておきたい。テントウムシは、「幸運を運ぶ虫」というラッキーアイテム

として食品に使われている。現代ではこのテントウムシのイメージは世界中に定着したものと考えられる。ミツバチも同様にラッキーアイテムと思われる。今回はテントウムシの事例が多く取り上げられたが、今後調査すればミツバチの事例はもっと増えると予想される。カブトムシ幼虫は、リアルに再現することで、昆虫と食品という組み合わせの意外性に由来するサプライズグッズとして効果的である。また、「キモカワイイ」で表現される面白グッズとしても存在感がある。カイコは、カブトムシ幼虫と同様にリアルさを追求したサプライズグッズや面白グッズではある。しかし、それ以上に世界遺産の歴史を示すお土産としての役割が大きく、リアルの意味はカイコを正確に伝えることに目的があると考えられた。

3 昆虫和菓子（上生菓子）

和菓子（上生菓子）は、日本の四季の移り変わりをその色や形で表現したお菓子である。その中には、昆虫を使って季節感を表したものもある。その表現は江戸時代から伝わる「菓子絵図帖」を参考にした伝統的な形と、創作和菓子で表現される自由な発想で作られたものがある。お茶席のお菓子として用いられ、店頭でも普通に販売されている。ここでは、著者が複数の和菓子屋で購入した昆虫和菓子を紹介する。

❶ ホタル

『川蛍』（かわほたる）購入２０１４年7月、つくば（図12①）

川辺に飛ぶホタルをイメージしたと思われる。こしあんの入ったお餅の断面を見せているのが特徴で、お

◆図12　ホタルの和菓子

餅は内部にも入り込んで川（水）の流れを示し、3匹のホタルが黄色いお餅で表されている。あんが黒いのでホタルの光が強調されている。

『蛍恋』（ほたるこい）購入2014年7月、銀座（**図12②**）

植物の周りを飛ぶホタルをイメージした練り切り。四角い紫色のお餅の形が特徴的で、3匹のホタルはぼやっとした淡い黄色の光として表されている。紫色の背景に淡い黄色と白い植物の組み合わせが素晴らしい。

『ホタル』購入2015年7月、浅草（**図12③**）

和菓子の輪郭が紫色のうちわで、植物に留まって光る1匹のホタルが描かれている練り切り。うちわは涼を呼ぶものとして使われている。ホタルの体は黒ごまで、光は黄色い砂糖を丸く垂らしてどと思った。

表現されている。うちわの柄も付いており、造形に凝って作られている。ホタルを黒ごまにしたのはなるほ

『ホタル』購入2015年7月、つくば(図12④)

植物に留まるホタルをイメージしたきんとん。薄く緑色をつけたそぼろ状のあんを植物に見立て、煮た小豆をホタルの体にして2匹載せている。ホタルの光は金箔を貼り付けて表現している。ホタルの飛ぶ風景ではなく、ホタルをサイズの大きい小豆にしたことで、近寄った感じが出て面白い。

『夕蛍』(ゆうぼたる)購入2016年7月、つくば(図12⑤)

夜に飛ぶホタルをイメージしたきんとん。ホタルは立方体の黄色い寒天で表されている。そぼろ状のあんを紫色にすることで、暗い空間を飛ぶ5匹のホタルの様子が想像できた。ホタルの光を寒天にしたアイデアには驚いた。

『ホタル』購入2018年6月、つくば(図12⑥)

飛んでいるホタルなのか、生地が緑色なので植物に留まっているホタルなのか、どちらにも見える練り切り。ホタルの体は黒ごまで表現し、光は生地の方に丸く黄色で色を付けている。

◆図14　アキアカネの和菓子

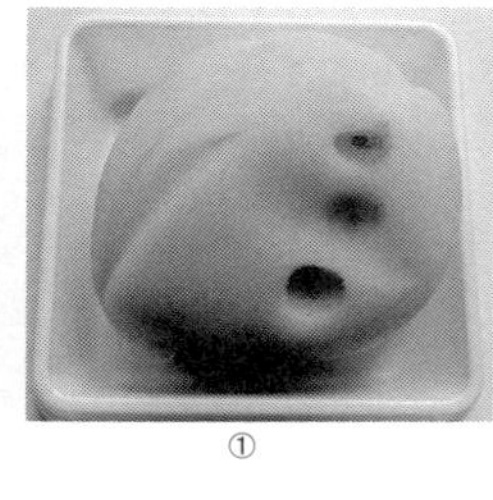

①

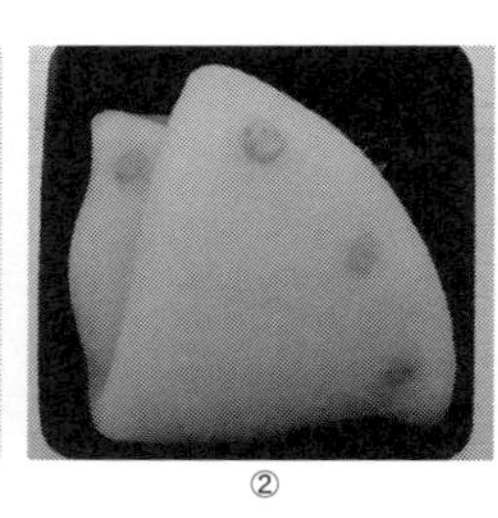

②

◆図13　チョウの和菓子

❷ チョウ

『胡蝶』購入2015年3月、新宿（図13①）

黄色い翅だけでチョウを表現したういろう。焼印で丸い斑紋を表している。大胆にデフォルメされたデザインは見事と言うしかない。外側の皮はういろうでできており、内にはこしの黄身あんが入っている。

『胡蝶』購入2017年3月、新宿（図13②）

2年後に同じ店に行って購入した練り切り。黄色い翅だけでの表現は同じであるが、これは餅の表面に色を付け翅の形を刻んでいる。基本は同じデザインだが、異なる表現に感心した。

❸ アキアカネ

『秋茜』（あきあかね）購入2014年8月、つくば（図14）

上用粉に砂糖をまぜて生地を作りあんを包んで蒸した薯蕷饅頭。2匹のトンボが焼き印として押されている。生地には山芋が含まれモチモチした食感で、あんはこしあんだった。デザインとしては、トンボが飛ぶ様を表したシンプルな感じだが、伝統的なデザインに好感が持てる。

❹ オトシブミ

『よそえ文』購入2015年5月、つくば（図15）

広葉樹の巻いた葉が落ちている様を巻き文に見立てた練り切り。巻いた葉はこしあん玉を包んでいる。春の季語である「落とし文」に由来すると思われる。巻いた緑の葉の上に丸い露が3個付いている。巻いた葉のみで露のない『落とし文』と称した練り切りも見たことがある。『時鳥（ほととぎす）の落とし文』という名もある。

文化昆虫学的には、ゾウムシ上科の甲虫であるオトシブミが巻いた葉にその卵が付いているとも見えるので、ここでは昆虫和菓子として紹介したいと思う。甲虫のオトシブミの卵は表面ではなく葉の内側に産卵され、幼虫が中で発育するため、卵が表面にあることはない。また、オトシブミが巻いた葉を作る時期は5、6月が多く（秋の場合もある）、5月に販売される時期と一致している。昆虫との関係は直接目に見えないが、オトシブミを知る者にとっては、目の付け所にセンスを感じる和菓子といえる。

◆図15　オトシブミの和菓子

❺ 和菓子（上生菓子）と昆虫と季節感

昆虫和菓子は見事に季節感を表現したお菓子である。日本人が四季の中で係わる昆虫に季節感を抱いてきた歴史が感じられる。今回著者が最も高い頻度で購入したのは7月のホタルであった。その菓子には練り切り、ういろう、きんとんの3種類の形態がみられる。ホタル本体には黒ごま、小豆が使われ、ホタルの光には寒天や金粉で表現され、造形の多様さは見る者を飽きさせない。著者は未見であるが、錦玉羹（きんぎょくかん）と呼ばれる煮溶かした寒天に、砂糖や水飴を加え、煮詰め流し固めた菓子があり、ホタルが表現されることがあるという。

次に3月のチョウで、これは春の到来をチョウに見立てたものだ。思い切った黄色の翅のデフォルメが印象深い。5月のオトシブミ（甲虫）、8月のアキアカネ（トンボ）も、その季節に現れる代表的な身近な昆虫である。これら4種の昆虫は昔から和菓子に使われたデザインであったと思われるが、今後日本人の現代的な感覚で作る創作昆虫和菓子にも期待したいと思う。

4　食文化と昆虫

パン、チョコレート、和菓子（上生菓子）を例にして、昆虫と食品の関係を見てきた。日本の伝統的な和菓子には、季節感を表す手段として昆虫に限らず、植物や自然風景といった様々なものがある。日本の食文化の中にも昆虫の存在と役割を認めることができる。パンは、和菓子に比べ日本の伝統的な影響は少ないと考えられるが、昆虫パンは存在し、和菓子と同様に季節感を示す手段になっている。日本人の食文化として昆虫の役割に共通性を感じる。歴史の浅い昆虫パンが今後どうなっていくか、文化昆虫学的には興味深い。チョコレートは、欧米の影響が大きく、ラッキーアイテムとしてのテントウムシやミツバチは、西洋人の宗教観に由来するイメージが色濃く出ている。その影響が知らぬ間に現代日本人の昆虫のイメージに浸透していると考えられる。実際にテントウムシやミツバチのイメージは、世界標準といえるだろう。

その中にあって現代日本のカブトムシは面白い存在である。リアルな「幼虫チョコ」はチョコレートのモチーフとして出現し、サプライズグッズやキモカワ面白グッズとして若者を中心に受け入れられた。著者が2008年に購入した「幼虫チョコ」は、10年近く販売が継続され、現在でも入手可能なことは驚きである。これは若者だけではない一定の購入層が存在することを意味するのではないか。今回、詳しく触れていないが、近年リアルな昆虫グミとして話題になったのは、カブトムシの「幼虫グミ」であった。リアルさの追求が触感や食感まで及び始めたのである。さらに、昆虫和菓子の分野にも「幼虫練り切り」が出現した（著者はまだ未購入だが）。この幼虫はカブトムシではなく、ガやハチの幼虫も含めた「イモムシ型」である。カブトムシ幼虫から始まった幼虫の快進撃は、日本特有の現象かもしれない。

（宮ノ下明大）

コラム③ カプセル玩具「カブトム天」

気になるガチャガチャの製品

ガチャガチャの製品（カプセル玩具）には変なものが多い。笑ってしまうもの、不気味なもの、あきれてしまうもの、明らかに主流ではない製品である。日本のサブカルチャーの最も辺境に位置し、現れては消える泡のようなものかもしれない。しかし、個人的に気になるものが時々現れる。私はガチャガチャの製品をウォッチングするのが好きである。その日も買い物の合間にウォッチングすると、「カブトム天」を発見した。そのキャッチコピーは、「甲虫？　天ぷら？　いえ、カブトム天です」である。見た目は、カブトムシとクワガタムシの天ぷらのフィギュアであった。

天ぷらフィギュア「カブトム天」

購入した「コクワガ天」（**図1**、サイズ6センチメートル）と「カブトム天」（**図2**、サイズ8センチメートル）を示す。黄色い衣からクワガタムシの大顎とカブトムシの角が突出した形である。この製品は全8種、カブトム天、ヘラクレスオオカブトム天、ピサロタテズノカブトム天、ケンタウルスオオカブトム天、ギラファノコギリクワガ天、コクワガ天、オオクワガ天、ニジイロクワガ天が存在している。各種の体サイズは相対的に反映されているようで、「コクワガ天」は

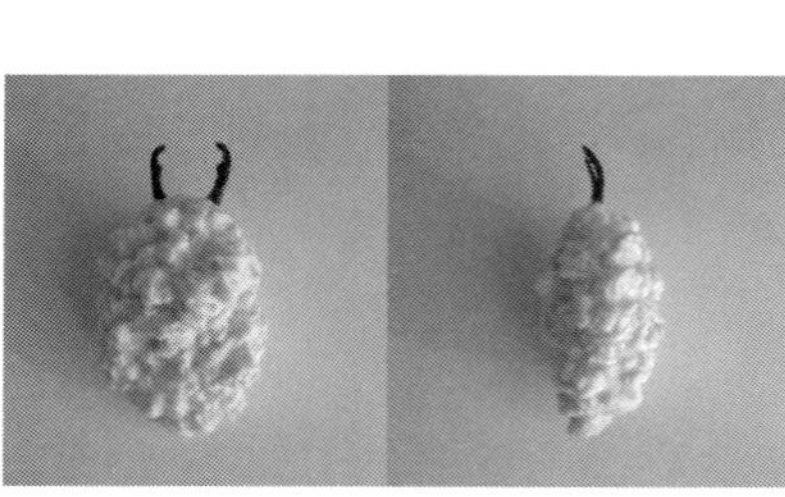

◆図1　「コクワガ天」

◆図2　「カブトム天」

「カブトム天」より小型であった。カプセル内にはヒートン付きの吊り紐が入っており、携帯電話等のストラップとしての使用を想定しているようだ。

「カブトム天」の正体を製品の説明書から紹介する。出没地：人家の食卓、大きさ：まちまち、種類：妖精。主に人家の食卓でよく目撃される妖精。見た目はカブトムシ、クワガタの天ぷらのようだが、関連性は不明。飲食店のような騒がしい場所は好まず、見かけることはない。

カブトムシと天ぷらと日本人

天ぷらは江戸時代にはすでに庶民の食べ物であり、代表的な和食である。日本人は外国人に比べカブトムシに極端に高い関心を持っており、外国産カブトムシの中ではヘラクレスオオカブトに強く惹かれることが、インターネットを用いた検索数の分析により示唆されている。天ぷら、カブトムシ、クワガタムシの組み合わせは、それぞれに好ましいイメージを持つ日本人の発想と思われる。私はその見た目からカニの爪天ぷらを連想した。この既視感に影響され、カブトムシの天ぷらを食べるのは遠慮したいと思う気持ちが、この製品の印象を強めたのだ。また、クワガタムシの大顎やカブトムシの角の形から、衣に隠された甲虫の姿を推測できるのは意外と楽しい。もし甲虫全体が見えていたら、ただの気持ち悪いで終わるところだ。

変なカプセル玩具は、私のような一部の購入者にとって様々な想像を刺激する面白グッズである。あるいは、人を驚かすサプライズグッズである。「カブトム天」が本物の天ぷらとお皿の上に並んで置かれていたら、多くの日本人が苦笑いするだろう。この絶妙な苦笑いの感覚に昆虫が一役買っているところに、日本人と昆虫の接点が見えるのである。

（宮ノ下明大）

09章 東アジアの町中ぶらぶら文化蝶類学

町中ぶらぶら文化昆虫学——。町中の看板に昆虫が描かれていることが時々ある。その昆虫が描かれていることで、看板を読んだ人にどのような印象を与えたいのか。それを考察するのもまた文化昆虫学である。例えば道路工事中であることをドライバーに注意喚起する看板にアリが描かれているとしよう。大概の日本人は「アリとキリギリス」の寓話を知っており、アリが働き者だと認識している。この際、その認識が科学的に妥当かどうかは関係ない。人々の頭の中で道路工事とアリが結びつき「作業員は一生懸命仕事をしていますので、ご協力の程よろしくお願いします!」との土建会社側のメッセージをドライバーは受け取ることになる。

このように町中でふと見かける看板やモニュメント。そして、文房具屋やアクセサリー店で売っている小物。これら全て文化昆虫学上の重要資料であるが、問題は何でもかんでもネット検索できる現代と言えども、昆虫が描かれている看板の所在地を一発で知る方法はない、と言うことだ。

結局、昆虫小物や昆虫看板に辿り着きたければ、あてどもなく町中を散歩するしか術はないのである。土地勘のない海外ならば尚更だ。本章では、筆者がただひたすら歩きぬいた台北(台湾)、広州(中国)、ソウル（韓国）の東アジア3都市で見かけた蝶の小物や看板など、町中ぶらぶら文化蝶類学の成果を紹介する。

1　台湾の文化蝶類学

❶ 近代日本人にとって格好の〝オモチャ〟だった台湾の蝶

亜熱帯の森に育まれた台湾の蝶は何と約400種類。日本全体でも約250種に過ぎないのだから、台湾が如何に蝶大国であるかがわかる。そして、日本本土や琉球にはいないが台湾には生息する蝶の事例には枚挙にいとまがない。言うまでもなく、戦前は日本の植民地だった台湾だが、近代日本人はこの豊かな台湾の蝶に目を付けた。蝶の標本を民芸品に活用し始めたのである。ようするに片っ端から蝶を捕獲し、単なる標本として、または加工した民芸品として、内地に大量に送り始めたのだ。

日本植民地時代の台湾には現地に拠点を構え、動物や昆虫を専門に捕獲する日本人も現れた。その1人が朝倉喜代松である。アサクラアゲハやアサクラコムラサキなどの蝶のほか、鳥のアサクラサンショウクイなどにも名を残す朝倉喜代松なる人物の素性は今一つはっきりしない。諸文献からわかるところを総合すると、朝倉は剥製師兼採集人で、昆虫標本加工業などを営んだプロの標本商で、明治末頃に台湾の埔里社で起業した。埔里社は蝶の産地として有名だったからである。蝶類学者の仁禮景雄や中原和郎らは朝倉から学術用蝶類標本を入手していた（**図1**）。

また、鳥類学者の黒田長禮侯爵（旧福岡藩主家）も朝倉からまとまった個体数の鳥標本を入手していたし、

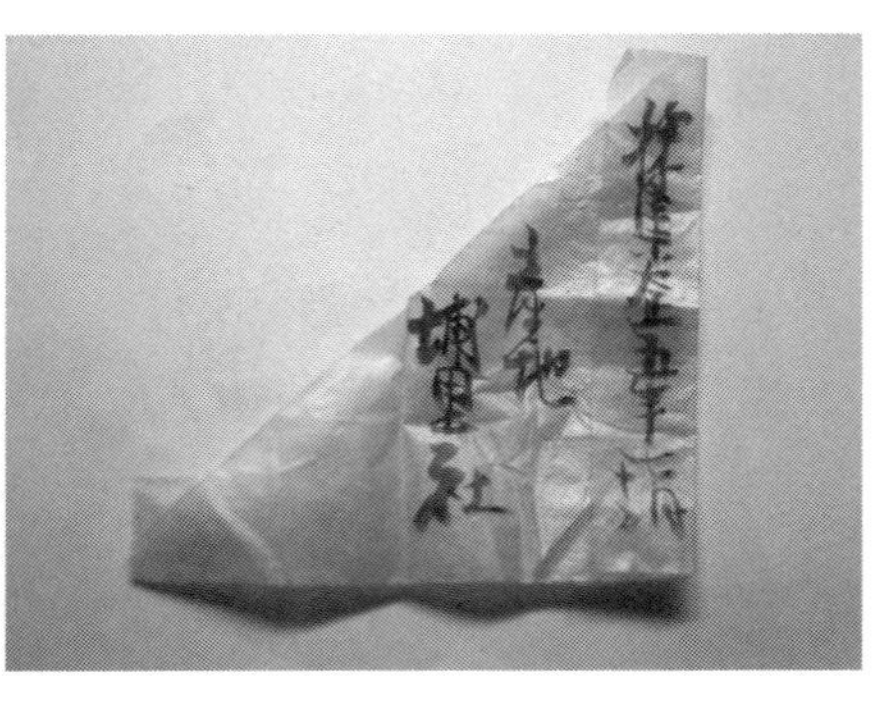

◆図1　仁禮景雄コレクション（九州大学農学部所蔵）の標本箱の隅に挟まっていた、「埔里社」との文字が書かれた大正5年の三角紙。朝倉喜代松の名前は記されていないが、朝倉が仁禮に送った蝶の標本が収められていたものと推察される。

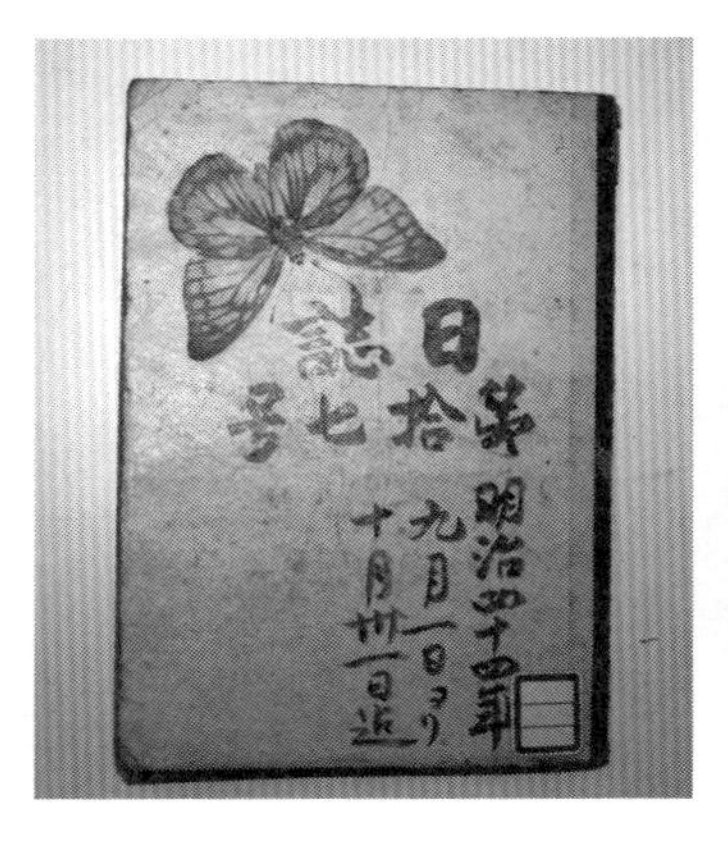

◆図２　名和靖の日記に貼られた鱗粉転写標本（名和昆虫博物館所蔵）

博物学者の高千穂宣麿男爵（英彦山神社宮司）も朝倉から蝶の標本を購入していた。朝倉は華族界にも顧客を持っていたのである。しかし、標本として取り引きされた台湾産蝶の多くは工芸品にされていた。その工芸品の１つが蝶蛾鱗粉転写標本である。

蝶蛾鱗粉転写標本（**図2**）とは岐阜県にあった名和昆虫研究所（現在の名和昆虫博物館）の発明商品である。まず蝶や蛾の羽の鱗粉を紙に移し、触角や厚みのある胴体等は実物を用いず絵画として描き、最終的には1頭の昆虫がいるかのように合成させたものだ。つまり半自然・半人工の標本だが、実際の昆虫を平面状にすることで冊子の頁に重ねて載せやすいとの利点がある。蝶蛾鱗粉転写標本は言わば芸術品なので、モノによっては大変値が張った。例えば、１００種分の標本を収めた蝶蛾鱗粉転写標本は1冊25円もの価格が付けられたものもあった。現在の貨幣価値で20万円になろうかと言う高価な代物である。また、明治41年には皇族及び天皇家への献納もされるなど、名和の蝶蛾鱗粉転写標本の名声は著しく高いものがあった。この他、名和は比較的安価な昆虫商品も売り出した。〝蓮草紙應用轉寫葉書〟はそのうちの1つである。これは台湾産の蓮草紙に草花を描き、蝶や蛾の鱗粉を転写させ、蝶や蛾たちが花に集まっているかの如く見える絵葉書である。大正7年の時点では3枚1組30銭で売り出していた。現在の貨幣感覚でおおよそ2千円弱ぐらいか。3枚の絵ハガキの価格としては高い気もするが、実物の蝶や蛾の鱗粉を手間暇かけて紙に貼っている以上、意外と安いように思える。

蝶蛾鱗粉転写標本はひとつの流行りとなったわけだが、当然のことながら大量の蝶が必要となる。九州帝国大学教授の江崎悌三の回想によると、台湾の朝倉喜代松は大正9年には台湾で買い上げた蝶70万頭、翌10年は財界不況のため減じたとは言え30万頭を自分の特産会社で扱ったと言うから、凄まじい数の蝶が朝倉によって捕られていたことになる。江崎によれば、乱獲により場所によっては、蝶は激減してしまったと言う。05章で述べたホタル同様、近代日本人にとって台湾の蝶もまた大量消費するオモチャだったわけである。

❷ 政治的思惑をはらむ贈物で台湾の蝶が使われた？

以下、憶測に憶測を塗り重ねたに過ぎないのだが、どうも台湾の蝶が権力者子弟への贈物として使われたのではないか、と思われる疑惑がある（拙文「蝶類學者仁禮景雄先生小傳」）。

❶で名前が出てきた蝶類学者の仁禮景雄に着目してみよう。仁禮景雄（1885－1926）は、海軍大臣仁禮景範子爵の四男である。海軍兵学校に入校するも病気で中退した。その後、佐々木忠次郎、三宅恒方、内田清之助ら当時の代表的な昆虫学者から個人的指導を受けた。仁禮はヤエヤマウラナミジャノメなどの新

種の蝶を発見した。また、ニレミスジなどにも名を残した在野の蝶類学者である。

川崎造船所と鈴木商店との取り引きを示す大正7年7月付の文書がある。そして、その文書中に「株式会社川崎造船所東京出張所　仁禮景雄」との名刺が残っている。もちろん、同姓同名の別人の可能性もあるが、以下の理由から名刺の持ち主が蝶類学者の仁禮景雄である確率は高いと思われる。

川崎造船所の創建者の川崎正蔵は薩摩藩出身だが、大正7年当時の社長は松方幸次郎で、これまた薩摩出身の松方正義元老の三男である。また、業種上、川崎造船所が海軍と関係が深いのは当然であるが、明治〜大正前半の日本海軍は〝薩摩海軍〟と呼ばれるほど、薩摩藩出身者が突出して要職を占めていた。景雄の父の仁禮景範もまた薩摩海軍閥の主要軍人の1人である。大正元年に海軍大将になっていた斎藤実（のち首相）は岩手県出身であるが、仁禮景範の娘を妻にしている関係上、薩摩閥に繋がっている。そして、有力海軍軍人の斎藤実は景雄から見て義兄である。つまり、景雄が川崎造船所に縁故入社できる環境はあまりにも整いすぎているわけだ。

ここで、以下の1つの仮説を提示することができる。


「仁禮景雄の名刺が収められていた前述の川崎造船所の文書は、商品の輸入代行を鈴木商店が受注したことを示している。鈴木商店は台湾の樟脳や砂糖の貿易で財をなした財閥で、台湾に地盤を置いていた。また、鈴木商店は大正4年に播磨造船所を買収するなど、大正前半以降、造船業界にも進出しようとしていた。よって、川崎造船所とのコネクションを形成するため、鈴木商店は同社社員で、かつ薩摩海軍閥重鎮の子息である仁禮景雄の台湾産蝶類研究を支援したのではないか」

大正期に既存の台湾の製糖業各社を傘下に置くことを目論んでいた鈴木商店は、薩摩系の松方五郎（松方正義五男）や松方正熊（同八男）などを各社の役員に擁立していた。また、結果的に挫折したとは言え、鈴木商店は明治末、つまり朝倉喜代松が標本商を始めた時期に埔里社製糖株式会社の買収を計画したこともあり、朝倉が根拠地にしていた埔里社と鈴木商店が無縁だったわけではない。

仁禮景雄が台湾の標本商の朝倉喜代松から蝶を入手していたことは既に述べた。仁禮自身が台湾の地を踏んだとの証拠は少なくとも彼の蝶類標本コレクションからは見つけられない。仁禮は台湾産蝶の分類に大きな足跡を残したが、その研究は余人が採集した標本に依存していたわけである。

博物学者の高千穂宣麿は「朝倉はカネにうるさい」との回想談を残している。つまり、朝倉喜代松は動物学に関心と造詣があったに違いないが、「学術研究のために」と仁禮にタダで蝶類標本を提供したはずがないと言うことだ。そして、仁禮景雄は子爵家の生まれであるが、華族との印象とは裏腹に彼は決して金持ちではなかった。健康に恵まれない仁禮は兄や義兄宅の居候に過ぎなかったし、頼みとすべき実家の仁禮家は船橋の塩田経営、ついで北海道十勝の農場経営に失敗していたからである。

朝倉喜代松からの蝶類の購入代金が比較的安価であったのなら、仁禮は何とか自分で捻り出したか、親族にたかったのかもしれない。しかし、逆にそこそこ以上のお値段だった場合、鈴木商店が有力海軍軍人子弟の仁禮のためにカネを出した、またはお歳暮等の品として朝倉喜代松から買い上げた標本を仁禮に贈ったと

◆図３　台北市地下街で買った蝶型の小物

◆図４　台北故事館の腰掛石のレリーフ

の下衆の勘繰りも可能なところなのである。

❸ 台北地下街に群れ飛ぶ蝶たち

近代期、言わば重要輸出品の1つであった台湾の蝶であるが、現在の台湾にはどのような蝶文化が見いだせるのであろうか？　まず筆者が台北市地下街で見つけた蝶型の小物。**図3**はマグネット式で冷蔵庫等に付けておくものらしい。共に日本円で数百円程度の安物だ。

図4は台北故事館の庭の腰掛石のレリーフである。もっとも台北故事館は日本統治時代の洋式建築物であるし、この蝶のレリーフの設置年月の説明がなかった以上、台湾の蝶文化として取り上げてよいかどうかは疑問が残る。

筆者が最も面白く感じたのは、台北市のR中山地下街の蝶の大群である（**図5**）。噴水や柱に貼られた色取り取りの蝶の模型たち。1匹1匹細かく見ていくと、実在する種を忠実に再現したものもあれば、完全に空想の産物もあることがわかる。

現在の台北は決して蝶に満ち溢れている都市であるわけではない。しかし、町の所々にかつての蝶輸出大国の片鱗がわずかに見られる、と言ったところだろうか。

2　広州の文化蝶類学

❶ 広州市北京路下着ストリート？の蝶型自転車かご

香港の北西に位置する中国広東省の省都広州。日本最大の人口を擁する横浜市の倍を軽く超える人口一千万人の巨大都市である。ただ、多くの日本人旅行客にとっては馴染み深い都市とは言い難く、筆者滞在中に町中で日本語を聞くことはなかった。

◆図５　台北市Ｒ中山地下街

どこにいても日本人同士の会話が耳に流れて来るので、何となく面白くないのである。逆に日本人客が多い台北やソウルだと、どこにいても日本人同士の会話が耳に流れて来るので、何となく面白くないのである。

筆者が広州市に入ったのは平成30年9月で、向かったのは同市の北京路。広州市内有数の繁華街である。ここで昆虫看板や小物を探そうと言うわけだ。残念ながら、多数の人で賑わう北京路のメインストリートでは取り立てて文化昆虫学関連グッズを見つけられなかったので、やや閑散とした横道に入った。

図6は北京路の一角にある通り。ここは行けども行けども下着店である。優に50軒以上の店が並んでいる、

◆図６　広州市北京路の下着屋

◆図７　広州市北京路の一角に駐輪してあった自転車

下着ストリート（仮称）である。このストリートで目に付いたのは蝶が据え付けられた自転車かごである。日本ではあまりお目にかからない代物だ。この通りで見かけた蝶付き自転車かごは1台や2台ではない。走り去る少なからぬ自転車が全く同じかごを付けていた。もちろん、走っている自転車を止めて「写真を撮らせて」と言うわけにもいかない。何とか駐輪している自転車を探し出し、撮影したのが**図7**である。

❷ 広州市北京路金物屋街に並ぶ蝶型フック

北京路で次にやってきたのは、水道の蛇口、ネジ、ハンガー、スチール棚、衣服を引っ掛ける金属フック、ドアノブなどを扱う店がズラリと並ぶ、北京路一角の金物屋街である（**図8**）。ただ、たくさん店舗がある割には、どこもかしこも同じ商品を扱っているようで、買い物を楽しめる場所ではない。

この金物屋街で購入したのが蝶型の金属フックである（**図9**）。1個日本円で80円足らずなので安い。金物屋街の多くの店で同じ蝶型フックを扱っていたので、この界隈では馴染み深

◆図８　広州市北京路の金物屋街

◆図９　広州市北京路の金物屋で購入した蝶型フック

い日用品なのかもしれない。

❸ 広州市の蝶グッズから文化昆虫学的な考察は可能か？

このように広州市北京路ではいくつかの蝶グッズを見かけたわけだが、何かしらの考察は可能だろうか？　広州市は亜熱帯気候に属するので、良好な環境さえ残っていれば、日本とはまた異なる色鮮やかな蝶が見られるはずである。ただ、広州の町の人々が蝶に格別親しみを持っている、とするのは早計に過ぎるだろう。

日本ではあまり見かけることがない蝶の自転車かごであるが、筆者が見かけたのは全て同一品であった。となると、広州の人々は蝶が好きと言うよりは、単に何らかの商売上の理由で、この自転車かごが広く流通しているだけに過ぎないように思える。次に**図7**と**図9**の蝶の触角が実物の蝶と比較すると、やたらと太い点だ。これも何かしらの文化的意味があると考えるよりは、折れにくくするためとの製造技術上の理由とする方が無難である。以上、今のところ筆者は広州の町中で見かけた蝶グッズに対して、何かしらの考察を提示できる段階には至っていない。

3　韓国の文化蝶類学

日本と何かと諍いが絶えない国の韓国。昆虫学との視点で見れば、大陸と繋がっていることで日本では捕れない虫がいる、魅力あふれる土地である。朝鮮半島は極東ロシアに生息する北方系昆虫の分布地となっているのだ。

亜熱帯の台北と広州では多くの昆虫グッズを見つけることはできなかった。一方、北方の韓国ではかなりの昆虫小物を発見することができた。以下、韓国ソウルにおける町中ぶらぶら文化蝶類学の成果を紹介することとしよう。

❶ 東大門で見つけた蝶グッズ

昔ながらの商店街が残る東大門。活気あふれる町とはこのような所を指す言葉か、小さい文房具店や玩具店が立ち並んでいた。**図10**は玩具店で見つけたビニール製の蝶の小型オモチャだ。日本円で70円ほどの安物。中に水が入っていてパンパンである。これでどう遊ぶのかは不明だ。

◆図10　韓国のビニール製蝶型オモチャ

図11は玩具屋で購入した高級感漂うハンドメイドのカードである。1枚の大きさは日本の官製はがきとほぼ同じ。草花の絵に立体物の蝶小物を貼り付けてある。6種全種を1枚ずつ取ろうとしたら、店主に「セッ

◆図11　韓国のハンドメイドカード

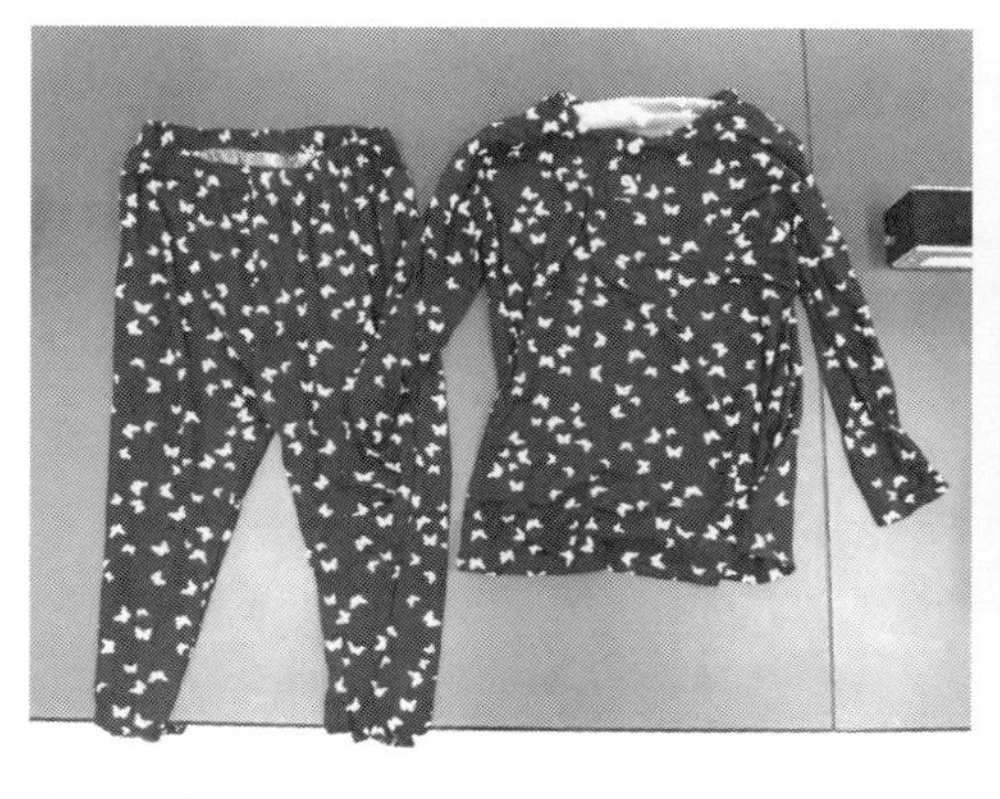

◆図12　韓国の婦人用パジャマ

ト、セット」と怒られた。どうやら18枚入りのセット販売しかしていないらしい。やむを得ず写真の如く1シート買ったわけだが、それでも日本円で千円ちょい。手が込んでいる割には相当安いと言えよう。

東大門には庶民の普段着を扱う店がズラリと並ぶ一角がある。売られているのはお世辞にも高級品とは言えない安物ばかりだ。この界隈は日本人の若い女性の買い物客が訪れる場所ではない。日本円で500円程度の安物の靴もゴロゴロ売っている。そこで目が釘付けになったのが**図12**の蝶の大群がプリントされた婦人用パジャマだ。日本ではあまり見かけないデザインではないだろうか。お値段日本円でたったの千円也。迷うことなく買ったわけだが、何と言っても婦人衣料品。店主は「何だ、この日本人のおっさんは」と不審に思ったに違いない。

❷ 韓国の電気屋街で〝昆虫〟を探す

筆者が次にやってきたのはソウルの電気屋街の龍山。日本の秋葉原や日本橋と違って、アニメグッズが町に溢れているわけ

◆図13　ソウル龍山の電灯メーカーの広告

◆図14　ソウル明洞のコスメショップ正面

でもなく、真の意味での電気屋街と言ったところ。ここで発見したのが**図13**の電灯メーカーの巨大広告看板である。デカデカと蝶が描かれている。普段国内で電気屋街の広告を逐一監視しているわけではないが、日本で似たような広告を見た記憶はない。不思議な光景である。

❸ オサレな街のソウル明洞

韓国のコスメを求め日本人の若い女性観光客で賑わうソウル明洞。日本で言えば原宿と言ったところか？　少なくとも国内では筆者が普段絶対に立ち入らない領域であることは確かだ。さて、明洞でもなぜか蝶が溢れていた。

まずHolika Holikaと言うコスメショップ。明洞には複数店が展開していたが、少なくとも2軒の店舗の入口で紫色の蝶が舞っていた（**図14**）。この蝶が意味するところは言うまでもない。女性の美のシンボルとして蝶を掲げているのである。

図15は明洞メインストリートの地下街の雑貨屋で買ったもの。お値段日本円で百円程度。台北で買った蝶型マグネット（**図3**）と同様のものである。

◆図15　ソウル明洞地下街で購入した蝶型の小物

◆図16　ソウル地下鉄明洞駅近くで見つけたブローチ

◆図17　同じく髪留め

地下鉄明洞駅の構内にもアクセサリー店や雑貨店が立ち並ぶ。そこで見つけたのが蝶型のブローチ（**図16**）と髪留め（**図17**）である。それぞれ日本円で約千円及び500円でそんなに高い物ではない。

このように明洞は蝶が乱れ飛ぶ街なのである。

❹ 韓国は知られざる蝶文化大国なのか？

「ただの偶然だろ？」と言われればそれまでなのだが、それにしてもソウル市内では多くの文化蝶類学の資料と巡り合えた。特にほぼ同じ程度の時間を散策した台北と比較すると、ソウルでは遥かに多くの蝶グッズを見かけた。また、韓国を代表する企業の1つであるサムスン電子は平成31年4月下旬に画面を折りたためる新型スマートフォンを発表した。そして、そのサムスン電子が提供した新商品紹介の写真では、スマホ画面の折れる中央線を中心軸とした、羽を広げた蝶の画像が映されているのである（平成31年2月22日付朝日新聞）。では、韓国の蝶文化にどのような意味を見出すべきなのか？

ソウル明洞駅近くのアクセサリーショップで商品を物色していたところ、店員に日本語で話しかけられた。この店員の方は30歳前後の日本人女性で、韓国人男性と結婚して、現在ソウルで暮らされていると言う。日本語で情報収集できるせっかくのチャンスである。筆者が「蝶の形をしたアクセサリーは日本と違って韓国に多くないですか？　韓国人は蝶が好きなのですかね？」と聞いたところ、「韓国のアクセサリーメーカーは日本の某メーカーの真似をして様々な小物を製造しているようだ。とは言え、蝶型のブローチやイヤリングは確かに日本ではなかなか見かけない」とのことであった。もちろん、この方の個人的経験に基づく意見に過ぎないわけだが、貴重な証言である。

◆図18　『僕と恋するポンコツアクマ。』の葵雅妃。蝶型の髪飾りが好き。モデルで下級生から人気がある一方で、怪しげな薬の調合が好きとの裏の顔がある。©スミレ

実際日本の女性がどの程度蝶型アクセサリーを身に着けているのか？　筆者は人混みの中で女性をジロジロ凝視しているわけではないので、その疑問には確答し難い。ただ、日本のゲームやアニメの世界では、蝶型の髪飾りを着けている少女は時々見かける。そして、蝶型アクセサリーでおしゃれする少女は素直、純情、可憐と言った正統派ヒロインではなく、特異な趣味がある、妖艶、高慢、ツンデレなどなど、どこか癖が強い女の子が多いとの傾向があるように思える（**図18**）。蝶型アクセサリーに対する日韓の感覚の差があるのかないのか。この点は気になるところである。

実は筆者は令和元年6月にも韓国を訪れている。この訪問は韓国の国立生物資源研究所から、本職である土壌性甲虫の分類研究で招聘されたものなので、自由勝手に町中を歩き回れたわけではない。それでも、い

◆図19　韓国国立生物資源研究所で展示されていた蝶アート

◆図20　韓国航空会社Jin Airの企業ロゴ

くつかの蝶グッズに巡り合えた。１つは国立生物資源研究所に展示されていた蝶のアート（図19）。リアルに描かれた蝶が乱れ飛ぶテーブルシート？と言ったところか。二番目は仁川国際空港で見かけた韓国航空会社ＪｉｎＡｉｒのロゴ（図20）。これはどう見ても蝶である。この蝶は企業ロゴだけでなく、機体にも描かれており、筆者個人的には非常にインパクトがある。逆に日本の航空会社のロゴや機体を想像してみればよい。蝶を採用している航空会社がどこにあるであろうか？

こうして見ると、理由や背景はどうであれ、韓国は虫好き民族を自称する日本を上回る、知られざる蝶文化大国なのかもしれない。だとすれば、我々日本人の感覚として韓国と蝶は結び付けにくいが故に意外な状況である。筆者にそう思わせるほど、ソウルは蝶に満ち溢れた街であった。

4　失敗した日中韓台のオタク文化昆虫学的比較研究

東アジアと言えば悪名高いコピー商品がある。仮に虫型の玩具があっても、それが海外キャラクターのコピー商品か、その国独自で生み出されたものかによって、確かに文化昆虫学的な考察は異なってくる。もっとも、全てのコピー商品が何のキャラの模倣かを正確に判断するにはこちらの知識量が不足している。それに、たとえコピー商品であっても作り手が「これなら自分の国でも売れるだろう」と判断して市場に流しているわけだから、模倣かオリジナルかは文化昆虫学的にはさほど重要ではない、との解釈も成り立つ。

余談だが、台北・広州・ソウルの町中散策の目的の1つは、各国のオタク街を巡り、アニメやゲームなどのキャラグッズにおける日中韓台の文化昆虫学的比較を行うことにあった。結果から先に言うとその目論見は挫折した。まず広州では何とかたどり着いたオモチャ屋では、これと言った昆虫をモチーフとしたグッズに巡り会えなかった。一方、台北とソウルのオタク街ではとにかく置いてあるキャラグッズは日本のキャラクターものばかり。これでは異文化比較は無理である。

台北とソウルで売られている日本のキャラクターグッズは、日本国内で売られているものをそのまま運んできているだけだから、恐ろしく高い。日本国内の1・5~2倍くらいの価格が付けられている。台湾とソウルでオタク道を極めるには相当な出費が要求されそうである。結局、台北とソウルでは、斜陽にあるとは言え、やはり日本のコンテンツ産業はまだまだ底力があることを思い知らされただけに終わった。

(保科英人)

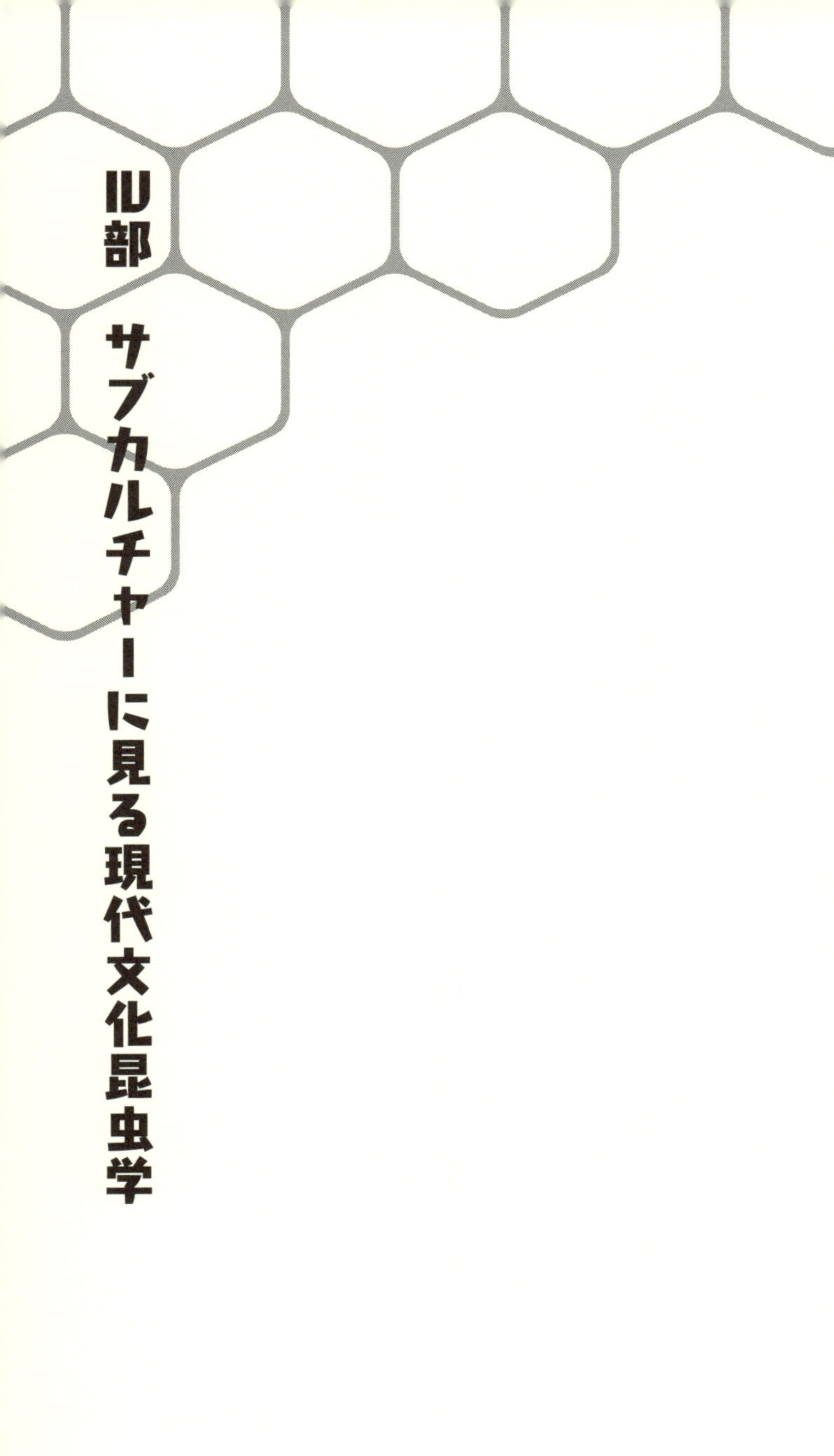

Ⅲ部　サブカルチャーに見る現代文化昆虫学

10章 特撮ヒーローのモチーフとなった昆虫たち

1　日本の特撮ヒーロー『仮面ライダー』

❶ 仮面ライダーとは

『仮面ライダー』（図1）という作品は、文化昆虫学的な視点からみると、昆虫をモチーフとしたヒーローとして世界でも稀と思われる。ここでは、『仮面ライダー』の概略とモチーフとなった昆虫を記述し、その特徴を探ってみたい。

『仮面ライダー』（石ノ森章太郎原作）は、１９７１年から放映された一連のテレビシリーズで、一時的な中断をはさむが40年以上の歴史をもち、２０１９年現在も毎年新しい作品が制作されてきた。テレビ放映の他にも映画版のオリジナル作品が30本以上も公開され、現在も新作映画の発表が続いている。日本の特撮ヒーローとしては、ウルトラマンシリーズや戦隊シリーズと共に代表的な作品である。

仮面ライダーは、バッタをモチーフにした改造人間がヒーローとして活躍する物語として始まった。ここでは、１９７１年から始まる『仮面ライダー』から１９９４年公開の『仮面ライダーＪ』までの13作品を昭和ライダーとし、２０００年『仮面ライダークウガ』から２０１８年現在の『仮面ライダージオウ』までの20作品を平成ライダーと呼ぶ。

昭和ライダーの作品では、世界征服を狙う悪の秘密組織の怪人と闘う一話完結の明快な設定で、基本的にはひとりのライダーが登場した。平成ライダーの作品では、連続した物語として展開し、複数のライダーが登場することが多い（ライダーの役割はメインとサブに分かれる）。また、ライダーの設定自体が大きく変化し、近年では複数のライダー同士の戦闘（ディケイド）、仮面ライダー部の高校生（フォーゼ）、魔法使い（ウィザード）という多様な設定になっている。

◆図１　仮面ライダー

❷ ヒーローのモチーフとしての昆虫

１９７１年から２０１８年までの仮面ライダー作品について、モチーフとなった昆虫を対象とした。33作品のうち、29作品は基本的に約50話から構成されるテレビ放映で、残りはスペシャル番組や単発の映画版である。全てのライダーのモチーフが昆虫ではないが、その多くはトノサマバッタがモチーフとなった初期のライ

表1　仮面ライダーのモチーフとなった昆虫の頻度

順位	ライダー数	モチーフ昆虫
1	12	バッタ
2	7	カブトムシ
3	5	クワガタ
4	2	トンボ、スズメバチ
5	1	カマキリ、コオロギ、カミキリムシ

※対象は、仮面ライダー1号からオーズまでのライダー。

ダー1、2号の形態的なデザインの特徴が踏襲されている。

33作品で昆虫をモチーフとしたライダーは31人登場した。そのモチーフとなった昆虫の種類と頻度を見てみよう（**表1**）。バッタ（12ライダー）、カブトムシ（7）、クワガタムシ（5）が上位で、トンボ（2）、スズメバチ（2）、カマキリ（1）、コオロギ（1）、カミキリムシ（1）となっている。**表1**には記載していないが、ライダーマンはカマキリ、エックスはオオミズアオ、ゼクロスはカメムシという解釈もある。

バッタがモチーフのライダーは最も多く、仮面ライダーの形態として広く知られている。特に、ライダー1、2号はトノサマバッタの形態を維持したデザインである。頭部には、大きな複眼、額に単眼、触角を確認できる。胸部から腹部に見られる体節構造も昆虫を連想させるものだ。また、バッタの特徴である跳躍力もライダーの能力として反映され、ライダーの必殺技は、高いジャンプから落下する力を利用して破壊力を増すライダーキックである。

人間にとってバッタは、田畑の作物を食い荒らす害虫としてのイメージが強く、決してヒーロー向きではない。では、なぜヒーローのモチーフがバッタなのだろうか。仮面ライダーの原作者の石ノ森章太郎は、新番組に当たりこれまでにない異形のヒーローを望んでおり、ドクロをモチーフにした「スカルマン」を提案した。しかし、営業側からイメージが悪いとクレームがあり却下されてしまった。そこで、スカルマンに近いイメージを捜したところ、昆虫図鑑のバッタから仮面ライダーのデザインができあがった。仮面ライダーは悪の組織で改造された怪人だったという設定を考えれば、害虫のイメージがあるバッタがモチーフであっても不思議ではない。こうして異形のヒーローが誕生したのだ。ライダー1、2号がもつ昆虫の形態的特徴は、シリーズが進むに連れて薄れたが、昆虫に似た大きな眼（複眼構造）がその共通した特徴として現在のライダーにも受け継がれている。平成ライダーになって、メインのライダーにバッタをモチーフとしたものは、「オーズ」のみである。ドクロをモチーフにした「スカルマン」は、後に『仮面ライダーW』に登場する「仮面ライダースカル」として実現している。

バッタに次いでモチーフとなったのは、カブトムシとクワガタムシである。例えば、昭和ライダーでは「ストロンガー」はカブトムシ、平成ライダーでは「クウガ」はクワガタムシ、「ブレイド」はヘラクレスオオカブト、「カブト」はカブトムシがそれぞれモチーフである。仮面ライダーの主な視聴者である子供達にとって、カブトムシやクワガタムシは昆虫界のヒーローである。強そうな大型の角や顎は、仮面ライダーのモチーフとして申し分ないだろう。また、日本人は、欧米諸国の人々と比較してカブトムシに対する関心が高く、外国産のカブトムシの中ではヘラクレスオオカブトに強く惹かれることが、検索エンジンサイトの用語検索数からも推測されている。

その他にトンボ、スズメバチ、カマキリ、コオロギ、カミキリムシをモチーフとしたライダーが登場し、どれも各昆虫の形態的特徴が生かされたデザインである。これらの昆虫は、日本の代表的な身近な昆虫として知られた種類であり、ヒーローとして親近感の持てるものとなっている。

❸ 仮面ライダーの戦い方と昆虫の変態

「変身!」というセリフとポーズで、人間から仮面ライダーへの変化は、映像における見せ場のひとつである。変身するヒーローは珍しくないが、仮面ライダーの変身は、昆虫の「変態」の延長と考えれば、昆虫型ヒーローの大きな特徴と解釈できる。また、平成ライダーになると、変身を短時間の間に繰り返す「フォームチェンジ」という戦闘スタイルがみられる。フォームチェンジは、仮面ライダーの能力を全体的にアップする場合や、一部の機能を強化する場合があり、臨機応変に相手の状況に合わせ変身することで戦闘を有利に運ぶことができる。特に「クウガ」では、その異なったフォームは14種類にも及んでいる。平成ライダーの多くはこの「フォームチェンジ」を多用しており、このような戦闘スタイルは、昆虫型であるがゆえの進化として面白いと思う(近年のウルトラマンには「タイプチェンジ」という類似したスタイルがある)。

❹ 仮面ライダーと対決する怪人のモチーフ

仮面ライダーの怪人側のモチーフには特徴があるだろうか。分析対象を下記の昭和ライダーにした理由は、原作者石ノ森章太郎が生み出した昆虫型ヒーローが怪人と対決する流れが良く継承された作品群と判断されるからである。平成ライダーになると、昆虫型とは異なるヒーローが模索され、怪人のモチーフや物語のあり方も多様化していったと考えられる。

表２　仮面ライダーの怪人のモチーフとなった生物の頻度

順位	怪人数	モチーフ生物
1	8	コウモリ
2	7	クモ、ヘビ、カニ
3	6	トカゲ
4	5	カマキリ、ガ・チョウ、サソリ、カエル、カメレオン

※対象は、仮面ライダー1号からストロンガーまでの怪人。

昭和ライダー5作品（仮面ライダー（1、2号）、V3、X、アマゾン、ストロンガー）に登場した200体の怪人のモチーフについて、生物別の頻度を見てみよう（**表2**）。予想としては、対戦相手として思い浮かぶのは昆虫の天敵となる生物だろう。それは捕食者や寄生者の昆虫類、クモ類、小動物が考えられる。

最多怪人モチーフは、コウモリであった（8体）。コウモリのダークなイメージは悪役怪人としてふさわしい。超音波を発して昆虫の動きを感知して捕らえる能力や、上空からの攻撃ができることも対戦相手としてよさそうである。

2番目に多い怪人は、クモ、ヘビ、カニでそれぞれ7体であった。クモは網を使って獲物を捕らえること、毒をもつイメージもあり、ライダーを苦しめる怪人になりそうだ。ヘビは昆虫の捕食者であり、毒を持つことや、長い胴体を巻き付けて締め上げられそうである。一方、カニがモチーフとして多かったことは意外であった。昆虫の天敵としてのイメージは薄いが、体は鎧のようで硬く、大きなハサミは強力な武器になりそうで、対戦相手として魅力的であったのだろう。

3番目はトカゲで、6体であった。トカゲはやはり昆虫の天敵であり、体サイズも大きく、再生可能という身体的特徴も対戦相手としては納得である。

4番目に多いのは、カマキリ、ガ・チョウ、サソリ、カエル（ガマ）、カメレオン、カメでそれぞれ5体であった。ここで、同じ昆虫類のカマキリとガ・チョ

表3　仮面ライダーの怪人のモチーフとなった昆虫の頻度

順位	怪人数	モチーフ昆虫
1	5	カマキリ、ガ・チョウ
2	4	アリ、カブトムシ
3	3	ハチ
4	2	アリジゴク、ゴキブリ、セミ、アブ、カ、クワガタムシ
5	1	コオロギ、カミキリムシ、ホタル、シラミ、テントウムシ、ヘビトンボ、ゲンゴロウ、ハンミョウ

※対象は、仮面ライダー1号からストロンガーまでの怪人。

ウが怪人のモチーフとして挙がってきた。カマキリは捕食性昆虫であり、鎌状の前脚は武器として強力なイメージがある。ガ・チョウは、成虫の鱗粉や幼虫の棘には有毒なイメージがあり、武器として使えそうである。サソリは、体の硬さや毒を持つイメージがあること、カエル、カメレオン、カメは昆虫の捕食者であることがモチーフとなった理由だろう。

昆虫型ヒーローの対戦相手となる悪役怪人のモチーフには、昆虫の捕食者であること（内部寄生者という設定は見当たらない）、戦闘能力を反映した強そうな身体的特徴や毒を持った生物が選ばれたと言えそうである。

❺ 怪人のモチーフとなった昆虫

怪人のモチーフとなった昆虫で最多なものは、前述したカマキリとガ・チョウであった（5体）。これに続いて、アリ、カブトムシ（4体）、ハチ（3体）、アリジゴク、ゴキブリ、セミ、アブ、クワガタムシ（2体）、コオロギ、カミキリムシ、ホタル、シラミ、テントウムシ、ヘビトンボ、ゲンゴロウ、ハンミョウ（1体）であった（**表3**）。怪人という設定であれば、弱い敵では物足りないので、やはり捕食者であること、強そうな印象（武器や毒）があることが必要だろう。捕食者の条件では、カマキリ、アリ、ハチ、アリジゴク、アブ、ホタル、ゲンゴロウ、テントウムシ、ハンミョウ、ヘビトンボの成虫あるいは幼虫が当てはまる。強そうな印象の条件では、カブトムシ、クワガタムシ、カミキリムシは大型の角や大顎、ガ・チョウでは成虫は鱗粉、幼虫は棘に有毒なイメージがある。強い印象はないが、セミやコオロギは、その鳴き声が武器として使われると考えられる。シラミやゴキブリは、病原菌媒介者として嫌われ者のイメージがあり、悪役を連想させるのだろう。いずれにしても、悪役怪人のモチーフとなった昆虫には理由があるのだ。

❻ 鳥型怪人はなぜ少ないのか

実際の昆虫の天敵として、生物学的に重要な位置を占めるのは鳥類と考えられる。しかし、怪人のモチーフランキングの上位4位（11種を含む）にまったく鳥類は出てこない。怪人としては、コンドル、ワシ・タカ、カラス、フクロウ、カナリヤの5種（12体）が登場するに過ぎないのだ。それに比べ昆虫は20種（43体）に及ぶ。対戦相手としての条件であった、捕食者、強そうな印象といった条件を満たしていると思われるが、なぜ少ないのだろうか。以下に3つの仮説を挙げて考えてみたい。

①子供達が知る鳥類の種類が少ない。仮面ライダーの視聴者は主に子供であり、男子は昆虫の名前は多数知っているし、ほ乳類は動物園の人気動物として多くの種類が思い浮かぶが、鳥類は知っている種類が少ないので、怪人として採用されなかった。②悪役のイメージが薄い。身近な小鳥たちは小さく優しいイメージがあり、怪人としては、ワシ・タカなどの猛禽類くらいしかなかった。③怪人としてほ乳類の方がデザイン

しやすかった。仮面ライダーは昆虫＋人間の改造人間である。対戦相手の怪人として、生物＋人間がデザインの基本となれば、生物の部分は、手足があるほ乳類がデザインしやすい。仮面ライダーの怪人はタイツ形怪人であり、デザインの特徴は上半身に集中していた。また、ほ乳類は人間に近いので、悪役として感情移入しやすかった。ほ乳類型怪人は22種類（49体）が登場し、昆虫型よりも多い。このような理由が総合された結果として、鳥型怪人の割合は少なかったと考えられる。

2　アメリカの特撮ヒーロー『アントマン』

❶ アントマンとは

海外の特撮ヒーローとして、昆虫をモチーフとした作品のアントマン（図2）を取り上げたいと思う。アントマンは、アメリカのコミック出版社、マーベル・エンターテインメントが生み出した昆虫型ヒーローである。1962年に出版されたコミックに初登場した。近年、マーベル・スタジオが製作するスーパーヒーローの実写映画作品が多数公開され、このシリーズは世界で興行的成功を収め、映画作品群はマーベル・シネマティック・ユニバース（MCU）と呼ばれている。例えば、ヒーローとして、アイアンマン、スパイダーマン、ハルク、キャプテン・アメリカは良く知られていると思う。

『アントマン』はMCU作品の12番目として2015年に公開された。その後、『シビル・ウオー／キャプテン・アメリカ』（2016）、『アントマン&ワスプ』（2018）に登場している。ちなみに、スーパーマンやバットマンは、アメリカのDCコミックスが出版するコミックのヒーローであり、MCUとは別世界である。アントマンはもともとコミック作品であるが、MCU作品として日本にも広く知られるようになったヒーローであろう。コミックの中で、アントマンを名乗った人物は3名おり、アントマンは1人ではない。それぞれのアントマンの背景は異なっており、これらのコミック版のヒーロー像や物語について、映画版に反映されていない部分もある。著者にはコミック版アントマンを詳細に把握することは現時点では難しいので、今回は、映画版（MCU）におけるアントマンを中心に取り上げ、昆虫をモチーフとしたヒーローを考えてみたい。映画版には、今のところ、初代アントマンと二代目アントマンに当たる人物が登場している。

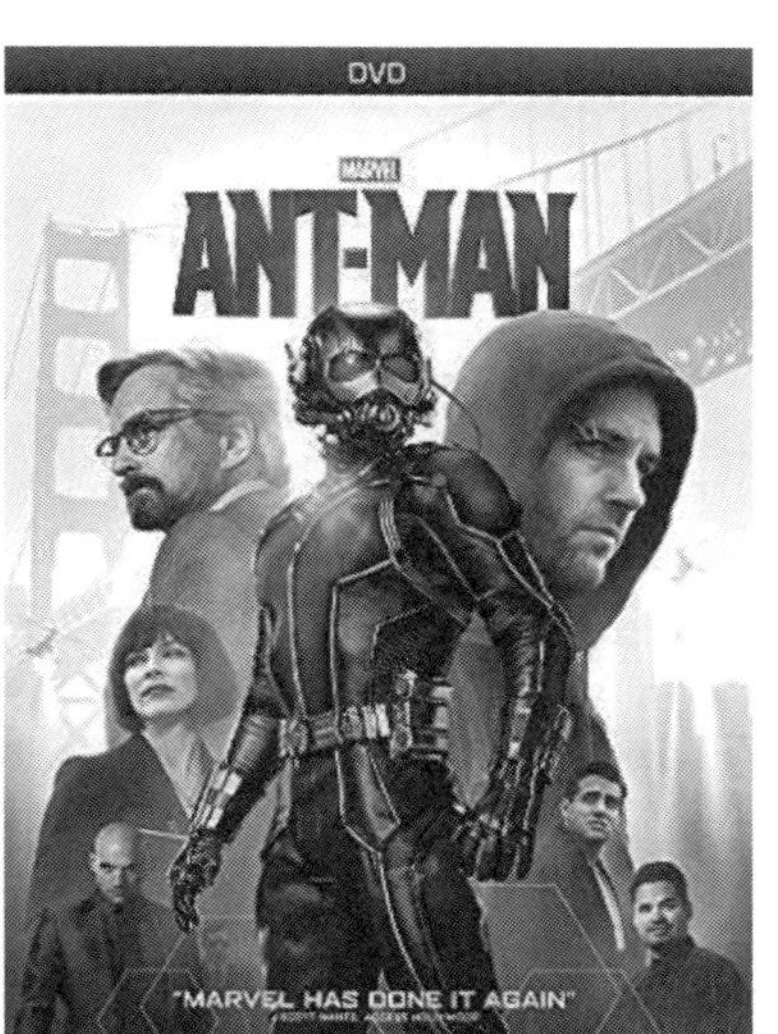

◆図2　アントマン

❷ アリ型ヒーローの能力

アントマンは文字通りアリがモチーフとなったヒーローである。特殊なスーツを着ることで外見上は誰でもアントマンになれる。しかし、アントマンの能力を十分に発揮するためには、スーツを着て訓練が必要で、映画『アントマン』の中でもその訓練が描かれている。

アントマンの最大の特徴はサイズであり、

スーツを着るとアリサイズ1・5センチメートルになれることだ。スーツのベルトにある調整機を操作することで、物体のサイズを変えることができるピム粒子が揮発して身体に行き渡り、瞬時にサイズを変えることができる。設定によれば、縮小した肉体は、原子間が縮まったことで防御力が高まり、エネルギーと質量がコンパクトに凝縮されることで普通サイズの時よりもパワーアップする。スーツの外見デザインは、銀色のフルフェイス・ヘルメットで、目に当たる部分が赤色、体は黒色のスーツに胸、腹、肩の一部が赤色になっている。デザイン的には特にアリを特徴付けるものはなく、黒くて小さいという特徴がアリを連想させる。

アントマンのもうひとつの特徴は、アリと交信して味方にすることができることだ。映画『アントマン』、『アントマン&ワスプ』の中では、翅アリの背中に乗って移動する場面がある。アントマン自身には飛翔する能力はなく、移動手段にはアリを使うことがある。実際には翅アリの出現時期は限られるので、年中背中に乗れるわけではないと思う。設定によれば、アリの嗅覚中枢を刺激する電磁波を用いることで交信が可能になるようで、ヘルメットの耳当てに当たる部分に左右アンテナがあり、ここから電磁波を発するらしい。この能力はスーツを着るとできるものではなく、アリとの交信する訓練をする必要がある。実際のアリは匂い物質でお互いに認識しており、電磁波は使っていないようだ。アントマンという呼び名は、黒くて小さくアリを率いて戦うヒーローの特徴を示したものと考えられる。

❸ アントマンの戦い方

アントマンは、ピム粒子を使って体のサイズを自由に変えながら戦うことができる。これは対戦する相手からすると非常に戦いにくい。映画『シビル・ウオー』や『アントマン&ワスプ』では、巨大化して戦う場面もあり、その姿の時はジャイアントマンと呼ばれている。

小型化した体を生かして、隙間から機械内部に侵入して破壊することができる。例えば、自動車、飛行機、ミサイルに対しては、その内部の電気回路を破壊して、動きを止めたり、方向を変えたりすることができる。建物への侵入でも、配水管や通気口から簡単にセキュリティを突破できる。小さくなると移動力が低くなるが、アントマンは翅アリの背中に乗って長距離移動できる。アントマンはアリサイズが大きな特徴であるが、その能力の本質は体サイズのコントロールにあるのだろう。

3 空想の仮面ライダーと現実的なアントマン

仮面ライダーとアントマンは共に昆虫型ヒーローであるが、主な視聴者の違いがその性質に大きな影響を与えている。

仮面ライダーは、主に子供向けに作られたため、舞台は架空の街で十分であり、改造人間であるライダーや怪人のデザインも自由であった。ライダーの能力は自身に内在されたものだ。モチーフとなった昆虫や生物は、その形態や能力を誇張する形でデザインされ、虫好きにはデザインを見ていても楽しめる。特に昭和ライダーをテレビで観ていた子供たちには、ライダーと怪人の対決は、カブトムシとクワガタムシを対決させて遊ぶような感覚もあったと思われる。著者はまさにその世代だ。ヒーロー自身が抱える悩みや家族のことはあまり描かれていない。仮面ライダーは空想のヒーローであり、昆虫型の異形のヒーローとして大成功した世界でも珍しい作品であろう。その背景には、虫好きの日本の子供達やその父親の支持があることは間違いないだろう。

一方、アントマンは主に大人向けの作品であり、その舞台は現実の街をイメージして作られている。アントマンスーツも、人間が実際に着るスーツが前提のデザインなため、アリの特徴が特に現れたものではない。アントマンの能力は、スーツ装着により付加されたものだ。対決相手も様々である。ヒーロー自身も悩みを抱える人間として描かれ、アントマンでは家族（特に娘）との関係がもうひとつのテーマとなっており、現実的なヒーローとして描かれている。子供達も楽しめるが、街中にヒーローがいたらという仮定を楽しむ大人の作品である。

4　昆虫型の女性ヒーロー『ワスプ』

ＭＣＵのヒーローには、ハチをモチーフにした女性ヒーローとしてワスプが挙げられる。アントマンと同様に体を自由自在に拡大縮小する能力を持ち、コミック版でも１９６０年代から登場している。映画版としては２０１８年に『アントマン＆ワスプ』で初登場し、共に活動した。ワスプになるためには、スーツを着用する。スーツは、頭は銀色のフルフェイス・ヘルメットで、目の部分は黄色、体は濃い青のスーツで胸、腹、肩の一部が銀色である。デザイン的には、特にハチを特徴付けるものはなく、小さくて素早く飛翔できる点が、ワスプと呼ばれる理由だろう。また、名前が勤勉の象徴であるミツバチを示すビー（Bee）ではなく、針で刺して人間に危害を与えるスズメバチを示すワスプ（Wasp）なのは、ヒーローとしての強さを示したものかもしれない。アントマンとの大きな違いは、透明ファイバーで作られた翅を使って、時速２００キロメートルで飛ぶことができる。ハチと交信する能力は今のところないようだ。ヒーロー（マーブルではヒロインとは呼ばないらしい）としての性質は、アントマンと同様であるが、女性ヒーローとして、今後映画版の中で活躍が期待されている。

5　昆虫型ヒーローの今後

平成の仮面ライダーシリーズは、昆虫をモチーフとしたヒーローの特徴は失われ、ストーリー展開は多様化し、本書で示したことが当てはまらない場合も多い。今後、更に時代の影響を受けてヒーロー像は変化していくと思われる。また、再び昆虫型ヒーローへの回帰があるかも知れない。アントマンが登場するＭＣＵの世界も、ワスプのような昆虫型の女性ヒーローや、コミック版には体のサイズを自由に操れる昆虫型以外のヒーローも存在する。ＭＣＵの舞台は、リアルな都市、宇宙、量子世界といった様々な世界へ拡大を続けている。今後、アントマンやワスプは、極小化し量子世界でも活躍するであろう。

基本的にはヒーローはプラスのイメージであり、モチーフとなった昆虫のプラスのイメージが具体化したものである。しかし、同じ昆虫でもそのイメージは両義性を持ち、例えばハチの場合は人間を刺すことではマイナスだが、蜂蜜を供給するプラスの面も持ち合わせている。ヒーローにも怪人にもなれるのだ。昆虫のイメージは、人間との関係の中で成立したもので、今後もそれは変化していくと考えられる。人間と昆虫の過去の歴史的背景を明らかにするとともに、現代の文化を反映した人間と昆虫の新しい関係を示すことも文化昆虫学の役割であろう。

（宮ノ下明大）

11章 昆虫絵本の世界

絵本は子供だけのものではなく、大人にとっても魅力的である。映画やテレビの画像は受け手にとって楽であるが、次々と場面が動いていくので想像力を働かせる余地が少ない。それに比べて絵本は、読む速度や理解の速度を個人で決めることができる。映像を頭の中で動かすことで想像力を高めることができる。絵本を読むことは決して受け身の行為ではない。

絵本の魅力はその絵にあり、読者にとって「好みの絵」であることは大変重要である。好みに合わない絵の作品は、たとえ内容が良くても手に取らず購入もしないからである。この点は活字とは全く異なっており、まず視覚での選択が好みに大きく影響する。絵の好みは個人によって異なっており、魅力的な絵本に決まった尺度はない。昆虫絵本の場合は、リアルな虫は苦手でも、キャラクターとしてデザインした虫や、デフォルメした虫なら大丈夫という読者を獲得できる。写実的イラストや写真を用いて描かれた昆虫絵本は、自然科学の教材や図鑑として素晴らしいが、絵本としては物足りない気がすることがある。

1　昆虫絵本の分類

昆虫絵本は、その内容から①採集、②生態、③図鑑、④創作に分類できる。①採集は、昆虫の探し方や採り方を紹介する内容で、例えば冬の雑木林で樹皮下や土の中から昆虫を探す過程が描かれる。②生態は、特定の昆虫の生態を描いたもので、写実的なイラストや写真でその発育、変態を追ったものが多い。③図鑑は、子供用として普通によく見られる昆虫が網羅され、昆虫の名前を調べることができる。④創作は、昆虫が登場するオリジナルな物語が展開され、独自の昆虫キャラクターを描いている。

2　虫に感情移入

昆虫絵本の読者は主に子供たちである。子供たちにとって昆虫への感情移入は自然なことであり、物語の主人公が昆虫であってもすんなり物語に入っていけるのである。残念ながら大人になるにつれて、昆虫へ感情移入する能力は失われていくようだ。子供たちは身近な昆虫に同化した形で、絵本の物語を共に体験することができる。

この章では、創作昆虫絵本を対象として、著者の好みにより選択した30冊の絵本について、あらすじを紹介する。また、文化昆虫学の視点から「昆虫の変態や飛翔」という生態的特徴、「昆虫世界の体験」、「非日常を作り出す昆虫」をキーワードとして昆虫創作絵本をカテゴリーに分け、登場する昆虫の意味を考えてみたい。紹介した絵本には、複数のキーワードが当てはまる作品もあるが、本書によるカテゴリー分けは著者の好みである。

3 昆虫の変態を描いた絵本

昆虫の大きな特徴は、卵から成虫に姿を変える変態という現象である。これは形の変化をともなう成長の過程を示している。昆虫の成長は、子供の成長と重ねることができ、人間の成長物語として昆虫絵本を捉えることが可能である。また、変態の繰り返しは時間の経過を示し、出会いや別れを描くことが出来る。

ここで紹介する10冊では、イモムシ、ミノムシ、セミ、チョウ、コオロギ等が登場した。5冊はチョウやガの変態（成長）を扱った本で、昆虫の成長を描く上で、チョウやガの頻度は高かった。

ひるねむし
作／絵・みやざき ひろかず
ひかりのくに傑作絵本集 10

◆図１　『ひるねむし』

『ひるねむし』（図１） みやざきひろかず作　ひかりのくに　１９９８年

森の奥に住む「ひるねむし」は、いつでもどこでも快適に昼寝ができる習性を持ったイモムシである。眠そうな大きな眼と、大きくあくびをするタラコ唇が特徴であり、脱力感のあるゆるいキャラクターがいい味を出している。「ひるねむし」にとって昼寝は生活のすべてであり、ワニの背中、ハリネズミの背中、ジープの屋根、滝の近くの岩など様々な場所で、気持ち良さそうに昼寝する姿が描かれている。そういう「ひるねむし」の願いは、雲の上で昼寝することだった。ある日、蛹を経てチョウとなった「ひるねむし」は、雲まで飛んでいき、ついに念願の雲の上で昼寝をすることができた。

この絵本では、成長し目標を達成するという一連の過程を、幼虫が蛹を経て成虫になり、雲の上で昼寝を達成することになぞらえることができる。我が道を行く人生のスタイルもありだと思わせてくれる。

◆図2『コックーン』

『Cocoon コックーン』（図2） ダイアン・レッドフィールド・マッシイ作　すえもりブックス　1996年

部屋に閉じこもった青年が、両手で大きく頬杖をつき、ソファーに座っている。部屋の椅子の背もたれにはなぜかチョウの蛹がぶらさがっており、この蛹だけは青く色が付きそれ以外の青年や部屋は白黒で描かれている。しばらくすると蛹に変化が起きてチョウの羽化が始まる。この小さな変化は青年にも変化をもたらす。青年は下を向いていたが顔を蛹に向けるようになり、蛹からチョウが出るところでは頬杖は片手だけになり、そして鮮やかなチョウが部屋の中を飛び回る姿を呆然と眺めている。青年は立ち上がりコートを着て、外へ出かけていった。一輪の花を買って部屋に戻り、テーブルの花瓶に挿すとチョウは花に止まった。このあたりからは、白黒だった青年に色が付いてくる。青年は閉ざされていたカーテンを開け、太陽の光を部屋

◆図３　『ぱくぱく』『まるまる』『ぷらぷら』

に入れると、再び外出し、今度は両手いっぱいの花を買って戻ってくる。最後は、笑顔の青年は楽しそうにチョウを追いかける様子で終わる。

この絵本には全くセリフがないが、絵はカラーの部分と白黒の部分に分けて描かれており、青年の心の変化は色の変化と対応している。物語は蛹がチョウに変態するだけの出来事であるが、蛹のように動かなかった青年が元気になっていく過程と重ねることができる。大人向きの内容である。

『ぱくぱく』・『まるまる』・『ぷらぷら』（図3） もも作　岩崎書店

2003年に「シリーズちっちゃないのち」として3冊の絵本が続けて発行された。『ぱくぱく』はカブトムシ、『まるまる』はダンゴムシ、『ぷらぷら』はミノムシの成長を描いた絵本である。また題名からもわかるように言葉遊びの本でもある。それぞれの昆虫キャラクターはとてもかわいく描かれている。内容は幼虫から成虫になるまでの昆虫の変態を紹介したものである。

『ぱくぱく』は、幼虫がたくさん食べて、眠って大きくなっていく完全変態が描かれる。はじめは何の幼虫であるかわからないが、蛹の段階でその形からカブトムシの雄であることがわかる。『まるまる』は、昆虫では

◆図４『はらぺこ あおむし』

なく甲殻類のダンゴムシの不完全変態を描いている。体の前半分と後ろ半分に分かれて脱皮する様子がよくわかる。『ぷらぷら』は、ミノムシ（幼虫）がオオミノガ（成虫）になる内容で、糸でぶら下がったミノムシの風に揺れる様子が楽しい。

これらの本は物語ではなく絵の魅力で読者を引っ張っていく絵本であり、昆虫の姿の変化を見ているだけで楽しい。母親が子供の反応を見ながら読み聞かせする絵本に向いていると思う。

『はらぺこあおむし』（図4） エリック＝カール作　もりひさし訳　偕成社

有名な本なので知っている方も多いと思う。卵から幼虫になり、様々な果物やお菓子や葉っぱなどを食べて成虫になるチョウの完全変態を描いている。日曜の朝、卵からアオムシが生まれ、お腹がすいて食べ物を探し始める。月曜はリンゴ1個、火曜はナシ2個、水曜はスモモ3個、木曜はイチゴ4個、金曜はオレンジ5個を食べた。土曜は、チョコケーキ、アイスクリーム、ピクルス、チーズ、サラミ、キャンディー、サクランボパイ、ソーセージ、カップケーキ、スイカを食べ、アオムシはお腹が痛くなった。日曜には緑の葉っぱを食べて、お腹の具合も良くなった。アオムシは大きく太った幼虫に成長し、蛹になって、きれいなチョウになった。大きな幼虫や蛹の絵はダイナミックで迫力があり、羽化したチョウには解放感が感じられる。

幼虫が食べた部分には円形の穴が空いている仕掛け絵本であり、曜日や数の認識も学べる学習本でもある。また、絵はコラージュ風で独特な味があり、エリック・カールの作品だと一目でわかる。お腹の空いたアオムシは、月曜から土曜までのフルーツや加工食品をたくさん食べたようだが、大きくなった感じはないので、これらは本来の食べ物ではないのだろう。緑の葉っぱを食べ始めて急速に大きくなり、後半のチョウの羽化につながった。

『セミくんいよいよこんやです』（図5） 工藤ノリコ作　教育画劇　2004年

長い地中生活を終えて地上へ出てくるミンミンゼミの幼虫の羽化と、それをお祝いする昆虫たちのパーティーが描かれた絵本である。

土の中で眠っているセミの幼虫に電話がかかってくる。「ええそうです、いよいよ今夜です」。電話の相手は力持ちのカブトムシである。カブトムシは巣の中のミツバチに、ミツバチはキャベツ畑のアオムシに、アオムシは草原のスズムシに、スズムシは水辺のホタルに、「準備しよう」と電話で次々と伝言した。ミツバチはハチミツと花粉ボールを集め、アオムシはキャベツの葉でサラダを作り、カブトムシは筋力トレーニング、スズムシは演奏の練習、ホタルは飛び方の打ち合わせを始める。

◆図5　『セミくん　いよいよこんやです』

日が沈んで午後7時になると、セミの幼虫は「いよいよだ」とベッドの上で体を起こした。土中から地上へ長いハシゴを上がり、地上から樹木の幹をよじ登って、枝の葉っぱの裏にしがみついた。セミの羽化が始まるのだ。月が天上に輝く頃、とうとうセミは翅が伸びきり飛び立った。

その頃、カブトムシはスズムシの楽団を乗せた舞台を引っ張って運び、ミツバチはハチミツを、アオムシはサラダを運んできた。「ようこそセミくん、地面の上へ、只今よりお祝いのショーをお楽しみください」と、ホタルの光による飛行ショーや、スズムシによる音楽演奏が流れる中、食事会が行われた。その翌日、昼間に元気に鳴くセミくんのシーンでこの絵本は終わる。

この絵本は、準備の整ったセミの幼虫が、新しい世界（地上）へ出て行くという、スタートを描いており、それは子供たちや大人たちの新しい出発と重ねることができるだろう。

『神様のないた日』（図6）　はしもとみお作　タリーズコーヒージャパン　2008年

大きな樹木からぶら下がるミノムシとネコの交流を描く絵本である。絵本ではミノムシは神様と呼ばれ、ネコは神様の様子を見ながら大切なことを学んでいく。絵本は、見開き1頁の左側に、大きな樹木とその枝からぶら下がるミノムシ、根元にミノムシを見上げる白黒の毛のネコ、右側に空と文章という構図で描かれている。見開きが1つのエピソードに当たる。

ある日、神様は夜の満天の星を見ていた。ネコも夜更かしをして夜空を眺め、星がまたたくこと、ゆっくりと動いていること、流れ星も一緒に見つめた。ネコは、星は夜空に住む生き物であること、僕らだって空の上からみたら美しくまたたく命のかたまりであることを知る。

秋になると神様はその日あった思い出で家を作った。紙飛行機がぶつかった日は、けがをしたけど、次の日には紙飛行機が家になった。友達のトリが死んでしまった日には、その羽の家の中で泣いた。ネコは様々な家を見ながら、楽しい、嬉しい、せつない、悔しい、悲しいという思い出の家の中で、神様は今日も笑って生きていくことを知った。

秋が終わる頃、神様は出てこなくなり、ネコはひたすら春を待った。春になると、神様はきれいな翅をつけて空に飛んでいった。ネコは初めて1人が寂しいことを知った。春の終わり、小さな神様がまた枝にぶら下がっていた。ネコは嬉しすぎて涙が出た。

それから10年経って、毎年神様はぶら下がり、たくさんの思い出で家を作って春には飛んでいった。ネコは歳をとり、神様がずっとそばにいたから、とても幸せだったことを知った。そして、神様は死んだネコの白黒の毛で家を作り、その中で涙をこぼした。

ミノムシは昆虫としてリアルではなく、とてもシンプルなデザインで描かれている。これは神様という抽象的なイメージを込めた表現なのかも知れない。一方、ネコには動きや表情があり私たちの感情移入の対象になっている。実際に著者はネコに感情移入しながらこの物語を

◆図6 『神様のないた日』

体験し、毎日を大切に生きていく幸せを神様から学んだ。

◆図７　『モグラくんとセミのこくん』

『モグラくんとセミのこくん』（図7）ふくざわゆみこ作　福音館書店　２０１１年

土の中で一緒に暮らすモグラとセミの幼虫の楽しい四季の暮らしと、セミの羽化を描いた絵本である。土の中の家に住んでいるモグラくんは、土を掘って散歩していると、セミの子くんに出会う。モグラくんの家で、カボチャの饅頭とタンポポのお茶を食べたセミの子くんは、2人一緒に暮らすことにした。

冬が来て2人は枯れ葉の布団で寝たり、春にはタンポポの根っこの影で遊んだり、夏は土の中は涼しく快適で、秋にはサツマイモがどっさりとれる。絵本には地上と地中の四季の様子が美しく描かれている。

そんなある日、セミの子くんは脱皮して少し大きくなった。「来年もう一度殻を脱ぐとセミになるんだ」とセミの子くんは言う。翌年の夏、セミの子くんは、部屋の中が狭い、暗い、息が苦しいと言い動かなくなってしまう。「大変だ、セミの子くんはもう土の中にいられないんだ」モグラくんは急いでセミの子くんを土の上へ連れて行く。セミの子くんはセミになり、朝には元気に鳴き出した。それからモグラくんは家に戻り、ゆっくりタンポポのお茶を飲みながら、土中でも聞こえるセミの元気な声を聞いていた。

モグラくんとセミの子くんの穏やかな生活が感じられ、ほのぼのとする絵本である。最後はセミの子くんは成虫になって、2人は別れることになるが、湿っぽくは描かれていない。実際にモグラがセミの幼虫の出会うと、食べてしまうのではないかと心配になった。

ボードブック『だんまりこおろぎ』（図8） エリック・カール作　くどうなおこ訳　偕成社　1997年

コオロギの幼虫が様々な昆虫たちと出会い、挨拶をしたくて翅をこすり合わるが、なかなか音を出せない様子を描きながら、コオロギが成虫に発育する姿を描いた絵本である。最後の場面では、絵本に内蔵されたセンサが反応して、コオロギの鳴き声が出る仕掛け絵本になっている。

◆図8　『だんまりこおろぎ』

暖かいある朝、卵からコオロギが孵化するところから始まる。孵化した幼虫は様々な昆虫たち、コオロギ、カマキリ、イモムシ、アワフキムシ、セミ、ミツバチに次々と出会う。挨拶のため声を出したくて翅をこすり合わせるが、残念ながら声は出ない。夕方になり、トンボ、夜になってカ（蚊）、オオミズアオ（蛾）と出会うがやっぱり声が出ない。ここまで、朝から夜までの時間経過に伴ってコオロギの大きさは徐々に大きくなっており、成長していることがわかる。また、夕方に出会ったトンボの場面までは「コオロギぼうや」と書かれているが、夜になってカ（蚊）に出会うときは、すでに「コオロギ」と表記が変わっている。

オオミズアオの後、雌のコオロギに出会う。この時のコオロギは既に大人に成長しており、翅をこすり合わせて、初めて美しい声で鳴くことができた（実際にはこの頁を開くと鳴き声が流れる）。コオロギは不完全変態（蛹はない）なので、成虫になったかは翅が十分に発達したかどうかが目安になる。声が出た場面では、翅の長さも大きいことが確認できる。この絵本は、コオロギが鳴かないことが目立ってしまうが、実はコオロギ幼虫の成長物語である。

4　昆虫の飛翔を描いた絵本

昆虫の大きな特徴として飛翔という行動がある。空中を自由に飛び回れる動物は昆虫以外には、鳥類やコウモリくらいである。身の周りで何か小さなものが飛んでいるとしたら、小さなハエやハチを思い浮かべるだろう。昆虫と飛翔はセットとしてイメージされていると思われ、絵本の中で飛翔する昆虫はよく描かれ、印象深い場面であることが多い。自力では空を飛べない人間にとって、飛翔にはあこがれがあるのだろう。また『動物絵本をめぐる冒険』（勁草書房）の中で、著者の佐野氏は、「飛び跳ねることは、普段歩いている人間にとっては意外な運動であり、子供にとっては重力から解放された喜びを感じさせる経験であることから、カンガルーやカエルやバッタも含めて、跳ねる動物たちは子供にとって魅力的であるという。昆虫の飛翔という行動も、子供たちにとって同じく魅力的と思われる。

ここで紹介する7冊では、カブトムシ、バッタ、カ、チョウ、ホタルが取り上げられており、飛翔する昆虫が特定の昆虫に偏ることはなかった。

『カブトくん』（図9）タダサトシ作　こぐま社　1999年

カブトムシは昆虫の中では非常に人気があり、図鑑、採集、飼育方法を紹介した絵本が多いという印象がある。創作絵本としてカブトムシが描かれたものは意外に少ない。『カブトくん』は、「カブトムシと友達になれたら、一緒に何をしたいか」という質問の答えがたくさん詰まった創作絵本である。

物語は、昆虫が大好きな少年こんちゃんと、大きなカブトムシの交流を描いた内容である。ある日、こんちゃんは森で大きなカブトムシの幼虫を見つけて育てることにする。こんな大きな幼虫なんてありえないと思うと、この絵本を楽しむことは残念ながらできない。「大きな幼虫」を認めることで、大人もファンタジーの世界へ入っていけるのだ。

カブトくんはこんちゃんと同じくらいの大きさである。これは両者の立場がほぼ対等であることを示している。その証拠に、2人は一緒にスイカを食べたり、遊んだり、お風呂に入ったりする。そんなある日、カブトくんは元気がなくなり、森に帰りたいと言う。しばらく考えたこんちゃんは、カブトくんを生まれた森に返そうと決心する。三日月の夜、カブトくんはこんちゃんを背中に乗せて飛び上がり森へ向かう。このシーンは両者の別れを予感させ寂しい感じがするが、印象的な飛翔シーンである。こん

◆図9『カブトくん』

ちゃんはカブトくんにずっと一緒にいて欲しかったが、本来の生活場所である森に戻るのが一番と判断したのである。そして2人は森に来ればまた一緒に遊べると約束する。最後、こんちゃんを家に送り届けたカブトくんは再び森へ帰って行く。子供達は擬人化されたカブトくんに親しみと寂しさを感じると共に、生きる世界が違う他者の存在を学ぶことができる。

◆図10　『かかかかか』

『かかかかか』（図10）五味太郎作　偕成社　1991年

一匹のカ（蚊）が「カ」から始まる名前の動物を次々と刺していく言葉遊びの絵本である。例えば、カエル、カメレオン、カバ、カンガルー、カマキリ、カメなどである。絵はシンプルであるがよく特徴を捉え、ふわふわと飛んでいくカのユーモラスでのんびりした雰囲気が伝わってくる。出会った動物がカにからだのどの部位を刺されるか予想しながら読むと楽しい。絵本の後半で、カがカメの甲羅を刺して、口がぐにゃと曲がってしまうところは笑いを誘う。昆虫の飛翔をストレートに表現した内容だが、その特徴を見事に示した絵本である。

一般的に、カは人間の血を吸い、病気まで媒介するやっかいな昆虫のイメージが強いと思われる。しかし、この絵本のカは癒やし系で、大人も和ませてくれる。

『とべバッタ』（図11）田島征三作　偕成社　1988年

一匹のバッタが自分の力を発見するまでを描いた絵本である。小さな茂みの中に住むバッタは、毎日びくびくしながら暮らしていた。なぜなら、茂みにはバッタの天敵であるカマキリ、クモ、カエル、トカゲ、ヘビ、トリが潜んでおり、バッタをいつも狙っていたからである。ある日、バッタは怯えて生活するのがつくづく嫌になり、大きな石の上で悠々と日向ぼっこを始めた。案の定、ヘビとカマキリに襲われたバッタは、死にものぐるいで跳んで逃げる。勢いのついたバッタは、ヘビをかわし、体当たりでカマキリやクモをばらばらにし、空を飛ぶトリにも弾丸のように命中し、雲を破って昇りつめるが、ついに真っ逆さまに地上へ落ちていく。その途中、バッタはまだ一度も使ったことのなかった背中の翅に気がついた。地上の池にはカエルとサカナがバッタを待ち構えていたので、バッタは夢中で翅をばたつかせる。すると、からだが軽くなり浮き上がって間一髪で助かることができた。自力で飛ぶ力に気がついたバッタは、嬉しくてさらにさらに遠くに飛んでいく。

この絵本の特徴は、ダイナミックな絵とスピード感のある話の展開であろう。バッタが天敵を蹴散らす様子は勢いがあり爽快感が味わえる。絵本のバッタのように覚悟を決め取り組めば、多くのことは解決する気がする。

◆図11　『とべバッタ』

◆図12 『クレリア』

『クレリア』（**図12**）マイケル・グレイニエツ絵と文　ほそのあやこ訳　セーラー出版　1999年

クレリアはイモムシのような形をしているが、正体不明の不思議な生物である。絵本ではクレリアと昆虫たちの枝上での出来事が描かれている。ある日、クレリアが大きな木の枝の上に体を伸ばして眠ろうとしたとき、クモがやってきて休ませて欲しいと頼まれる。クレリアは少し縮んで場所を空けてまた目を閉じるが、バッタ、テントウムシ、チョウ、コガネムシが次々と枝に飛んでくる。そのたびにクレリアは縮んで場所を提供し、縮みすぎていつの間にか姿が消えてしまう。目を覚ました昆虫たちは、クレリアを探し回るがどこにも見つからない。場所を譲ってくれた御礼が言いたいと、昆虫たちは「たずねムシ」のポスターを作り貼り出す。結局、クレリアは行方不明のままで、読者にクレリアを探して欲しいと投げかけて物語は終わる。

クレリアがいる枝に、昆虫たちが次々と飛んで集まってくる様子は面白い。優しいクレリアは皆に場所を譲り、ついに消えてしまったのだ。人間から見ると、気がつかないうちに現れ、消えてしまう神出鬼没な行動は昆虫の特徴であろう。

『かぶとむしランドセル』（**図13**）ふくべあきひろ作　おおのこうへい絵　ＰＨＰ研究所　２０１３年

ランドセルの形をしたカブトムシと新一年生との交流を描いた絵本である。新一年生のみっちゃんに、おじいさんから変わったランドセルが届いた。それは、黒のランドセルに角と脚が付いてまるでカブトムシのようだ。ランドセルは、「わしとおまえで、学校の人気者のなるだに」と、みっちゃんに話しかける。

かぶとむしランドセルは、学校では算数の時間にうんこしたり、給食のゼリーを勝手に食べたり、木に登って降りてこなかったり、と困った事ばかり引き起こす。また、クラス担任のクワガタ先生とけんかする場面は、カブトムシ対クワガタムシの対決を連想させる。さすがのみっちゃんも我慢できず、学校の裏山にかぶとむしランドセルを捨ててしまう。

その帰り道、みっちゃんはむしゃくしゃして、空き缶を蹴飛ばすと、大きな犬に当たり、追っかけられる。噛みつかれる寸前にかぶとむしランドセルは飛んできて、みっちゃんを背中からつかんで、空中に舞い上がり見事に犬から助けた。2人は空の上で本当の友達になれたのだ。この飛翔シーンは物語のクライマックスであり、上空から校庭や友達が見え、解放感を味わえる。次の日から、みっちゃんとかぶとむしランドセルは大人気である。クラスの皆は一度でいいから、空を飛びたいのだ。

ランドセルの形と輝きに、カブトムシの角と脚を付けるという組み合わせは、なかなか説得力がある。子供たちも、あるあるという感じで納得だろう。かぶとむしランドセルを背負って空を飛べるという展開も面白い。

◆図13『かぶとむしランドセル』

◆図14 『こぞうのズズ そらのさんぽ』

『こぞうのズズ そらのさんぽ』（図14） 垣内磯子作 accototo絵 教育画劇 ２０１４年

水に映った雲を飲み込んで飛べるようになった小ゾウを巡る周囲の大騒ぎを描いた絵本である。ふわふわと飛べるようになった小ゾウのズズは、アゲハチョウに出会い、飛びながら遊んだあとに、チョウを背中に乗せたまま、街の方に飛んでいく。それを見た街の人達は「ゾウが飛んでいる」と驚き大騒ぎになる。その時、難しい研究をしていた博士は、ゾウの飛ぶ姿を見て、「あれこそ長い間探していたゾウチョだ」と、特大な虫取り網を持って、弟子と共に追いかけていく。絵本には、背中に大きなアゲハチョウの翅が付いたゾウが描かれた頁があり、この姿は博士にだけ見える「ゾウチョ」の妄想と思われる。実際には小ゾウの背中に小さなアゲハチョウがとまっているだけである。

博士たちが駆けつけ、虫取り網を振り回すとズズの鼻に網が引っかかり、大きなクシャミと共に白いふわふわとした雲が空に上っていく。ズズはもう飛べなくなり、博士たちは「ただのゾウか」とがっかりして帰っていった。「飛べないゾウはただのゾウだって……」とズズが落ち込んでいると、アゲハチョウは「だって、あなたはゾウだもの、飛べなくたってちっともかまわない。大きくて力持ちで長い鼻もとてもすてき」と言う。ズズは元気になり、子供たちと楽しく遊んだ。

アゲハチョウの翅とゾウの組み合わせは、とても奇妙だが、子供たちに人気の動物の合体なのだろうか。

それにしても、「ゾウチョ」を研究している博士はとてもユニークである。

『おばけのどろんどろん と ぴかぴかおばけ』（図15） わかやまけん作　ポプラ社　1981年

気の弱いお化けのどろんどろんとホタルとの一夜の出会いと、ホタルを食べようと現れたコウモリとのかけひきを描いた絵本である。

涼しい夏の夜、おばけのどろんどろんは小川のほとりを散歩していると、光るものが目の前を飛んで、どんどん増えて集まりお化けみたいな形になった（ぴかぴかおばけと呼ぶ）。どろんどろんは怖くて震えて泣き出してしまうが、光るものの正体がホタルとわかり安心する。どろんどろんとホタルは飛びながら遊んでいると、ホタルが光るのを止めてしまう。コウモリがホタルを食べにやってきたからだ。そこで、どろんどろんは、樹木のうろの中にホタルを隠し、コウモリから守ることができた。しばらくして、多数のコウモリがやってくると、どろんどろんは、今度はホタルたちをお腹の中に飲み込んで守ることを思いつく。コウモリたちに囲まれたとき、お腹の中のホタルはそろって光り出したことで、コウモリたちは驚き、大慌てで逃げ出した。この場面は、ホタルの危機を救ったお化けの活躍を示す最も印象的な部分である。

◆図15 『おばけのどろんどろん と ぴかぴかおばけ』

どろんどろんはホタルと遊びたかったが、「光っていられるのは少しの時間だけ」と言われてお別れする。お化けのどろんどろんは、またホタルと一緒にぴかぴかおばけになりたいと思う。

この絵本の特徴は、お化けも、ホタルも、コウモリも、常に飛んでいることである。そして光ることである。ホタルを十分に生かした昆虫絵本であろう。どろんどろんはお化けなのに、とても気が弱く怖がりという設定も微笑ましい。絵本では、コウモリがホタルのニオイを手がかりに探す場面があるが、実際にはコウモリは超音波を使って、夜間に飛翔する昆虫を感知して捕らえている。

5 昆虫世界を体験する絵本

昆虫絵本には、昆虫の世界を描いたものがある。読者は、擬人化された昆虫や昆虫世界の中に登場する人間（主に子供たち）に感情移入し、その物語を一緒に体験することができる。物語は、昆虫世界でなければ体験できないことや、人間の物語と重ね合わせて体験できるものがある。

ここで紹介する8冊では、イモムシ、テントウムシ、アリ、ハエ、バッタ等の多様な昆虫類が登場した。

『いもむしれっしゃ』（図16）にしはらみのり作　ＰＨＰ研究所　２００７年
イモムシ列車が虫や小動物たちの世界を回る絵本である。イモムシの列車（5両編成）は虫たちを乗せて「虫が丘駅」を出発。次の「原っぱ団地駅」は、ブロックで作られた虫のアパートがあり、「農園前駅」にはトマト畑が広がっている。列車はトンネルに入り、「土っこ横町」という地下の駅に着く、ここにはモグラの街がある。地上に出ると、路線は木の幹を登り、上に着くと枝から枝へくねくねと進む。そこで突然、大きなクモに襲われる。しかし、カミキリレンジャーたちが飛んできて、クモは退治され地上へ落ちていった（子供達に人気のスーパー戦隊を意識しているのか）。終点は「りんごの木駅」。イモムシ列車自身もリンゴを食べてひと休みする。夕方になって、イモムシ列車は車庫に戻り、ダンゴムシたちに洗ってもらった。夜になりイモムシ列車は眠りについた。

この絵本は、虫の街を観光しているような気分になれる。とにかく、たくさんの種類の昆虫と小動物が描かれ、忙しく生活している様子は見ていて飽きさせない。線路が地上だけでなく、地下や樹上まで伸びていて場面の変化が楽しい。読者が昆虫世界に入っていける展開になっている。昆虫はかわいく描かれ、色彩も豊かで、子供たちに人気がある絵本だと思う。

◆図16 『いもむしれっしゃ』

『おちばいちば』（図17） 西原みのり作　ブロンズ新社　２０１１年

季節は秋、さっちゃんは幼稚園でどんぐりを材料に作ったウマを、家の縁側に置いて眺めていると、ウマはテントウムシを乗せて歩き出した。さっちゃんはウマを追いかけて行くと、突然強い風が吹いて落ち葉が舞い上がり、前が見えなくなった。小さくなったさっちゃんは、テントウムシの後ろに乗って空に飛び上がった。すると目の前には広場が見えてきて、それは小さな虫や小動物たちが落ち葉で作った様々な商

◆図17 『おちばいちば』

品を売る「落ち葉市場」であった。さっちゃんはテントウムシと一緒にお店を訪れる。先ずは、食堂の「ごちそうや」では、どんぐりコーヒー、もみじの天ぷら、木の実だんごが美味しそうだ。隣は雑貨屋で、さっちゃんは店主のモグラから「落ち葉のおたま」を買った。次はガ（蛾）のブティックで、落ち葉のスカートを買う。ここではシャクトリムシが落ち葉をかじってレースを作り、クモが洋服に仕立てている。

もっと面白い所があると言ってテントウムシが案内したのは、落ち葉の魚市場だった。落ち葉で作った様々な魚がたくさん並べられていた。その上にキツネの大きな足が急にどーんと現れ、「落ち葉の魚」を買いに来たのだ。キツネは落ち葉の魚を頭に乗せると、大きな黄色い落ち葉に変身した。そしてはためくと強い風が起こり、さっちゃんとテントウムシは飛ばされ、風の波に乗って、空の海を泳いで、ママが干していたシーツに飛び込み帰ってきた。

絵本の読者はさっちゃんに感情移入し、テントウムシと一緒に買い物を楽しむことができる。絵の色彩も柔らかい茶色や黄色で構成され優しい気持ちになれるだろう。

『でんせつのきょだいあんまんをはこべ』（図18） サトシン作　よしながこうたく絵　講談社　２０１１年

アリたちが巨大なあんまんを巣まで運ぶ過程を、熱く描いた絵本である。ある日、空から突然あんまんが落ちてきた。その日の晩、アリたちは女王を囲んで話し合いがもたれ、巨大あんまんを巣に運ぶためのプロジェクトチームが結成された。そこでリーダーに選ばれたのが、数々の獲物を巣穴に運ぶ指揮を執ったアリヤマ・アリロウであった。アリたちの隊列は山を越え、谷を越え、巨大あんまんへの道なき道を進み、ついにあんまんの麓に到着した。このあんまんを運ぶ方法について、アリの巣一番の知恵者のアリレオ・アリレイから提案があった。巨大ピラミッド建築のために、人間が巨大な石を運んだように、たくさんの丸太を敷き詰め、その上にあんまんを置き、多数のアリが引っ張って運ぶことになった。途中、草や岩に行く手を阻まれたり、ロープがきれたり、丸太が砕けたり、敵に襲われたりしたが、アリたちは時間を費やして巨大あんまんを巣穴まで運んできた。女王の前で巨大あんまんのカットのセレモニーが盛大に行われ、アリヤマ・アリロウやアリレオ・アリレイをはじめ多くのアリたちが固唾をのんで見守った。ぱかっ、えーっ、肉まん!? あんまんじゃなかったのか……。アリたちは「それでもアリか」と思うことにし、みんなで肉まんを頬張ったのだった。

◆図18『でんせつのきょだいあんまんをはこべ』

絵本で描かれたアリたちは、いずれも筋肉隆々の男アリたちで、とにかく熱く、気合い十分な表情である。劇画タッチの迫力ある絵がこれでもかと続く。読んでいると思わず力が入るほどだ。こんなに苦労して運んだのに、あんまんじゃなかった！というオチも笑わせる。アリの行列を描いた絵本は他にもあるが、これほど餌を運ぶことを熱く描いたものはないだろう。読者はアリたちと共に巨大あんまんを運ぶ体験が

◆図19 『ハエくん』

できるのだ。

最後に、餌を運ぶ働きアリは全てが雌であることの説明があり、「別の世界のアリの話」として、全て雄の設定で作られた絵本と解説されている。

『ハエくん』（図19）グスティ作　木坂涼訳　フレーベル館　2007年

待ちに待った日がやってきて、ハエくんは元気よく泳ぎに出かける。泳ぐ前に脚を1本、2本、3本、そして全部使って、水の温度を確かめた。用意のできたハエくんは早速飛び込んだ。高い声で歌い、背泳ぎをして、どんちゃか浮かれ踊った。ところが、急に暗くなったので、ハエくんは静かに様子をうかがう。すると大きな何かが上から落ちてきたのだ。そのよくわからないものが、どっぽーんと墜落したと思ったら、大きな津波が襲ってきた。ハエくんはあっという間に渦の中に飲み込まれた。しかし、ハエくんはちぎれたビーチマットにつかまり、それに風に受けて、渦の中から脱出した。そのあと、元気な声が「ママー、出たよー」と聞こえてきた。ハエくんは、ただ泳ぐのを楽しみたかっただけなのに、と怒って行ってしまう。ハエくんにとっては迷惑な話である。

絵本は、水洗トイレの水の中で泳いでいたハエに、子供がうんちをする様子を、ハエの視点で描いたものだ。メキシコの絵本を翻訳したもので、ハエのキャラクターには愛嬌があり、ユーモアたっぷりで楽しい。

ハエが主人公の絵本は珍しく、トイレを舞台にする話にも意外性があった。子供にとっては、トイレのしつけ絵本になるのかもしれない。同じ場所でも、人間の都合とハエの都合は全く違う、異なった視点を感じる絵本でもある。

『サラダとまほうのおみせ』（図20） カズコ・G・ストーン作　福音館書店　1997年

大きな柳の木の下にやなぎ村という小さな村があり、バッタ、カタツムリ、クモ、アリ家族が住んでいた。ある日、イモムシが引っ越してきて、「サラダと魔法のお店」を開く。葉っぱのサラダはとてもおいしかったので、みんな毎日食べにいった。アリの男の子が魔法はどこにあるのとイモムシに聞くと、もうすぐわかるよと言うだけだった。しばらくたった朝、みんながお店に行くと「お休み」の看板が下がっていた。それから何日も閉まったままだったので、心配になり様子を見に行くことになった。すると、イモムシの姿はなく、天井からチョウの蛹がぶら下がっていて、チョウが飛び出した。魔法の正体はチョウの羽化だったのだ。これから、お花畑に行き、「ジュース屋」を開きますと言って、チョウは飛んで行った。一週間してトンボが手紙を届けてくれた。それはチョウから「たちあおい村」で開かれる結婚式パーティーの招待状と地図だった。

◆図20 『サラダとまほうのおみせ』

地図には、やなぎ村を出て、クローバー野原、コデマリトンネル、木の根トンネル、川を橋で渡って「たちあおい村」に到着する道順が書いてあった。クローバー野原では四つ葉のクローバーを探し、最後の橋は壊れていたが、みんなと協力して橋を作り、ついに到着した。パーティーでは、ごちそうを食べ、プレゼントを渡し、草むらで遊んでいたが、夕方になり帰る時間になった。帰り道に、橋を渡るときに地図を落としてしまい、帰る道順が分からなくなる。しかし、カタツムリは歩いてくるときにキラキラした跡を残してきたので、月の光によってやなぎ村までの道がわかり、帰ることができた。次の日、新しいお店ができて、今度引っ越してきたのはケムシだった。

イモムシは、葉っぱを使った「サラダ屋」、チョウになると、職業を変えて「ジュース屋」を開店する点は、昆虫の変態に伴う食性にリンクしていると思われる。

『ほたるホテル』（図21）カズコ・G・ストーン作　福音館書店　1998年

大きな柳の木の下にある小さな「やなぎ村」の物語で、バッタ、カタツムリ、クモ、アリ家族が住んでいた。夏になると柳の枝が地面に届くほど長く伸びて、やなぎ村は大きな柳の木の中にすっぽりと包まれた。ある朝、ほたる池のホタルから「そろそろ今年も「ほたるホテル」を開く季節ですね。今晩から始めたいと思います。準備はいいですか。」と電話があった。やなぎ村のみんなは、草を利用したベッド作りに取りかかり、看板を下げてホテルの準備が整った。早速、クサカゲロウ、カミキリムシ、トンボ、テントウムシ、コオロギ、ガ、カブトムシ、コガネムシが泊まりにきた。夕方になると、大きなカマキリもやってきた。やがて夜になると、いつのまにかホタルが柳の枝に止まり、ホテルに明かりがともった。

そのとき大きなカエルがやってくる。ここは虫のホテルなので、ベッドがありませんと対応すると、泊まれなければ大暴れするぞと柳に飛びつき、看板をぐらぐら揺らした。困っていると、カマキリがいい考えがあると言う。カマキリは大きな葉にカマを使って、口と目を切り抜き、お面を作った。この葉を入り口まで運び、持ち上げて、葉の表面に止まったホタルが光ると、大きな顔が浮かび上がった。カエルは驚き一目散に逃げて行った。

季節限定の「ほたるホテル」は、ホタルの成虫が現れる短い期間しか営業しないと思われる。昆虫絵本ならではの展開である。

◆図22『きりぎりすくん』　◆図21『ほたるホテル』

『きりぎりすくん』（図22） アーノルド・ローベル作　三木卓訳　文化出版局　1979年

この本は6つの話からなり、62頁あるので絵本とは言えないかも知れない。しかし、ほとんどの頁に大きな挿絵があり、この絵がとても魅力的なので絵本として紹介したい。

キリギリスは旅に出たいと思い、ある朝、道を見つける。この道で行くよと、歩き出した。すると「朝が一番」というおはよう組と呼ばれる虫たちの集まりに出会う。キリギリスは昼も夜も好きだと言うと、「そんなやつは、おはよう組に入れるわけにはいかない」と追い出された。

道を歩いて行くと、険しい登り坂の上に大きなリンゴが落ちていた。キリギリスはお昼にしようとリンゴをかじった。家を食べるなんてひどい、とリンゴに住んでいるアオムシが顔を出した。そのときリンゴは丘の向こう側に転げ落ち始めた。キリギリスはリンゴを追っかけるが間に合わず、1本の木にぶつかったリンゴは砕けてしまった。アオムシはその木に登って新しい家を見つける、丁度いい機会だったと言う。木にはたくさんのリンゴが実っていた。

道をさらに歩いて行くと、道をきれいに掃除するイエバエに出会った。キリギリスはその働きぶりを見て、少し休んだらと提案するが、イエバエは「こうしていると、とても楽しいんだ、世界がきれいになるまで働き続ける」と言う。

キリギリスは水たまりにぶつかり、それを飛び越えて行こうとすると、1匹のカ（蚊）がボートに乗っていた。カは、この渡し船で湖を渡りなさい、と言う。キリギリスは大きくて乗りたくても乗れないので、カの乗ったボートをそっと持ち上げ、一緒に水たまりを渡っていった。「いい旅だった」とカは言った。

夕方近く、キリギリスはキノコに腰掛けてひと休みしていると、3匹のチョウが舞い降りて、そのキノコに止まりたいと言った。話をすると、毎日同じことをして、必ずこのキノコに止まるからだと言う。チョウは、キリギリスに毎日ここで話をすることにしましょうと提案するが、キリギリスは旅を続けるために歩き出した。

道を歩いていると2匹のトンボが現れた。この高さだと我々はたくさんのものを見ることができる。君にはその道しか見えないと、トンボは言う。キリギリスはこの道が好きだ、それに、道ばたの花も見ることができると答えた。トンボは、我々には花を見る暇はないと、ひとこと言って行ってしまう。しばらくすると辺りは暗くなり、月が昇るのが見え、星が出てきた。キリギリスは幸せだと思いながらゆっくり道を歩いて行った。

キリギリスは旅をする間に様々な虫たちに出会う。それぞれの虫は、みんなキリギリスとは異なった考えを持っている。その考えを認めながらも、キリギリス自身も道を歩いて行くというやり方を変えないで、自分のペースで歩いて行くのだ。キリギリスの旅を一緒に体験することで、別の考え方がたくさんあり、自分の考え方を持つことの意味を知ることができる。

◆図23 『なずずこのっぺ？』

『なずずこのっぺ？』（図23）カーソン・エリス作　アーサー・ビナード訳　フレーベル館　2017年

この絵本の見開き左半分は丸太が描かれ、その枝でケムシが蛹になる。右半分は、植物が土から芽生え、大きくなって花を咲かせる様子が描かれている。この植物の芽を見てクサカゲロウのような昆虫2匹が「なずずこのっぺ？」「わっぱどがららん」と言う。これは昆虫語らしい。登場する昆虫たちが話す昆虫語の意味を想像しながら読むのが、この絵本の楽しみ方である。正体不明の植物に興味を持った甲虫3匹は、丸太の中に住んでいるダンゴムシに声をかけて、ハシゴを出してもらった。伸びていく植物にハシゴをかけて、小屋と遊び場を植物の上に作って、3匹は楽しんでいた。そこへ大きなクモが現れ、植物全体にクモの巣を張ってしまう。昆虫たちは、怒ったり、がっかりしたりしていると、突然、鳥が空から舞い降り、クモを食べてしまった。

昆虫たちは再び植物の上の小屋や遊び場をきれいに戻した。しばらくすると植物に大きな赤い花が咲き、たくさん昆虫たちが花を見にやってきた。花が枯れると植物は倒れ気味になり、小屋も壊れてしまった。すっかり植物は枯れ、落ち葉が舞う夜に、丸太についていた蛹からガ（蛾）が羽化し、飛び立った。この夜の場面は美しい。冬が訪れ、雪が溶けた頃、また新しい芽が出てきた。それを見た見慣れない昆虫が「なずずこのっぺ？」という。再びケムシも現れた。

この絵本の昆虫たちの言葉は昆虫語で、「なずずこのっぺ？」は「何これ？」、「わっぱどからん」は「さっぱりわからん」を意味するらしい。各昆虫は、特徴を捉えてポップな感じに描かれており、魅力的である。新しい芽が出て、新しいケムシが再び現れる。昆虫の世界はこの繰り返しだ。

6　非日常を作り出す昆虫絵本

四季の変化に伴い昆虫の種類は変わっていくが、真冬を除き昆虫は身近な存在である。私たちにとって昆虫は日常の世界の住人なのだ（昆虫は日常の象徴である）。だから、日常の中に、非日常的な昆虫が現れると、何となく落ち着きがなく、不安定な世界が急に現れたような気分になる。以下に紹介する絵本で描かれた、蚊を退治するために幽霊が活躍する世界、モンシロチョウの成虫がキャベツを食べるために人間に変身する世界、宇宙人と昆虫の交流を描いた世界、蚊取り線香で、魔女や幽霊が落ちてくる世界は、不思議な非日常である。これらの昆虫絵本の魅力は、昆虫とその周辺の出来事が変化した非日常の世界にありそうだ。

ここで紹介する5冊では、カ、アオムシ、テントウムシ、アリ、コガネムシ、ガ等が登場した。

『ゆうれいとすいか』（図24） くろだかおる作　せなけいこ絵　ひかりのくに　1997年

この絵本は、幽霊とスイカとカ（蚊）が登場するので、夏の絵本と思われる。舞台は江戸時代あたりで、主人公は長屋に住んでいそうな兄ちゃんである。暑くてたまらない兄ちゃんは、スイカを夜食べようと、井戸の水で冷やしていた。そこにお腹を空かした女性の幽霊が現れ、無断で食べてしまう。幽霊は兄ちゃんにさんざん怒られ、弁償の代わりに何でも言うことを聞けと、うちに連れてこられるのだ。「まず、最初にこの蚊を退治してくれ、この辺は蚊が多くて夜もおちおち寝られねえんだ。」と言う兄ちゃんに、幽霊は「わかりました。ではところてんを作る道具をお出しください。」と答える。

◆図24 『ゆうれいとすいか』

ところてんを細長く麺のように押し出す箱（ところてん突き）の中に入った幽霊は、きゅーと押し出された結果13人に増え、手分けして飛んでいる蚊をパチンパチンと叩き退治したのだ。この予想外の蚊の防除法に著者は衝撃を受けた。孫悟空が自らの毛をむしってフウと吹くと、たくさんの小さな孫悟空に分身する術は知っていたが、幽霊がこの分身の術を使うとは……。殺虫剤を使わない環境と人間にやさしい優れた方法である。そして、これは見物しても結構楽しそうだ。

「やあご苦労さん。それにしても、やっぱりスイカが欲しいなあ」という2番目の要求に、幽霊はお化け組合で生産した真っ青なスイカを持ってくる。このスイカは食べるとなぜかとても寒くなる。兄ちゃんは、「暑さふっとぶ青スイカ」を売る店を始める場面で、この絵本は終わる。著者は、すっかりこの絵本にはまってしまい、幽霊を使ったカの退治をやってみたい、青いスイカを是非味わってみたいと思った。

もし、「幽霊、スイカ、カ」を使って絵本の物語を考えてくださいと言われたら、こんな物語が浮かんでくるだろうか？　作者の発想には脱帽である。スイカで始まり、スイカで終わるのも見事だ。夏をイメージさせるところてん突きと、蚊退治の出来事も意外性があって良かった。また、舞台が現代でないところが絶妙で、人間と幽霊が対等に話して違和感のない不思議な世界が成立している。その世界が切り絵で描かれていることも、この絵本の見逃せない魅力である。


『キャベツがたべたいのです』（図25）シゲタサヤカ作　教育画劇　２０１１年

この絵本の主人公はモンシロチョウだと思う。花の蜜を吸っているモンシロチョウを見ながら、花の蜜なんてただ甘いばかりでうまいはずがないと思う5匹の成虫がいた。彼らは、幼虫時代に毎日食べていた「しゃっきりとさわやかで、甘くてみずみずしいキャベツ」が食べたいのだ。そして、キャベツの臭いを頼りに、ついに八百屋にたどり着いた。しかし、成虫の口ではキャベツをかじれない。成虫の嘆きを聞いた八百屋のおじさんは、店のキャベツを絞ってジュースを作ってくれた。ジュースになれば成虫の口でも吸うことができる。しかし、味はキャベツでも、全然しゃっきりしていない。キャベツはやっぱりかじらなくっちゃ。「今度こそまかしとけ！」八百屋のおじさんは、店に並んだ野菜や果物をまとめて絞って特製ジュースを作った。

そのジュースを飲んだ5匹の成虫は、ボワン！と、たちまち同じ顔の5人の八百屋のおじさんになった。蝶から人間に変身した大きな飛躍に、著者は衝撃を受けた。そう、キャベツをかじるために人間になるという展開に対してである。そしてこの展開が、内容を急に不思議な世界へ引っ張っていく。

念願のキャベツを食べた成虫たちは、せっかく八百屋のおじさんになったので、キャベツのお礼にこの店で働くことにした。その様子を陰から見ていた他の成虫たちも、キャベツが食べたいのだ。「おう！　まかしとけ！」八百屋のおじさんは特製ジュースを振る舞った。すると同じ顔をした八百屋のおじさんはさらに増えた。彼らはよく働いたのでお店は大繁盛、もう今ではどれが最初のおじさんかわからなくなって絵本は終わる。

◆図25　『キャベツがたべたいのです』

最後の場面に、著者は得体の知れない怖さを少し感じた。5匹のモンシロチョウが創始者となって、人間の世界へ侵入し、今では溶け込んで、本当の人間がわからなくなっているのだ。SF的な雰囲気もする。

この絵本の絵は、漫画風で色彩はカラフルであり、太く黒い輪郭はインパクトを与えている。それは力強くもあり、ユーモラスでもある。最後の場面、多数の八百屋のおじさんが働いているが、どれが最初のおじさんであるか、よく観察するとわかるようになっている。

『ミスターワッフル！』（**図26**）ディヴィット・ウィーズナー作　BL出版　２０１４年

この絵本の最大の特徴はほとんどセリフがないことだ。ネコ、宇宙人、アリ、テントウムシが登場する物語である。舞台はワッフルという名前の家ネコが飼われている部屋の中だ。様々なネコ用のおもちゃが床に置かれている中に小さな円盤（ＵＦＯ）が混じっている。このＵＦＯには小さな宇宙人５名が乗っており、地球に到着したばかりのようだった。ネコはそのＵＦＯに何か気配を感じたのか、勢いよく飛びかかりじゃれていたが、しばらくすると飽きたのか放置した。ＵＦＯの中の宇宙人は大混乱しただけでなく、機械の一部が壊れてしまった。修理出来なかったらＵＦＯは飛べないのだろう。この破損した機械を修理するための材料を探すために、宇宙人５名は外へ出ることになった。ゆっくりとＵＦＯから降りて歩き出したが、またネコに見つかってしまう。ネコはそこに飛んで現れたテントウムシの方に気を取られたおかげで、宇宙人は走って壁に空いた穴に逃げ込み助かった。

穴の中には、ネコとアリとテントウムシの攻防を描いた壁画が残されていた。この絵を見ていた宇宙人の前に、アリとテントウムシが現れる。宇宙人たちは壁に絵を描いてネコに襲われたことを伝えると、昆虫と宇宙人は共通の敵を認めたのか、仲良くなった。ＵＦＯの故障は、昆虫たちのおかげで代わりの材料を手に入れることができた。宇宙人と昆虫たちは、協力してネコからの攻撃をかわしながら、何とかＵＦＯに戻ることができた。ＵＦＯは無事飛び立ち、部屋の窓から外へ脱出した。宇宙人を見送ったアリとテントウムシは、今回の経験を壁画に残すことにした。

◆図26　『ミスターワッフル！』

◆図27　『かとりせんこう』

この絵本に登場するネコ、アリ、テントウムシは、いずれも顔の表情は乏しい。しかし、細かいカット割りによってその動きは描かれ、セリフなしでも何をしているのかよくわかる。これは絵本の絵の醍醐味を十分に味わえる作品と思う。この絵本のように、昆虫サイズの宇宙人がもし地球を訪れたとき、ネコに襲われることは十分にあり得る。こんな事件が人知れず起こっていると考えると、いつもの日常も楽しみになりそうだ。

『かとりせんこう』（図27）田島征三作　福音館書店　２０１５年

ぐるぐる巻の線香から煙が出ており、この煙でカ（蚊）がぽとんと落ちた。たくさん煙が出ると、カはどんどん落ちた。煙はさらに漂って、花瓶に生けた植物の花、帽子掛けに掛けてあった帽子が落ちた。新聞を読んでいた浴衣のおじさんの新聞紙から文字、おじさんの眼鏡、ひげ、浴衣の模様まで落ちていく。さらに、掛け時計の文字盤から数字や針が落ちる。煙は屋外に漂い、庭では物干しから洗濯物、木からはサルが落ちた。街中では銅像、看板、雷雲、ＵＦＯ、幽霊、魔女までがぽとんと落ちた。煙は月まで漂いお月様は涙を落とした。

この絵本の中で昆虫は飛んでいたカが落ちるだけだが、本来の蚊取り線香の効果とは別の効果があり、いつもは落ちないものや、意外なものまで次々と落ちて、何がぽとんと落ちてくるのか心配になった。


『ひとつのねがい』(図28) はまだひろすけ作　しまだしほ絵　理論社　2013年

一本の外灯の願いと、外灯に集まる昆虫の日常の出来事が描かれた絵本である。ある街外れに一本の外灯が立っている。古くなり、夜にも荒れた風が吹いたら倒れそうな状態だった。外灯は、倒れても仕方がないと思っていたが、ひとつの願いがあったので、少し強い風が吹いたときも、ぐらつく腰をぐっと支えて力んでいた。その願いは、一度でいい星のような明かりくらいになってみたいということだった。外灯はランプだったので、光はぼんやりとして、星のようには見えない。

ある晩、一匹の青いコガネムシが飛んできて外灯に止まった。「どうでしょうかな、わしの光はあの星みたいに見えないかしら」と外灯がたずねると、「何を馬鹿な、寒くなってきたせいか、この外灯どうかしている」とコガネムシは飛んでいってしまった。今度は白いガ(蛾)が飛んできた。「どうでしょうかな、あの星みたいに見えませんかね」。「へん、見えるもんか、そんな光が」と、ガは怒ったように翅を振るわせ答えた。

外灯は「ちっぽけな虫にさえ、星に見えないなら、誰だってそうは見てくれはしないのだ」と、目には涙が湧いてきた。その時、涙と一緒に静かな気持ちも湧いてきて、「星のように見えなくても、ただ光っていればよい、それが務めなのだ」と、外灯は気を引き締め、頭をしっかり持ち上げた。風がざわざわと木の枝をならし、嵐になる予感がした。

丁度そのとき、足音がしてお父さんらしき人と年の頃十歳くらいの男の子が歩いてきた。外灯のそばまで来ると、「あの星よりも明るいなあ」と男の子が言った。外灯は我を忘れて叫んだ「かなった、かなった、おれの願いが」。あくる朝、嵐は止んで日が差していた。そして小道の曲がるところに外灯は根元から倒れていた。

この絵本で起こったことは、嵐の夜に強い風で古い外灯が倒れた、というどこにでもありそうな出来事である。外灯の光に昆虫があつまる現象も日常の風景だ。著者は日常の象徴である昆虫が変化することで、非日常が生まれると前述したが、この絵本は、変化しない日常を昆虫で表現した典型的な例ではないかと思う。青いコガネムシと白いガは日常の象徴として登場し、外灯の願いに対し現実（日常）はとても厳しいものだった。しかし、外灯を救ったのも、子供の一言という日常だったのである。

（宮ノ下明大）

◆図28 『ひとつのねがい』

コラム④

昔話にみる「虫の恩返し」

恩を返した赤トンボ

『だごだご　ころころ』（福音館書店）という赤トンボが登場する絵本がある（**図1**）。朝早く山へ薪を拾いに行ったばあさんは、蜘蛛の巣にひっかかった赤トンボを助けてやった。次の日、ばあさんは団子を作ってじいさんと山の畑へ芋掘りにいく。団子を食べようとした時、ぽろりと落ちて、転がって川を越えて穴に落ちてしまう。ばあさんも穴の中へ入ると、赤鬼が出てきて「ばあさ、よう来た、皆腹が減ってかなわん。お前のだご（団子）を作ってくれ」と頼まれる。いくら団子を作っても、鬼はぺろりと食べてしまい、ばあさんは家に帰してもらえない。じいさんのことが心配で涙を流していると、助けてやった赤トンボがやってきて、鬼どもの祭りの日に月が昇ったら逃げなさいと助言した。逃げたばあさんを赤鬼は追っかけてくるが、赤トンボとその仲間たちが、ばあさんと一緒に船を漕いで川を渡り、鬼から助けた。体を真っ赤にして力一杯船を漕いだので、赤トンボの体はなおさら真っ赤になったという。

◆図1　絵本『だごだご ころころ』
石黒渼子・梶山俊夫 再話　梶山俊夫 絵
福音館書店

虫の恩返しは珍しいのか？

絵本『だごだご　ころころ』は、再話とあるので、聞き取った昔話を元にした内容なのだろう。赤トンボがなぜ赤いの？という子供からの質問に答える話として面白い。そして、昔話としてなじみのある「恩返し」の話である。しかし、恩返しするのが虫というのは珍しいという印象をもった。

動物が恩返しする昔話について、ひとつ興味深い情報があったので紹介しよう。「フジパン民話の部屋」というサイトには、動物の恩返し34話が掲載されている（2018年1月現在）。動物別の頻度を見ると、1位はキツネ（7話）、2位はタヌキとサル（4話）、3位はカニ（3話）、続いてハチ、ネズミ、カメ、カエル、ネコ、イヌ、ツル（2話）、アブ、ワシ、オオカミ、モグラ、トラ、ヒゴイ、ヤマドリ、カッパ（1話）という結果であった。昆虫類ではハチが2話、アブが1話に登場したが、内容はとてもよく似た話であった。たぶん、元は同じ話であり、伝えられた地方や人で、微妙に内容が変化したものだろう。そう考えると1話しかない。やはり、虫の恩返しは珍しいと考えた方がよさそうだ。

恩返しが珍しい理由

前記の恩返しする動物を生物の分類群でまとめてみよう。ほ乳類は9種（キツネ、タヌキ、サル、ネズミ、オオカミ、ネコ、イヌ、モグラ、トラ）、鳥類は3種（ワシ、ツル、ヤマドリ）、昆虫類は2種（ハチ、アブ）、は虫類（カメ）、両生類（カエル）、甲殻類（カニ）、魚類（ヒゴイ）、妖怪類（カッパ）は1種であった。

恩返しするのは、圧倒的にほ乳類が多い。この順位は、人間が感情移入しやすい順位と思われる。人に近い動物はやはり恩返しを期待できるのだ。昆虫類には恩返しを期待しにくいことが、「虫の恩返し」が珍しい理由なのではないか。

虫の恩の返し方

期待できない虫に、なぜ恩返しの話があるのだろうか。前述3話の内容は、アブとカメ（兵庫）、ハチとサルとカメ（大分）、ハチ単独（山形）の話であり、若者が金持ちの娘の婿になるための難題を解く時に、助けたアブ、ハチ、サル、カメに助けられるというものだ。

　具体的には、大きな池の真ん中の松にある鶴の巣や、大川の向こうにある梨を採る時にカメの背中に乗り池や川を運んでもらう。また、サルには木に登って梨を採ってもらう。そして、大勢の娘の中から本当の金持ちの娘を選ぶ時に、ハチやアブに教えてもらう。ハチ単独の場合は、裏山のスギの木立の数が３３３３本であることを教えてもらった。いずれの話でも、難題を解いた若者は、金持ちの娘の婿となり幸せに暮らすのだ。ハチやアブ（虫）は、誰にも気づかれないように若者に飛んで近づいて行き、答えをこっそり教える役目である。この役目は、大きなほ乳類には到底できないことであり、虫でなければ果たせない恩返しである。

「虫の恩返し」を探せ

　答えをこっそり教えてくれる恩返しとは別の恩返しがないか調べてみた。まずは、冒頭の絵本の赤トンボは、ばあさんが鬼から逃げることを助けるのだが、飛んでいるトンボは実際には船を漕げない。そして、最終的に鬼を退治できたのは、ばあさんが持ち帰った鬼のしゃもじを使って川の水を増やしたからだった。この話は恩返しだけでなく、赤トンボがなぜ赤いのかに答える「由来の話」の方か中心かもしれない。

　「まんが日本むかしばなしデータベース」には、「山鳩と蜂の恩返し」（富山）という話が見つかった。これは、お百姓が喉の渇いたヤマバトとハチに井戸の水を恵んだところ、田んぼや畑に大発生した害虫を退治してくれたという話である。鳥や昆虫が捕食者として害虫を食べるという知識が背景にあるものだろう。これも虫ができる恩返しである。

　『日本の民話９　山陽』（ぎょうせい）という本には、「こおろぎの恩返し」（岡山）が載っている。甲斐の国の若者勘十郎は、山仕事の際に栗のイガに閉じ込められたコオロギを助けた。甲斐の国の王様の屋敷で、コオロギが「勘十郎に、甲斐の国の一カ国をやらねば、王の首をちょん切る、チンチンチン」と鳴き、勘十郎は王様から国をもらったという話だ。毎夜のように鳴かれては、王様も気になって仕方がなかったのだろう。

コオロギが王様を脅した面白い話だが、鳴く虫という特長をうまく生かした恩返しである（鳴き声から考えると、コオロギではなくカネタタキか？）

恩返しできる虫

「虫の恩返し」は珍しいと述べたが、虫ならではの恩返しが意外にあるものだ。具体的には、「こっそり教える」、「害虫退治」、「脅迫？」の3つを挙げておきたい。今回確認できた恩返しできる虫は、ハチ、アブ、トンボ、コオロギであった（**図2**）。私はこれまで殺虫技術を研究してきたので、すでに手遅れだと思うが、やはり可能なら虫は助けておこう。「情けは人のためならず」なのだから。

（宮ノ下明大）

◆図2　恩返しできる昆虫たち

12章 映画に登場する昆虫たち

１９８０年代にアメリカで発表された映画に関する文化昆虫学の論文では、過去の昆虫が登場する映画やアニメーションの多くは質が悪く、昆虫も嫌われる対象として描かれていると考察している。昆虫は映画スターにはなれず、ほとんどは脇役的存在であった。

その論文の中で、マーチンズは昆虫の登場する映画について、①昆虫学的側面が映画の筋あるいは全体的な効果にとって重要なもの、②昆虫学の役割が映画の主目的に対して補助的なもの、③実際には関係ないが、何か昆虫学上のことに関連がありそうな題名がついたものの3種類に分類して紹介している。

著者は文化昆虫学的な視点から映画に登場する昆虫の役割を、①主役、②主役補佐、③象徴、④異生物、⑤背景・その他の5種類のカテゴリーに分けることで、１９９０年代以降の昆虫登場映画について考察してきた。②の主役補佐は、アニメーション映画で当てはまるカテゴリーであり、実写映画では該当する作品を見つけられなかった。ただし、カテゴリー分けは、固定されたものではなく、同じ作品も見方によっては別のカテゴリーとしても解釈可能である。

この章では、映画における昆虫の役割を考慮した上で、１９９０年代以降の日本映画とハリウッド映画を中心に、昆虫が登場する映画を紹介したい。昆虫が主役となる映画は少ないが、昆虫は映画の中で、脇役として重要な役割があることがわかる。それは、人間が昆虫をどのように認識しているかを示している。ここで取り上げる映画は、著者が見た作品に限られる。多数の未見の昆虫登場映画が存在することをご承知いただきたい。

1　モンスター、エイリアンはなぜ昆虫型なのか

多くの人々は、昆虫に対して恐れや不快感を持っている。昆虫は見た目も内部構造も人間とは大きく異なるグループであるために、感情移入しにくいからなのだろう。昆虫の顔には表情がなく、何を考えているかわからない生物であるため、昆虫あるいは昆虫に似た生物を登場させると、映画の観客に不安・不快なイメージを容易に与えることができる。

映画の中では、昆虫は人間に敵対する対象や異生物として登場する場合が多く見られ、代表的なものは昆虫型の怪物（モンスター）や宇宙生物（エイリアン）であり、意志の疎通ができない人間の敵として描かれることが多い。

2　昆虫型モンスターが登場する映画

モンスターとは、ここでは地球由来の異生物を示す。日本が得意とする特撮巨大怪獣映画の「ゴジラ」や「ガメラ」の対決シリーズに、対戦相手として昆虫型怪獣が登場する作品がある。『ゴジラ対メガロ』ではメ

ガロはカブトムシのような甲虫をモデルにしており、『ゴジラ×メガギラス　Ｇ消滅作戦』では古代の巨大トンボであるメガネウラがメガギラスとして怪獣化している。

『どろろ』は、手塚治虫の同名漫画が原作の映画版で、誕生の際、肉体の48カ所を妖怪に奪われた主人公（妻夫木聡）が、妖怪を倒し本物の肉体を取り戻していくファンタジー映画である。子供を食べるマイマイオンバというガをモチーフにした妖怪が登場する。

◆図１　『ミミック』

『放課後ミッドナイターズ』は、小学校の理科室にある人体模型や骨格模型が動き出し、見学にやってきた幼稚園児３人組が活躍するアニメーション映画である。旧校舎のトイレに閉じ込められた伝説の怪物シャブリは、ハエが怪物化したものだった。アメリカの作品の『ザ・フライ』では、ハエと人間の遺伝子が融合されてしまった天才科学者の悲劇が描かれている。続編の『ザ・フライ２』では、前作のハエ人間の息子が成長し、親から受け継いだ遺伝子によって、昆虫型の怪物になる過程を描いている。

『ミミック』（**図１**）では、謎の伝染病を媒介する昆虫としてゴキブリが登場し、それを絶滅させるために科学者は遺伝子操作でカマキリとシロアリの遺伝子を混ぜた捕食性天敵昆虫を作り出す。この昆虫には自殺遺伝子が組み込まれており半年以内に全滅するはずだったが、なぜか生き残り、人間の姿に擬態した昆虫型の怪物に進化して人を襲う。続編の『ミミックⅡ』では、前作の生き残りが、更に擬態が進化した怪物となる。

『モスキート』では、ＵＦＯが不時着し、死亡したエイリアンの血液を吸った蚊が巨大化する。

『ＧＯＤＺＩＬＬＡ』は、２０１４年に公開された2度目のハリウッド版「ゴジラ」である。ゴジラに寄生する怪物ムートーが現れる。この怪物の見た目はコウモリのようだが、雄は翅の他に6本の脚を持ち、蛹のようなものから羽化した点など、昆虫の特徴も持っている。電磁パルスで機械を停止させ、放射性物質を餌とする。２０１９年5月に『ゴジラ　キング・オブ・モンスターズ』が公開された。この映画には人類の神話時代の怪獣として巨大なが（蛾）モスラが登場する。モスラは、卵から孵化し、幼虫を経て蛹になり、成虫になる様子が描かれ、怪獣王ゴジラに味方する存在として重要な役割を果たした。

『ファンタスティック・ビーストと魔法使いの旅』では、魔法動物学者のもつ革のトランクの中には、ビリーウィグと呼ばれる魔法昆虫がいる。刺されるとめまいがし、空中に浮遊する。『キングコング髑髏島の巨神』では、南太平洋に浮かぶ未知の島の守護神である巨大なゴリラを描いた作品。島には多数の巨大生物が生息し、数メートルのナナフシに似た巨大昆虫が登場する。

3　昆虫型エイリアンが登場する映画

エイリアンとは、ここでは地球外由来の異生物を示す。映画の舞台が地球外の惑星でそこに生息している昆虫型生物が登場する場合がある。『スターシップ・トゥルーパーズ』（図2）や『エンダーのゲーム』は意思の通じない昆虫型エイリアンと人類との宇宙戦争を描いたＳＦ映画であり、人類の強敵として描かれている。

敵として明確に描かれなくとも、『ファントム』では巨大なガ、『フィフス・エレメント』では外骨格をもった昆虫型エイリアン、『ピッチブラック』では発光イモムシ、『レッド　プラネット』でも火星に生息す

◆図2 『スターシップ・トゥルーパーズ』

◆図3 『ガメラ2』

◆図4 『メン・イン・ブラック』

る生物などがあげられる。これらの映画の場合、昆虫がストーリーに大きく関係することはないが、地球外の異生物の雰囲気を漂わせるために役立っている。

地球外からやってきた昆虫型生物が登場し、地球が舞台となる作品を示す。『ガメラ2』（**図3**）では巨大なレギオンという宇宙怪獣が産み出す群体レギオンと呼ばれる異生物は明らかに甲虫をイメージしたものである。

『メン・イン・ブラック』（**図4**）は、地球に侵入してきたゴキブリ型宇宙人と2人組のエイリアンハンター（トミー・リー・ジョーンズとウィル・スミス）との戦いを描いている。

『第9地区』は、南アフリカ共和国のヨハネスブルグ上空に突然停止した巨大なUFOに乗船していたエイリアンが難民となる世界が描かれている。この映画のエイリアンは、昆虫類と甲殻類の外骨格を合わせもつ形態で、人からエビと呼ばれている。

『タイタンA.E.』は、異星人に地球を破壊された後の人類を描くアニメ映画で、様々なエイリアンの中にバッタ様のエイリアンが登場している。

『テラフォーマーズ』では、人類は火星移住計画により、火星環境の改善のためにコケとゴキブリを送り込んだ。その後、ゴキブリは独自にヒト型の生物に進化した。このエイリアンの駆除のために火星に送り込んだ人間（昆虫の遺伝子を組み込んで能力を強化した）とエイリアンの戦いを描いている。

4　昆虫がパニックを引き起こす

大量のゴキブリ、バッタ、スカラベ（甲虫）を用いたパニック映画が知られている。昆虫は、いつの間にか大発生するというイメージがあり、突然大量に現れる正体不明な存在を描く場合は好都合である。特にゴキブリを用いたものが多く、『燃える昆虫軍団』、『ザ・ネスト』、『ブラッダ』が挙げられる。ゴキブリに対して嫌悪感を持つ人は多く、パニック状態を観客にイメージさせることができる。『フライショック』ではハエが、『ブラックファイア』ではスズメバチが群れで現れる。

『インディ・ジョーンズ 魔宮の伝説』では、ハリソン・フォード演じる考古学者が坑道内をトロッコで逃げる際、大量の昆虫に遭遇するシーンがあり、恐怖や不安感をかり立てている。

『ビッグ・バグズ・パニック』は、宇宙からの隕石と共にやってきた昆虫型宇宙生物が人間を襲うパニック映画である。低予算で制作されB級映画の雰囲気を持つが、ホラーとコメディの要素がバランス良く入った面白い作品として楽しめる。ある日突然巨大昆虫（大きさは人間程度）が現れ、人々は繭の中に閉じ込められてしまう。繭から目覚めた主人公のグループと巨大昆虫との闘いが描かれている。

『ミスト』は、深い霧の中から現れる正体不明の昆虫型の怪物の攻撃に対して、スーパーマーケットに逃げ込んだ人々の様子を描くパニック映画である。アブを大型にしたような生物群が、店内から漏れる照明に引き寄せられ窓ガラスに集まり、この生物を狙ってさらに大型の飛翔する爬虫類のような怪物が現れる。

『地球が静止する日』は、地球外生命体が地球を救うため人類を滅ぼしにやって来るＳＦ映画であり、１９５１年に公開された映画『地球の静止する日』のリメイク版である。エイリアンと共に地球に降りた巨大人型ロボットは、微小な有翅の昆虫型の生物に変化する。そしてこの昆虫型生物は大群となって飛翔し、地上のあらゆるものを驚異的な速度で溶かしていく。これらの場面は、アリやハチの大群に襲われたような恐怖を表現することに成功している。

5　昆虫は死者からのメッセンジャー

昆虫は映画の中で死者の魂の象徴やメッセージとして描かれることが多い。ヨーロッパのケルト民族の伝承では、死者の魂はチョウやガの姿をとるとされている。セミは中国やアメリカでは死者の復活した姿と考えられ、中国では死者の口にセミをかたどった石（玉蟬）を含ませたり、北米では壁画に描かれたりお祭りの際に演じる対象である。セミの幼虫は土中で数年間過ごし、成虫になるために地上に這い出してくる。そのセミの姿に人間は死者の復活をイメージした。また、スカラベは甲虫の仲間で糞虫と呼ばれるグループに属し、古代エジプトでは復活の神として信仰されていた。

『LOVE LETTER』では、死んだ恋人へラブレターを出す主人公と、その手紙を受け取った女性の二役を中山美穂が演じている。女性が中学生の時、父親は風邪をこじらせて亡くなってしまう。その葬式のシーンと思われるが、少女が雪の下に凍っているトンボを発見し、「パパ死んだんだね」と言う場面がある。凍ったトンボは父親の死を象徴している。

『コーリング』（図5）は洋画原題がドラゴンフライ（トンボ）であり、主人公の医師（ケビン・コスナー）が事故死した妻からのメッセージに導かれて、その意味を解き明かす物語である。トンボは、妻からのメッセージの象徴あるいは妻の魂の象徴として頻繁に登場する。亡くなった妻は、トンボグッズ（文鎮・玩具・置物）を集めていたという設定である。

『パッチ・アダムス　トゥルー・ストーリー』では、ほんの数秒だがチョウ（オオカバマダラ）が現れるシーンが後半にある。それはロビン・ウイリアムズ演じる主人公（医者）の亡くなった恋人がチョウとなって現れたのだ。アメリカでは、死者を祭るお祭りに現れるオオカバマダラを死者の生まれ変わりと考える地方がある。

『蝉祭りの島』では、主人公の亡くなった恋人（男性）をイメージする昆虫としてセミ（クマゼミ）が重要な役割を果たす。恋人の故郷（能古島）を訪れた主人公は、「お盆には島を離れて死んだ魂がセミに姿を変えて島にもどってくる」という言い伝えを聞かされる。彼女は夏の間その島で暮らすことで元気を取り戻していく。

◆図5　『コーリング』

『ほたるの星』は、東京から赴任してきた新米教師（小澤征悦）が小学生と一緒にホタルの人工飼育に取り組み、ホタルを復活させるまでを描いた映画である。母親を亡くし心を閉ざしてしまった少女は、「ホタルがと飛ぶとき、一番会いたい人を連れて来てくれる」と聞き、ホタルの飼育に熱心に取り組む。

『嫌われ松子の一生』は、お姫様みたいな人生を夢見る主人公、松子の波瀾万丈の人生を描いた作品である。全体的には悲劇であるが、作り込まれた音楽、CG、演出は独特なファンタジーの世界を描き出している。映画の最後に、死んだ松子が白いチョウになって故郷に帰っていく。

◆図6 『夏美のホタル』

『本能寺ホテル』は、現代の女性（綾瀬はるか）が、京都の本能寺ホテルのエレベーターからタイムスリップして戦国時代の織田信長に出会う話である。明智光秀が本能寺に迫る中、信長の杯に白いチョウがひらひらと飛んできてとまる場面がある。また、映画のラストでは白いチョウと共に信長が現れる。チョウはタイムスリップによる時空の案内人であり、過去からのメッセンジャーとして描かれている。

『聲の形』は、先天性の視覚障害を持つ少女とガキ大将だった少年が、高校生になって再会する物語である。いじめや孤立、生きにくさを描いたアニメーション映画である。少女の祖母が亡くなったとき、お葬式でモンシロチョウが少女とその母親に飛んできて、また去って行く。祖母の魂がチョウで表現された場面であった。

『夏美のホタル』（**図6**）は、バイクのレーサーだった亡くなった父親は、娘のためにその夢を諦めたと思っている娘の夏美が主人公である（有村架純）。父親の形見のバイクで、子供の頃一緒にホタルを見に行った場所を訪れ、その土地の人々との交流を描いた映画である。この交流の中で、自分が父親にとって大切な恵みであったことに気がつき、父親とのきずなを再認識する。ホタルは亡き父親およびその思い出である。

6　昆虫は映画スターになれないのか

「昆虫は映画スターにはなれない」という指摘がある。その理由として、観客の視点から、①昆虫に感情移入しにくいこと、制作者の視点から、②昆虫は小型で見栄えがしないうえ制御ができないこと、③アニメーションで昆虫を描く場合、形態が複雑で煩雑であることを挙げている。

これらの指摘はもっともで、昆虫を映画スターにするのは難しいと思われるかも知れない。しかし、著者は近年になり事情が変わったと考えている。その根拠は、コンピューターグラフィック（ＣＧ）を用いたアニメーション技法で昆虫を描いた映画『バグズ・ライフ』の出現と、その後の立体映像（３Ｄ）を用いた映像技法の映画への普及である。

ＣＧ技術を用いて、制作者は昆虫を擬人化して観客の感情移入を促し、思うように操作し、ＣＧ映像をコピーすることで、複雑な形態を書き込む作業を軽減できる。このように「昆虫は映画スターになれない」理由は解決可能であり、アニメーション映画であれば、映画スター（主役）になれるだろう。しかし、『ビー・ムービー』以降、目立った昆虫ＣＧアニメ映画は『ミニスキュル』（フランス）くらいである。

7　アリとハチが主役のアニメーション映画

現在、昆虫主役映画として公開されている映画は、アリやハチの社会が舞台となるものが多い。アリやハチは昆虫の中でも高度に発達した分業制をもった社会を築いており、人間の社会構造との共通性が観客をスムーズに物語へ導いてくれる。だから、恋愛や友情というテーマも設定しやすく、観客も受け入れやすいので、主役になれたと考えられる。

◆図7 『バグズ・ライフ』

『バグズ・ライフ』(**図7**)は、ディズニーとピクサーが昆虫を主役にして作った映画であり、特徴はCGアニメーションを用いたことである。この物語はバッタに命じられ冬の食料を集めていたアリたちが、その支配から解放されるために、主人公役のアリがバッタと戦う用心棒を探す旅に出るところから始まる。旅先で出会った昆虫サーカス団のメンバーを用心棒と勘違いして連れてきてしまうが、主人公のアリとサーカス団のメンバーが知識と力をあわせバッタ軍団との戦いに勝利を収める話である。

主人公はアリだが、実際には様々な昆虫たち(テントウムシ、イモムシ、ガ、コガネムシ、カマキリ、ナナフシ)やダンゴムシ、クモで構成されるサーカスの団員全員が主役と言っていいだろう。個々のキャラクターはかわいらしく、昆虫に対する嫌悪感が少ない。悪者のバッタ軍団は、6本の脚や体表の突起まで描かれリアルであるが、主人公のアリやサーカス団のメンバーの脚は、手足として描かれ、親しみをもてるデザインにしている。

『アントブリー』(**図8**)は、いじめられっ子の少年が、魔法使いアリの作った薬を飲まされた結果、アリと同じ大きさになり、その巣の中に連れ去られる場面から始まる。アリの世界を舞台にした冒険活劇であり、アリたちとの交流からチームワークの大切さを学び、人間世界に戻る少年の成長物語である。映画の終盤で、少年はアリと共に巣を守るために害虫駆除業者と戦うことになる。

この作品にはアリ以外にも複数の昆虫（ハエ・イモムシ・甲虫など）が登場するが、形態の基本構造はいずれも正しい。眼はよく見ると複眼構造になっており、その徹底ぶりは見事である。生態的には、アリの社会性を反映した役割分担（世話、魔法使い、女王、餌集め、偵察）を持ったアリが登場し、昆虫が嗅覚を情報源に行動する場面が巧みに盛り込まれている。本作品は昆虫を必要以上に擬人化せず、人間と正しく描き分けながら制作されている。

『ビー・ムービー』は、ミツバチが主人公のCGアニメーション映画である。大学を卒業したばかりの若いミツバチのバリーは、決められた仕事を一生続けることに疑問を持ち悩んでいた。自分の仕事を決める前に、巣外の世界（ニューヨーク）へ冒険に飛び立つ。この作品の大きな特徴は、ミツバチが人間を相手に「蜂蜜の搾取について」裁判を起こす場面であろう。訴訟の国アメリカならではの展開であるが、日本人には、いまひとつピンとこないのが正直な感想だと思う。

◆図８　『アントブリー』

昆虫のデザインをみると、ミツバチは人間と同様に脚は手足、頭部には髪の毛、眉毛、口には歯が描かれる。上半身はセーターを着ており他の服に着替えることができる。生態的には、同じハチが加齢に伴って仕事の内容を変えていくのが正しいが、映画では一度選んだ仕事は死ぬまで変えられない設定である。物語には、ミツバチが社会を持ち分業して様々な仕事をすることや、植物の花粉媒介に深く関与し人間との結びつきが強いことが反映されている。

『昆虫物語みつばちハッチ ～勇気のメロディ～』は、1970年から放送されたテレビアニメシリーズ「昆虫物語みなしごハッチ」の劇場版である。主人公であるミツバチのハッチは、日本のテレビアニメで非常に有名な昆虫キャラクターであろう。物語はテレビシリーズと同様で、スズメバチの攻撃で女王バチ（母親）と生き別れになったミツバチの王子ハッチの母親探しの旅と、その途中で出会う様々な昆虫との出会いと別れ、そして生と死を描くという形が踏襲されている。ただし本劇場版では、旅の部分はなく、ハッチが母親と出会う直前に訪れたセピアタウンでの昆虫たちとの出会いと、昆虫と会話のできる女の子との交流、母親との再会が描かれる。

昆虫のデザインみると、すべての昆虫は擬人化され、脚は手足として、顔には目と鼻が描かれている。また、ハッチは子供のミツバチだが幼虫のウジムシ状ではなく、大人のミニチュアとして表現されている。モンシロチョウの母と子も登場するが同様に子供はアオムシではない。

『ミニスキュル ～森の小さな仲間たち～』（図9）は、フランスで制作されたアニメーション映画である。森にピクニックに来た人間が砂糖を置いて帰った。黒アリはこの砂糖を巣に運ぼうとするが、赤アリが砂糖を奪おうと襲ってくる。この争いに巻き込まれたのがテントウムシ（ナナホシテントウ）であった。黒アリ、赤アリ、テントウムシが主な登場昆虫であり、その他にハエ、トンボ、バッタ、イモムシの昆虫や、ムカデ、クモ、カタツムリも登場する。映像は、風景は実写で撮影し、昆虫はアニメーションで制作、煙、水、ほこ

◆図９　『ミニスキュル』

りはＣＧで描かれている。

各昆虫のデザインは本来よりも丸みのあるかわいらしい感じであり、形態の極端な擬人化は見られない。映画のテントウムシは、その子供は植物に付いているこぶのようなものから、成虫のミニチュアとして生まれる。本来は肉食性であるが、成虫は木の実を吸汁する姿があり、実際の生態とは異なった設定であった。また昆虫間のコミュニケーションは全て音（鳴き声？）で行われているようだ。テントウムシの成虫の飛翔の映像は、浮遊感があって楽しめる。

テントウムシが主役級で使われたのは、ヨーロッパではテントウムシは幸運を呼ぶ虫として人気が高いこと、その色や姿がかわいいことが理由と考えられる。

8　アニメーションによる昆虫の擬人化

昆虫を主役にしたアニメーション映画では、感情移入がしやすいように昆虫の擬人化が行われている。イヌ、ネコ、ネズミ等の哺乳類は、服を着せる程度で容易に擬人化できるが、昆虫の場合は擬人化の程度に様々なパターンや段階が見られる。

昆虫を擬人化する際に最も目に付く点は、「形態の省略化」である。昆虫の体は多くの節から成り立ち、その各々に付属肢が変化した触角や脚が付いている。これらの昆虫の特徴を人間の形態に似せて、体節を融合して頭部と胴体にし、6本脚を手足として4本に省略して描かれる。昆虫の顔には人間の顔のパーツが描かれ、感情表現ができるように工夫する。

そのほかに、昆虫の「変態様式の無視」がみられる。完全変態の昆虫では幼虫と成虫では形態が異なるが、映画では形態が変化しない場合が多い。人間のように子供（幼虫）は大人（成虫）のミニチュアとして描かれる。観客がイメージする昆虫は一般には成虫の姿であり、途中で形態が変われば主人公の同一性を確保しにくいのだろう。

擬人化は感情移入の点で効果が大きいが、擬人化が進めば昆虫の特徴は薄れて、ついには昆虫である必要がなくなってしまう。例えば、『ビー・ムービー』のミツバチは、体の模様はセーターの模様で着替えることができ、コーヒーを飲み、ケーキを食べ、車を運転する。この作品は、CG技術を用いた昆虫主役映画の完成形といえるが、昆虫としての嘘の部分は目立ってしまう。『バグズ・ライフ』では、昆虫の形態の省略化を主人公と悪者の間で描き分けているし、『アントブリー』では、昆虫の形態をできるだけ変更せず描かれたデザインを見ることができる。『ミニスキュル』では、昆虫の基本的な形態はくずさないが、多少のデフォルメと輪郭に丸みを持たせることで、親しみやすくしている。昆虫の特徴をほどよく残しながら、主役として昆虫をうまく映画に生かすことは非常に難しい。

9　主役を補佐する昆虫

映画の主人公に助言し、引き立てる重要な役割を持つ有名な昆虫は、ディズニー映画の『ピノキオ』に登場するコオロギのジミニー・クリケットだろう。ピノキオの良心として描かれ、主人公を助ける重要なキャラクターである。このような主役補佐として昆虫が登場する映画がある。

『ムーラン』は、中国を舞台にし、年老いた父親の代わりに男性と偽って兵士となった少女ムーランの活躍を描いたアニメ作品である。幸運を呼ぶ虫としてコオロギが登場する。

『カンフー・パンダ』は、太めのジャイアント・パンダが伝説のカンフーマスターになるまでを、ユーモラスに描いた作品である。カンフーマスターの1人としてカマキリ拳法を操るカマキリが登場する。

『モンスターVSエイリアン』は、地球侵略をもくろむエイリアンから地球を守るために、地球由来のモンスターたちが活躍するコメディ映画である。主人公の巨大化した女性のスーザンを補佐するモンスターとして、コックローチ博士（人間とゴキブリの遺伝子をかけ合わせる実験のトラブルで、ゴキブリ頭になった天才科学者）と、ムシザウルス（小さな虫が放射線を浴びて100メートル以上に巨大化した怪獣）が登場する。

『ティンカー・ベルと月の石』、『プリンセスと魔法のキス』では、それぞれ旅の途中でホタルと出会い、主人公と共に行動する仲間として描かれている。両映画でホタルを用いた理由は、舞台設定が水辺であることと、ホタルの発光現象はビジュアル的に魅力があることが挙げられる。主人公の案内役として行く先を照らすという象徴的な意味もあったと思われる。

10　昆虫主役の実写映画

人の意のままには動いてくれない昆虫に対し筋書き通りの動きを撮影するためには、長期の撮影時間と専用の技術や機器が必要である。そのため、実写映画で昆虫が主役として登場するのはまれで、多くはアニメーション映画である。ここでは近年公開された昆虫主役の実写3作品を紹介したい。

『ミクロコスモス』は、昆虫の実写の難しさを克服したフランス映画である。映画はある夏の草原の一日（朝から夜まで）そして翌日の夜明けまでのそこに住む様々な昆虫の様子が描かれている。具体的には、ハナアブ、イトトンボ、シャチホコガの幼虫、アシナガバチ、アリ、カ、ナナホシテントウ、カマキリなど、虫ではないがミズグモやカタツムリも登場する。

『バグズ・ワールド』は、オオキノコシロアリとサスライアリの戦いを実写で表現した作品である。「動」のサスライアリと、「静」のオオキノコシロアリの対比がよく描かれていた。この作品の特徴は、ボロスコープ・レンズという新しいマクロ撮影用レンズを用いることで、被写体深度が非常に深い驚異的な映像で昆虫を撮影した点にある。

『アリのままでいたい』は、昆虫写真家の栗林慧が3年の期間をかけて長野県平戸市で撮影した昆虫ドキュメンタリー映画である。映画は初夏のカブトムシの羽化から始まり、雑木林の樹液をめぐる昆虫たちの駆け引き、カブトムシとスズメバチ、クワガタムシとの対決や、オオカマキリ成虫の一生が撮影されたものだ。昆虫たちに雨粒が当たって植物から落下する場面や、秋になってカブトムシやオオカマキリが寿命をむかえる場面など、丁寧な観察により見事に映像化されている。その他にも、日本の雑木林に生息する50種類以上の昆虫が登場している。

11　ハチ型ロボットが主役の『バンブルビー』

『バンブルビー』は、ハチをモチーフとしたロボットのような宇宙生命体が主人公の映画である。ハリウッド映画『トランスフォーマー』シリーズのはじまりを描いた作品である。宇宙生命体トランスフォーマーの戦士「バンブルビー」（黄色いハチ）と18歳の女の子の出会いと別れ、トランスフォーマー同士の戦いを描いている。バンブルビーは、フォルクスワーゲンの黄色いビートルという車の形態と、ヒト型ロボットの形態の両方に変化できる。この瞬時に形が変化する映像は、映画『トランスフォーマー』シリーズの共通の見所である。

ヒト型ロボットの顔は、ハチをモチーフにした姿で、特に戦闘形態の際に顔に装着されるマスクは、目の部分は蜂の巣模様が付いたゴーグルのような形態になり、ハチの複眼構造に似ている。また、頭部にある可動式の突起は昆虫の触角を思わせる。

アリやハチがモチーフの特撮ヒーロー映画として、『アントマン』、『アントマン&ワスプ』が公開されているが、これについては、特撮ヒーローのモチーフとなった昆虫の10章で紹介したので、そちらを参照いただきたい。

12　日本になぜ昆虫主役の特撮映画『モスラ』が生まれたのか

日本には世界的に有名な昆虫主役映画が存在する。東宝株式会社で１９６１年に公開された怪獣映画『モ

◆図10『モスラ』

スラ』（図10）とその後のモスラシリーズである。映画の中でモスラは捕らわれた小美人を救いにやってくる守り神のような設定になっている。モスラは文化昆虫学的に海外でその特異性が注目され、大きなガの怪獣が良いイメージで描かれるのはとても不思議なことのようだ。モスラが登場した映画は現在14作品である。

モスラは明らかに鱗翅目昆虫（チョウやガの仲間）が巨大化したもので（成虫の翼長250メートル・体重1・5トン）、成長に伴い劇的な体の変化（変態）が起こる。映画ではモスラは卵から孵り、幼虫の姿で海を渡って日本へ上陸し、繭を作って成虫になる。

モスラ映画の最も特徴的な点はそのダイナミックな変態（羽化）シーンにある。卵から成虫への変化は神秘的であり、この変態という現象を映像にしない手はないだろう。しかし、幼虫の脱皮は描かれていない。第1作『モスラ』では東京タワーに、『ゴジラVSモスラ』では国会議事堂に、平成モスラシリーズの『モスラ』では屋久島の屋久杉に繭を形成する。モスラの繭が作られる場所には映画のテーマが隠れている。幼虫が糸をはきながら繭を作るシーンは幻想的で、繭から成虫が出てくるシーンは見所のひとつである。このように、昆虫の変態を正面から描いた映画は世界的にみても日本のモスラだけではないだろうか。

どうして日本にモスラという世界でもまれな巨大昆虫怪獣が誕生したのか。モスラの姿は日本の伝統的な産業であった絹産業を支えた昆虫であるカイコ（蚕）に似ていると思う。モスラの幼虫や繭の形態はカイコのそれと似ている。成虫の翅の斑紋をみると、カイコよりずっと派手で目玉模様を持ち、カイコガ科よりもヤママユガ科に近い。カイコは日本では「お蚕様」と呼ばれ、神様として祭られている昆虫である。日本の養蚕の歴史がカイコをモデルにしたプラスのイメージを持った昆虫怪獣を生み出す背景になり、人々（日本人）に容易に受け入れられたと思われる。『モスラの精神史』（講談社）でも、モスラのモデルはカイコであり、日本文化になじみが深いとしている。

平成モスラシリーズ3作品『モスラ』『モスラ2』『モスラ3』では、よりメルヘン性が強くなっている。そして低年齢層を意識したストーリー展開になっており、大人が見ると少し物足りないかもしれない。モスラは子供のヒーローになった珍しい昆虫怪獣である。

モスラは主役ではないが、日本を代表する特撮怪獣映画のゴジラシリーズに度々登場している。近年の作品では、『ゴジラ・モスラ・キングギドラ 大怪獣総攻撃』では、ゴジラから日本を守る聖獣（海の神）として描かれ、『ゴジラ×モスラ×メカゴジラ 東京ＳＯＳ』や、『ゴジラＦＩＮＡＬ ＷＡＲＳ』でも存在感を示し、その人気は衰えることがない。

13　昆虫と恐竜

近年の恐竜に対する新しい知見の蓄積（子育て、羽毛の存在、体色等）は、従来の恐竜像に大きな変化をもたらした。絶滅した恐竜は、現代に生きる大人から子供までを魅了する生物であり、映画の題材としても多く取り上げられてきた。主役は恐竜だが、昆虫と絡む場面がある映画を紹介したい。昆虫は恐竜よりも以前に地球上に出現しており、恐竜と昆虫は同時代に何らかの関係があった可能性はある。

『ジュラシック・パーク』は、恐竜をCGでリアルに描いた先駆けの映画であり、その映像には当時とても驚いたことを覚えている。恐竜を現代に復活させる方法の一部として、琥珀の中に閉じこめられた恐竜を吸血したカ（蚊）から、恐竜の血液のDNAを抽出することが紹介されていた。登場したのは琥珀の中のカであったが、恐竜復活の技術的な面に説得力をもたせる効果があった。

『アーロと少年』は、6500万年前、地球に巨大な隕石が接近したが衝突しなかった地球が舞台である。恐竜は絶滅せず言葉を話し文明を持っていたが、人間は言葉を持たない生物となっていた。川に落ちてひとりになってしまった恐竜のアーロを救った人間の少年との友情と、アーロの成長を描いたCGアニメーション映画である。

この映画の中で、父親に連れられて夜の草原に出て怯えているアーロの周りに、美しく緑色に光るホタルの大群が現れ飛び回る。この印象的な場面は、父親が「怖さを乗り越えることで、初めて見える世界があること」を子供に教える場面であった。発光生物を紹介した本『恐竜はホタルを見たか』によると、甲虫の分子系統解析と化石記録から計算したホタル科の起源は、1億4500万年～6600万年前と推測されている。白亜紀の恐竜は初期のホタルを見た可能性があり、この映画の場面の設定は誤りではない。この時代のホタルは草原に生息する陸生ホタルと考えられ草原の設定もあり得る。そして、映画のホタルの発光色が緑であったが、ホタルの系統解析により、初期のホタルは緑色に光った可能性が高いことがわかっており、アーロとホタルの場面の科学的考証はとてもよく出来ているのである。

『ウォーキング with ダイナソー』は、7000万年前のアラスカが舞台であり、草食恐竜パキリノサウルスが描かれたCGアニメーション映画である。草食恐竜の群れは冬を生き抜くために南へ向かっていた。群れの中で最も小さい子供のパッチは、大火事に巻き込まれ、仲間とはぐれてしまう。肉食恐竜や自然の脅威と戦いながら仲間に再会するために旅をして成長していくパッチの姿が描かれている。近年明らかになった恐竜の生態を反映して制作された映像はとてもリアルである。

この映画の中で、網目状の繭から羽化するガ（蛾）が、パッチの周りを乱舞する場面がある。繭の特徴や成虫の翅の模様から判断すると、クスサン（ヤママユガ科）に近い種類と思われる。化石を用いた古生物学的研究によれば、ガの仲間は少なくとも1億9000万年前の中生代ジュラ紀に出現した。この映画の時代にガと恐竜が出会う可能性はある。しかし、夜行性の種類が多いガが、昼間に多数乱舞する場面はあまり現実的ではない気がする。『アーロと少年』のホタルのような映像的に美しい場面でもない。パッチは草食性恐竜という設定であれば、餌ではないだろう。ここで、ガの使われた理由は何か？　ガの乱舞の場面は、同じ恐竜の女の子と出会う場面であり、この出会いを印象付けるための動きのある場面にしたかったのだろうか？

14　昆虫と殺人犯

『コレクター』は1965年に公開された映画であるが、昆虫が登場する映画として有名なので取り上げておこう。この映画の中で、チョウを採集するのが趣味であった銀行員が、ずっとあこがれていた女子学生を誘拐・監禁する。主人公の青年にとって、女子学生を誘拐し監禁することは、チョウのコレクションの延長にあるもので、チョウは少女を象徴していると考えられる。

『羊たちの沈黙』では、メンガタスズメというガは、連続殺人事件の犯人像を解き明かす大きなヒントになった。犯人は太めの若い女性のみを殺害し、その皮膚を剥ぐという異常行為を繰り返し、その死体の口の中からガの蛹が発見された。この事実について、獄中のアンソニー・ホプキンス演じるレクター博士（人肉を食べる異常性格者でありながら優秀な精神科医）は、ジョディ・フォスター演じる女性ＦＢＩ捜査官に対し、犯人は変身願望者、すなわち女性になりたい男性（性転換願望者）であると推理している。死者の口から見つかったガの蛹は、醜い幼虫から変態して美しい成虫になるという変身願望のあらわれであるという。

『フェノミナ』では、昆虫と交信できる特殊能力をもつ少女が主人公であり、虫の助けを借りて猟奇殺人の犯人を探すなかで、少女の身にも危険が迫るというホラーとファンタジーが混合した映画である。猟奇殺人の犯人は死体を保管していると推測され、人間の死体にわくウジが犯人の手がかりとして頻繁に登場する。

15　船乗りと昆虫

大航海時代の長期航海では、保管した食品に昆虫が発生することは珍しくなかった。堅パンに発生するコクゾウムシ、チーズ等に発生するハエ、ゴキブリが代表的な昆虫である。船乗りが登場する映画には、これらの昆虫が登場することがある。

『マスター・アンド・コマンダー』（**図11**）は、帆船映画として海洋小説ファンにも評価が高い作品である。艦長をラッセル・クロウが演じている。この映画の舞台は１８０５年で、その当時の激しい海戦の様子や船乗りの生活がリアルに描かれている。食事の場面で、堅パンを載せた皿の上にいる2匹のコクゾウムシに対して、艦長が「どちらの虫を選ぶ?」と船医に質問する。そこでコクゾウムシがアップになるのだが、驚いたことに映し出されたのは、コクヌストモドキ類の終齢幼虫と思われる。ここでは本物のコクゾウムシを使って欲しかったが、残念である。

『ベンジャミン・バトン　数奇な人生』は、老人で生まれ、成長するにつれて若くなり、赤ちゃんで死んでいくという数奇な人生を歩んだ男の物語である。主人公の男ベンジャミンをブラッド・ピットが演じている。ベンジャミンは成長して船乗りになり様々な国に旅をする。そんな旅のなか、宿泊したホテルで知り合う婦人とのやり取りに、ハエが混入した蜂蜜についての会話がある。紅茶を入れる場面で、ベンジャミンはハエの混入を気にしていないが、婦人はその蜂蜜を使うことを断っている。船乗りにとってハエの混入は問題にならないものだろう。

◆図11　『マスター・アンド・コマンダー』

◆図12　『幸せの1ページ』

16　昆虫を食べる

『幸せの1ページ』(図12)は、ジョディ・フォスター演じるベストセラー冒険小説家が、無人島に暮らす少女から助けを求められ、悪戦苦闘しながらも駆けつけるというハートフル・アドベンチャー映画である。映画の後半、小説家は、島で暮らす少女が自給自足で作った料理を一緒に食べるが、それはゴミムシダマシ幼虫の入った炒め物であった。昆虫食はサバイバル料理という印象があり、無人島での食事として適していたのだろう。使われたのはチャイロコメノゴミムシダマシ（コウチュウ目）の幼虫（ミールワーム）のようだ。ミールワームは小動物の餌として大量に購入可能であり、アメリカでは昆虫食のイベントで出される料理としても知られている。

『毎日かあさん』は、西原理恵子原作の同名コミックの映画版である。主人公である漫画家の妻（小泉今日子）、アルコール依存症の夫（永瀬正敏）、そして2人の子供達の生活を描いている。妻と夫が知り合ったタイでの取材で一緒にタガメを食べる場面がある。昆虫食大国のタイならではの印象深い思い出として回想場面に使われていた。タガメは、『どろろ』でも、どろろ役の柴咲コウが食べる場面がある。

17　様々な象徴としての昆虫

映画の中で登場する昆虫は、昆虫そのものに意味はなく、何か別のことを象徴している場合が多い。昆虫の存在に気がつかない程目立たない場合もあるが、映画の物語展開の中で重要なきっかけや鍵となる場面に昆虫が関与することがある。作り手は観客へのメッセージとして映像に意図的に取り入れたものと思われる。こういった細かいこだわりは、実は見えない部分で映画のリアリティを高める効果がある。

『リーピング』は、元牧師で超常現象の解明を専門とする大学教授が、ヘイブンという町に起こった様々な怪奇現象を調査する宗教系ホラー映画である。主人公は女優ヒラリー・スワンクが演じている。旧約聖書の「出エジプト記」に記載された神によりもたらされる十の災いが町を襲う。災いの中で、アブ、イナゴ、シラミの大発生として昆虫は登場する。昆虫の大発生は「神の御業」の象徴として、人間による予測や制御ができない現象の象徴として使われた。

『天国の青い蝶』では、脳腫瘍で余命わずかと宣告された少年が、憧れの青く輝くモルフォチョウを採るために昆虫学者と採集に出かける。熱帯雨林の中でチョウを追い回すうちに、少年の腫瘍は消えて奇跡的に回復するという実話にもとづいた作品である。チョウは少年にとって希望であり命の象徴として描かれている。

『パピヨンの贈りもの』では、少女とチョウ収集家の老人がイザベラと呼ばれる美しいガ（イザベラミズアオ）を探しに山へ向かう。イザベラは、老人にとっては亡くなった息子と採集を約束したガであり、少女にとっては母親と同じ名前をもつガである。このガは、息子との約束や少女の母親を象徴するものである。

『パンズ・ラビリンス』は、内戦下のスペインで過酷な環境にさらされた少女が見る幻想を描いたブラック・ファンタジー映画である。幻想の世界の案内役として登場する昆虫がナナフシであるが、瞬時に妖精へと変化する。少女が作り出す幻想の世界の象徴として描かれているのだろう。現実と幻想の世界を行ったり来たりする少女の運命は、残酷な終わりを迎える。

『剱岳　点の記』は、明治時代末期に陸軍の陸地測量部が行った当時未踏峰とされた北アルプスの剱岳への登頂と測量に挑む男たちの物語である。数秒だが1頭の昆虫が画面に大きく映る場面がある。それはセッケイカワゲラという小さな黒い昆虫であった。映像はこの昆虫を狙って撮影されたものである。セッケイカワゲラ類は、非常に低温に強く、雪山シーズンに雪上を歩行する姿が観察される。過酷な雪山の象徴として昆虫が使われたのだろう。

『八日目の蝉』は、不倫相手の子供を誘拐し4年間育てた女性（永作博美）の逃避行と、誘拐犯に育てられた女（井上真央）の封印されていた記憶をたどる旅を舞台にして、純粋な母性の形を描いた作品である。原作と映画のタイトル「八日目の蝉」とは、七日目の死が運命づけられているセミの中で、八日目まで生き残ったセミを示す言葉である。この映画の中で登場する女性達の様々な境遇が「八日目の蝉」という表現で象徴されている。セミはセリフのみで、映像にはまったく登場しない。また、夜にたいまつを持ってあぜ道を巡る「虫送り」が描かれた映画としても珍しい作品である。

『ティム・バートンのコープスブライド』は、人形を少しずつ動かしながらコマ撮り撮影で映像を制作するストップモーション・アニメーションの手法を用いた映画である。主人公は内気な青年で、思いがけず「死体の花嫁」と結婚してしまう。死体の花嫁の心の声として登場するのが、ハエの幼虫のマゴットである。マゴットは花嫁の頭蓋骨の中に住んでおり、花嫁が死体であることを象徴するものであろう。

『ウォーリー』では、汚染された地球を独りで清掃するロボットウォーリーのそばに、1匹のゴキブリが登場する。ゴキブリは環境が破壊された地球で生き残った生物の象徴として描かれたのだろう。ゴキブリには強い生命力があるというイメージが、その登場の理由と思われる。

『虹色ほたる ～永遠の夏休み』は、30年前にダムの底に沈んだ村に少年がタイムスリップして夏休みを過ごし、運命の少女に出会う物語である。ホタルは、誰もが過ごした子供時代の夏休みに対するノスタルジーの象徴であり、物語の中で奇跡を起こす力の象徴として描かれている。

『little forest 夏秋』は、東北のとある村の中にある小さな集落に住む女性の夏と秋の暮らしを描いた映画である。主人公のいち子（橋本愛）は一度都会に出たが、自分の居場所を見つけることができず、村に帰ってきた。四季の自然と向き合う毎日の中で、季節の食材を料理して食べる、この繰り返しの映画である。テレビもスマホもない夏の夜、水田、畑、沢と接する家の明かりに誘われて、窓にはガ（蛾）のオオミズアオやカブトムシが飛んできて、その窓ガラス当たる音がする。夏の夜の様子を昆虫で表現した映像になっている。『little forest 冬春』では、春の日に主人公のいち子はバスの中で女性がモンシロチョウを手のひらで挟んで殺すのを目撃する。いち子は、家を出ていった母親が「モンシロチョウは害虫よ」と、畑でパチンと手で挟んで殺していたことを思い出す。ここでは、モンシロチョウは春の象徴、母親との思い出の象徴として描かれている。

18 多様な場面に登場する昆虫

『昆虫探偵ヨシダヨシミ』は、同名コミック（青空大地作品）の映画版である。動物（犬、鳥、昆虫）と会話ができる昆虫専門の探偵ヨシダヨシミ（哀川翔）が主人公である。内容は、実際の昆虫を用いた映像に言葉をしゃべらせ、昆虫からの浮気や行方不明の調査を依頼された探偵が捜査するオムニバスな物語（原作）と、悪い虫が人に取り憑き引き起こす大事件を未然に防ぐという映画用サスペンスから構成される。

『WOOD JOB！（ウッジョブ）〜神去なあなあ日常〜』は、都会暮らしの若者の1年間の林業研修プログラムでの体験を描いた作品である。山村での個性的な人々との交流や、林業における作業を体験しながら、成長する青年の話である。研修所家屋の柱の上を歩くヘビトンボの成虫や、山村料理として蜂の子が登場する。

『アデライン、100年目の恋』は、自動車事故で29歳から年をとらなくなった女性アデライン（ブレイク・ライヴリー）の物語で、歳をとらないことの不自由を描いているように思う。同じように歳を重ねることができないので、恋にも臆病になり、つきあっていた彼氏と別れたが、その元彼の息子と出逢い恋に落ちる恋愛映画である。年を重ねた元彼をハリソン・フォードが演じている。元彼は息子の恋人であるアデラインに驚くが、若いので信じられなかった。しかし、ある時、アデラインの髪の毛に付いていたテントウムシをとってあげた際に、アデラインの手の傷跡に気が付いた。それは過去にアデラインがけがをした時についた傷跡と同じであり、昔つきあっていた女性がアデラインであることを知る場面となっている。アデラインは、テントウムシに対して「幸運の印」と言っている。

『今夜、ロマンス劇場で』は、映画監督を夢見る青年（坂口健太郎）の前に、モノクロ映画のヒロイン（お姫様）の美雪（綾瀬はるか）が、スクリーンの中から現実世界に現れる。しかも、白黒のままで。この映画はファンタジーであり、ラブコメディとして楽しめる。美雪は色のない世界から来たので、現実世界の様々な色には興味を持っている。青年は美雪を連れ、美しく光ながら飛ぶホタルを見せに行く。ホタルの場面は、美雪の秘密が明らかになり、2人の関係が恋愛に変わっていく重要な転換点となった。

19　映画の背景・タイトルに使われた昆虫

背景に昆虫が飛翔する場面があるアニメーション映画は多数存在し、すべてを網羅することはできない。

『となりのトトロ』ではチョウやテントウムシ、『魔女の宅急便』では冒頭にミツバチ、『もののけ姫』ではしし神様の現れる場所にチョウ、『猫の恩返し』では冒頭にチョウが登場している。『ターザン』、『塔の上のラプンツェル』でもチョウが登場している。『白雪姫』にも、小人の鼻で眠るハエが描かれている。『かぐや姫の物語』ではチョウ、テントウムシ、コオロギ、バッタと様々な昆虫が描かれている。特にチョウが使われる理由は、身近であり、ひらひらとした飛び方に特徴があるからだろう。チョウ、ミツバチ、テントウムシ、ハエといった身近な昆虫を、人物が登場しない風景に動きを伴って描くと画面が自然に近い感じに見える。飛翔性昆虫の動きが画面に奥行きを与える効果もあるだろう。アニメーションの映像では、昆虫類を自由に飛ばしてみたいという制作者の願望があるように思われる。

『借りぐらしのアリエッティ』は、手術前の少年が祖母の家で過ごす夏の一週間、小人のアリエッティとの出会いと別れを描いている。映画の冒頭で床下を走るアリエッティの周りで跳ねていたのはカマドウマ（バッタ目）と思われる。カマドウマは、小人の大きさを示すために効果的に使われていた。

『グスコーブドリの伝記』は、宮沢賢治の小説を、主人公をネコにしてアニメーション化した作品である。主人公がヤママユガ飼育のために、てぐす工場で働く場面があり、緑色の幼虫や羽化した成虫が飛び立つ美しい場面がある。

『グリーンマイル』や韓国映画の『ラブストーリー』では、発光するホタルが背景に飛んでおり、夜の場面の演出として印象的である。背景に飛翔する昆虫は実写ではアニメーション映画ほどは登場しない。

『蟲師』は、精霊でも幽霊でもない〝蟲〟が引き起こす不可思議な現象を解明し鎮める蟲師と呼ばれる主人公（オダギリジョー）の旅を描いたファンタジー映画である。タイトルに蟲が使われている。蟲師ギンコは、各地を回って蟲が原因で起こる病気を診断し治療をする。

『ヴァージン・スーサイズ』は、映画の日本語タイトルや原作本のサブタイトルに「ヘビトンボの季節に自殺した五人姉妹」というフレーズが使われている。この作品では「ヘビトンボ」というせりふや昆虫の映像が使われている場面はないが、原作本にはヘビトンボの記述がある。ヘビトンボという薄気味悪いイメージを少女の自殺のイメージに重ねたのだろう。『スワロウテイル』では登場人物の少女にアゲハという名前を使っている。

『蝶の舌』は、タイトルにチョウが使われたものだ。少年が大好きな先生に出会い自然の不思議に触れながら成長していく姿を、そして先生との悲劇的な別れを描いた映画である。物語の背景にはスペインの内戦がある。少年は「蝶には舌があってそれは渦巻きのようにまかれている」ことを先生からはじめて聞いてとても驚く。ラストシーンで少年が叫ぶセリフに「蝶の舌」という言葉が字幕にあった。しかし、『羅浮山蝶ゆらり』（信濃毎日出版社）の著者今井彰氏はこの映画を本の中で紹介し、この言葉（蝶の舌）は翻訳されたもので、実際には別の言葉「ザパ」と言っていると指摘した。ザパはヒキガエルの意味で、先生が教えてくれた小動物の名前のひとつである。

（宮ノ下明大）

コラム⑤

手塚治虫アニメーションとチョウの飛翔

手塚アニメと昆虫

手塚治虫は昆虫少年であり、宝塚で昆虫採集や昆虫の絵を描いたり、観察したりすることに熱中し、本気で昆虫学者になりたいと思ったこともあったという。手塚は700作の作品を残し、そのうち180作品に昆虫を登場させているという。

私は2014年に『文化昆虫学事始め』（創森社）という本のなかで映画に登場する昆虫を取り上げたが、手塚作品については触れていなかった。この理由は、手塚作品は膨大な量があるため、当時は文化昆虫学的な考察には手をつけていなかったからで、手塚アニメーションに多くの昆虫登場作品があることは知っていた。幸いにも、この本の出版後、手塚プロのアニメーターである小林準治氏から、1990年以降の手塚のアニメーション映画について情報を提供いただいた。それは次の5作品である（テレビアニメ作品は除く）。①アニメ交響詩ジャングル大帝（1991）オリジナルビデオ、日本コロンビア、②オサムとムサシ（1994）手塚治虫記念館用、③昆蟲つれづれ草（1995）手塚治虫記念館用、④劇場版ジャングル大帝（1997）松竹、③ぼくの孫悟空（2003）劇場作品、松竹。この中で、私が鑑賞できたのは『劇場版ジャングル大帝』であった。この映画に登場した昆虫について、その特徴を示し、手塚アニメーションにおける昆虫を考えてみたい。

映画『ジャングル大帝』

『劇場版ジャングル大帝』は、ジャングルの王である白いライオンのレオとライヤの子供であるルネとルキオ、特にレオとルネの人間との関わりを描いた物語である。前半は、人間の世界に興味をもったルネがジャングルを離れ、サーカス団に売られ、サーカス団の人間との交流が描かれている。後半は、ジャングル奥地のムーン山にあるという月光石（強力なエネルギー源となる）をめぐり、欲深い人間、動物たちを伝染病から救った人間、レオの関わりを描いている。最後は、レオは自らを犠牲にして人間を救う選択をする。人間と野生動物の関係のあり方を考えさせられる作品である。

アフリカのチョウ

この映画にはアフリカのサバンナの自然を表現する演出として、アフリカに生息する種類をモデルとしたチョウがたくさん登場している。チョウそのものが映画の物語に大きく関与することはない。これは私が映画における昆虫の役割をカテゴリー分けした、⑤背景としての昆虫、に入る作品と考えられる。具体的には、ドルーリーオオアゲハ、ベニイロタテハ、オナガマダラタイマイ、ツマムラサキシロチョウ等のチョウ類が飛翔し、ハキリアリ、アフリカオオカブトが描かれている。

チョウらしく描く

小林氏によると、手塚からは、昆虫はなるべくリアルに描いてくれという要望があり、ここで言うリアルは、写真のように描けということではなく、モンシロチョウならモンシロチョウらしくという意味であるという。「〜らしく」とは、チョウを例に挙げれば、飛び方の特徴が考えられる。チョウは、種類によって特徴のある飛び方をするため、慣れると、遠くを飛んでいても、大まかな種類を特定できる。モンシロチョウの仲間の飛翔は、ヒラヒラと飛ぶ平均的な動きである。タテハチョウの仲間の飛翔は、体ががっちりして筋肉が発達しており、滑空が得意である。アゲハチョウの仲間の飛翔は、翅面積が大きく、滑空もしながら力強く飛び、小さなチョウのようなパタパタした動きはしない。

映画でよく見られるチョウの動きは、翅を上下運動させて、ヒラヒラと飛ぶモンシロチョウのような飛び方である。もし、アゲハチョウがヒラヒラと飛んで、滑空しないならば、飛び方としては不自然であり、

「アゲハチョウらしくない」のだ。すなわち、手塚は背景に飛んでいるチョウであっても、その種類に合ったリアルな飛び方を求めていたのだろう。

漫画と映画の違い

映画の原作となった漫画版と映画版を比較すると、映画は漫画よりも昆虫登場場面が多かった。著者はこの理由をアニメーターの小林氏に尋ねてみた。それは映画的演出で、生前、手塚は『ジャングル大帝』を映像化するときは、アフリカの昆虫はたくさん出してくださいとコメントを残していたそうだ。また、チョウの飛翔は、映像として動きを表現するには適した媒体だったのだろう。手塚治虫は、昆虫少年が成長した虫好きの漫画家であり、生涯、虫へのこだわりを持ち続けていた。その姿勢は、『劇場版ジャングル大帝』にも生き続けているのだ。

手塚アニメのこだわり

小林氏によると、オープニングで、ルネとルキオが遊ぶお花畑で飛翔するアゲハチョウは、オナガマダラタイマイという種類である。これらの動きはテレビシリーズでは定番の繰り返し（リピート）の手法であるが、ここだけは全てが動くフルアニメーションで、1秒に24枚を使っている（通常のフルアニメでは12枚、テレビは8枚位）。1コマ撮りで、これは大変手間のかかる手法である。多様なチョウの飛翔の動きは、手塚アニメの昆虫へのこだわりが見える場面である。

最後に、手塚治虫のアニメーション作品について、貴重な資料を提供いただいた小林準治氏に深く感謝を申し上げる。

（宮ノ下明大）

13章 現代文化蛍学最大の謎——二次元世界でホタルはなぜ真夏に飛ぶ？

否応なく高層ビルに囲まれた生活をしている現代人は、明治大正の先人たちは自分達より自然を大事にしていたと漠然と思っている。これを幻想と一蹴できないものの、ことホタルに関しては現代人の方がよっぽど丁重に扱っている。闇夜に光明の一筋を描きながら群れ飛ぶホタルは、哀しげな光を持つことで得も損もしてきた生き物の1つだ。ゲンジボタルとヘイケボタルはなまじ光るばっかりに、明治大正の日本人にとって格好の使い捨てのオモチャにされてしまった（05章参照）。

無残に死んでいった戦前のホタルたちの怨念を鎮めるためと言うわけでもなかろうが、現在全国各地でホタルの保護活動が盛んである。戦後、ゲンジボタルとヘイケボタルは、自分たちが光ることを逆手にとって、人間サマに手厚い保護をさせることに成功したわけである。

大量消費されていた戦前とは異なり、大切にされている現在のホタル。初夏になればホタル観賞を楽しむ蛍祭りが全国各地で開催されている。つまり、現代社会で実生物のホタルは十二分に人々に愛されているわけだが、では二次元世界のホタルはクリエイターや消費者からどのような視線を向けられているのか？　本章ではそれについて考察することとする。

1　カップルの背後に飛ぶホタル

『源氏物語』（第25帖「蛍」）には部屋に引き籠もった玉鬘の気を引こうと、源氏の君が袖に隠していた多数のホタルを一斉に放すシーンがある。次に『曽我物語』には「沢辺なる蛍を袖に宿しつつ色たれ衣と藻塩焼くらん」との和歌が収録されている。これは琵琶の名手で色好みであった貞保親王（870−924）が、思いを寄せる女性の御車の中に投げ入れた歌だ。どうも平安期には熱愛の表現としてホタルを袖に包むとの発想は珍しくなかったようだが、現在の日本でこれをできるとすればかなりのキザ野郎である。

筆者寡聞にして現代の男の子が袖に隠したホタルを女の子にプレゼント、との場面をコミックやアニメ、ゲームで見たことがない（少女漫画ではあるのかもしれん。いや、どこかにありそうな気がする）。しかし、カップルが仲睦まじくホタルの乱舞を見つめる、とのゲーム場面は枚挙にいとまがない。『夏色☆こみゅにけ〜しょん♪』『LOVELY QUEST』『恋のハニトー』『戦国無双4−II』などなど、告白、語らい、ハッピーエンドの場面で、カップルの背後にホタルを飛ばす演出をするゲーム事例は多い。

ゲーム『アマツツミ』を例にとると、主人公の織部誠がヒロインの水無月ほたるに告白した際に、足元のお花畑から無数のホタルが飛び出すとの場面がある（**図1**）。なお、『アマツツミ』はホタルが醸し出すロマン

◆図1　『アマツツミ』©Purple software

ティックな雰囲気の中での告白によって、2人は末永く幸せに暮らしました、めでたしめでたし、との単純なストーリーではない。後に水無月ほたるは己の体から光を発しつつ消失する運命なのだが、その際も群れ飛ぶホタルが描かれていて、2つの光を対比させながら進行する悲劇的物語に話は展開していく。また、水無月ほたる自身の名前が「ほたる」であり、『アマツツミ』ほどホタルを生かし切った恋愛ストーリーゲームは他に例がない。

ここで挙げたホタルの使用例は最もオーソドックスなものである。ホタルが描くロマンティックな情景については特に改めて考察する必要もないだろう。

2　米国昆虫学者が奇異に感じた日本人の人名「ほたる」

米国タフツ大学のサラ・ルイスらは日本人がホタルに寄せる親しみに着目した（『Natural History』112巻6号）。特に日本には「ほたる」との人名があることに興味を持ったらしく、ルイスは「日本のアニメの美少女戦士セーラームーンの登場人物のＴｏｍｏｅ Ｈｏｔａｒｕとは〝地球のfirefly（＝ホタル）〟との意味である」とわざわざ特記した。残念ながらルイスのこの解釈は間違っている。Ｔｏｍｏｅ Ｈｏｔａｒｕ即ち土萌ほたるの「土」はキャラの設定上、土星を意味するから、正しくは〝土星のホタル〟である。それに、日本人の人名、例えば「山田太郎」とは「山田家の太郎」との意味はあっても、「山田」と「太郎」の2単語が合わさって何か1つの句を構成するわけではない。ルイスの考察は出発点からして事実から外れていよう。

何はともあれ、米国昆虫学者がホタルなる人名が日本に存在することを奇異に感じた、との点は特筆すべ

◆図３　『約束の夏、まほろばの夢』の三雲ホタル ©2018 Windmill/ARES Inc.

◆図２　『Memories Off 2nd』の白河ほたる ©KID 2001

きことである。さて、日本代表経験があるＪリーガーに山口蛍選手がいるが、「ほたる」「ホタル」「蛍」等の人名の大半は女性に付けられるように思える。サラ・ルイスがそこまで把握していたか否かは定かでない。

ここでアニメやゲームの世界に目を転じると、前述の土萌ほたる以外にも「白河ほたる」（『Memories Off 2nd』）（**図2**）、「白河蛍」（『おとなり恋戦争！』）、「五百倉蛍」（『W．L．O．世界恋愛機構』）、「一条蛍」（『のんのんびより』）、「水無月ほたる」（『アマツツミ』）、「三雲ホタル」（『約束の夏、まほろばの夢』）（**図3**）などの少女キャラクター名がすぐに頭に浮かんだ。男性キャラクターとしては「八重野蛍」（『Flyable Heart』）に心当たりがあるが、これは「ほたる」ではなく「けい」と読む。どうも二次元世界では「ほたる」とは主に女性に付けられる名前と言ってよさそうだ。本来キモい生き物の１つであるはずの昆虫の名称が女性の名前になっているとの現象は文化昆虫学的に興味深い。しかし、これを真剣に考察するには文化人類学や民俗学、言語学の知識がいるはずなので、深入りは止めておこう。

ただ、Ｊリーガー山口蛍選手はともかく、筆者は現実社会で「ほたる」との名前を持つ人間に会ったことはない。そこで、筆者担当の福井大学共通教育科目の時間を利用して、受講生98人に以下の3問のアンケートを行った。

①これまで生きてきた中で、「ホタル」「ほたる」「蛍」との名前を持つ知り合いや親族がいたか？　ただし、有名人や作品中の架空の人物は除く。

②①の答えが「はい」の場合。これまで何人の〝ほたる〟と読む名の知り合いがいたか？　また、その男女別の内訳数はどうなっているか？

③あなたは〝ほたる〟と読む人名は、どちらかと言えば男性の名のように思えるか、それとも女性の名と感じるか？

結果は以下のようになった。まず〝ほたる〟なる名を持つ人に会ったことがあるのは98人中6人。そして、これら6人の学生の知り合いである〝ほたる〟さんは計7人いて、内訳は女性5人男性2人である。最後に、〝ほたる〟さんは男性の名であるとの印象を持つ学生は40人、女性と答えた学生は58人となった。

こうして見ると、決して数は多くなさそうだが、現実社会に〝ほたる〟さんは生活していらっしゃるようである。一方、筆者からすれば約4割の学生が「〝ほたる〟さんは男性」と捉えている点は意外であった。二次元世界で〝ほたる〟との名を持つキャラクターたち。その名は現実世界の日本人の名前と比較して、割合的に有意に多いのか否か？　興味を惹かれるところである。

3　霊性生物としてのホタル

恋の語らいの場との肯定的な意味合いであっても、ホタルを美しい、華麗、鮮やかとの常に単純称賛の目で眺めるとは言い切れない。どこか哀しげ、そして儚さをホタルに投影するのが多くの日本人である。そして、この延長上にホタルに霊性を重ねる見方がある。和泉式部「もの思へば沢の螢もわが身より　あくがれいづる魂かとぞ見る」との歌に代表されるように、古来日本人は明滅するホタルの青白い光を魂の姿と見做した。また、宇治のホタルは平安末の同地での合戦で敗れた源頼政の亡魂であるとの逸話も有名な話である。

ホタルに霊性を見出すゲーム作品にいくつかの心当たりがある。まずは妖怪を倒すシミュレーションRPGの『夏神楽』（平成15年）。エンディング間近の場面で、最後の敵である九尾のキツネを倒すと主人公たちの目には舞う燐火が映った。しかし、よく見るとそれは燐火ではなくホタルだった、とのオチである。このホタルを取り戻した平和の象徴と見るか、九尾のキツネの霊的な残骸と見るかは解釈が分かれそうだ。

次は『そらいろ』（平成21年）。主人公とヒロインの篠原花子が宝探しに出かける。その際「月より降りし迦具土の雨、精霊となりて千代を舞う」のヒントをもとに2人は防空壕にたどり着き、その出口で幻想的なホタルの群れと出会って物語はエンディングとなる（**図4**）。言うまで

◆図４　『そらいろ』©ねこねこソフト

◆図5 『フローライトメモリーズ』©2011 Rabbit

もなく、防空壕とは死と隣り合わせの存在だ。『そらいろ』では、ホタルに死霊的な印象が重ねられているわけである。

3番目が『Green Strawberry』(平成22年)。両想いとなった主人公とヒロインの美風が「恋懸けの泉」と呼ばれる池に「いつまでも2人でいられますように」と祈ると、突如ホタルが幻想的に舞い始めるエンディングがある。この作品におけるホタルは求愛の象徴との意味合いが強いが、一方で人々の願いを叶える超自然現象的な性格も含有している。

4番目は『ここから夏のイノセンス!』(平成27年)。未来から過去の世界にやって来た主人公の千種由嗣は勝手がわからずに山中で道に迷ってしまう。しかし千種は1匹のホタルに先導されて星ヶ淵へとたどり着き、そこでヒロインの初姫いろはと出会うこととなる。いろははホタルに導かれて千種と会えたことに運命的なものを感じ取り、そこから2人の恋物語が始まるわけである。この作品で描かれているのは運命をつかさどる霊的ホタルと言えるだろう。

最後は『フローライトメモリーズ』(平成23年)(**図5**)。本作は主人公と転校生の片瀬観琴の恋愛が描かれるラブストーリーである。本作はホタルで有名な狭土ヶ島(注、佐渡島がモデルか?)が舞台設定である上、〝蛍の池〟との名の池もエンディングシーンで登場する。『フローライトメモリーズ』はとにかくシナリオ上、ホタルが重要な鍵となっているわけであるが、バッドエンディングの1つに、観琴が露のように消えうせるとの結末がある。そして、このバッドエンディングでは、観琴は実はホタルの化身だったとプレイヤーに思わしめるようなシナリオとなっている。主人公の前に一夏だけ現れた観琴が短命のホタルの儚さに準えられたわけだ。ヒロインの正体は実はホタルでした、との物語展開はありそうで中々ないものである。

4　悪霊としてのホタル

3で取り上げた霊性ホタルたちは霊と言っても精霊に近いが、より猟奇的な意味を強め、悪霊に準じる生き物としてホタルが描かれることもある。例えば、宮下あきら作のコミック『暁!!男塾　青年よ、大死を抱け』では、「人喰冥骸蛍」との人の血を吸う架空のホタルが主人公の剣獅子丸の前に立ちはだかった。『男塾』シリーズには敵キャラクターが自在に操る毒バチやアリなど、随分物騒な殺人昆虫が登場するが、人喰冥骸蛍はそのうちの1つである。

ゲーム『螢火ノ少女』(平成26年)は文化蛍学的に特筆すべき作品だ。本作では生まれ故郷の螢火島(別名:九尾島)に戻った兄妹が猟奇的惨劇に巻き込まれるストーリーが紡がれる。ゲーム起動時にホタルが乱舞するなど、作品中ではこれでもかとばかりにホタルが現出する。螢火島には死者を蘇らせる儀式があり、ホタルが生と死の両世界の境界を繋ぐ不気味な存在として描かれている。また、螢火島固有種のキュウビボタルの持つ有毒物質が違法ドラックに精製されているとの別面もあり、ホタルは現実社会の犯罪組織の商品との設定でもある。軟鞘類が持つ生化学的特徴が作品で生かされているわけだ。このように『螢火ノ少女』のホタルの扱いは一筋縄ではいかないが、これらのホタルが猟奇的死の形象であることは確かだ。そして、敢えて「螢」との旧字、そしてカタカナの「ノ」をタイトルに用いることで、ユーザーに古(いにしえ)よりの風習の存在を受け付け、作品全体の猟奇性を強めていると言えよう。二次元世界のホタルと言えば、何となく男女の〝キャッキャウフフ〟の場面で使われている印象があるが、実際は**3・4**のように霊性生物として扱われることも珍しくないのである。

さて、「ホタルは綺麗」との正統派ホタル観の産物とも言うべきホタル観賞会は我々にとってなじみ深いものだが、決して日本独特の風俗ではない。例えば、筆者が韓国人甲虫学者のSun-Jae Park博士に聞いたところ、同国でも日本と同様、ホタルを鑑賞するお祭りがあると言う。

ホタルに霊性を見出す発想もまた、日本独特のものではない。例えば、中国のホタルにまつわる故事と言えば蛍雪の功があまりに有名であるが、その一方で農村部にはホタルを死者の魂が化したものとする信仰があった。旧暦の7月は鬼月と呼ばれ、この月の朔日には地獄の門が開き、生前の親族や仇を求める死者の霊が現世に戻ってくるとされていた。そして、その迷信の由来は、7月のホタルの姿が民衆に霊を連想させたのではないかとの考察がある(瀬川千秋『中国.虫の奇聞録』)。また、東南アジアの一部地域でも「ホタルを見ると魂を亡くす」との迷信がある。

筆者はここで何が言いたいのか。大陸の新旧、洋の東西、半球の南北、肌の白黒。所違えば文化が変わるのが人間と言う生き物であるが、一方で所詮は同じ人間。民族が違えど昆虫に対する見方は何だかんだ言って似通ることも少なくない。ホタルはその一例であろう。世界70億人の人類の中で1億数千万人の日本人だけが何か特別な昆虫観を持っているなどと自惚れぬ方がよい(02章33頁参照)。

5　現代文化蛍学最大の謎。二次元世界ではなぜか真夏に飛ぶホタル

日本にはホタル科の甲虫が約50種生息するが、一般に〝ホタル〟と言えば、ゲンジボタルかヘイケボタルのいずれか、ないしは両方を指す。では、日本でホタルの成虫はいつ頃出現し、川辺に光の筋を描くのか？成虫の発生時期は地域差が激しく一概に「いつ」とは答えにくいが、ざっくり言ってしまうなら、本州の非寒冷地域ではゲンジボタルは5月上旬から6月中下旬、ヘイケボタルは6月中旬から7月上旬である。ヘイケボタルの方は8月頃に出現する個体もいるが、ホタルとはようするに初夏の昆虫であって、真夏の昆虫ではない。

にもかかわらず、世間では「ホタルは真夏の虫」との思い込みが根強い。筆者は平成29年4月と平成31年4月、共通教育の授業を利用して福井大学の学生1～4回生の約１００～１２０人にアンケートを行った。ずばり「ホタルは何月頃に見られると思うか？」との問いである。回答は単月のみとし、〝1～3月〟のような期間回答は不可とした。回答母集団の特徴は「学生の出身県は福井を筆頭に、石川・岐阜・愛知・三重などの東海北陸がほとんど。知的レベルは地方国立大学程度。福井県の場合、大雑把に言うならゲンジボタルの成虫発生最盛期は6月上旬、ヘイケボタルの最盛期は6月下旬である。アンケートでは意図的にゲンジボタルかヘイケボタルかを問わなかったので、今回の問いに対する理想の回答は一応〝6月〟となろう。

結果は**表**（次頁）のようになった。1～4月及び11～12月との回答はゼロなので、さすがにホタルを春ないしは冬の虫と思っている学生はいなかった。平成29年と31年の両年ともに、最も回答数が多かったのは7

表　福大生へのアンケート結果

	平成29年	平成31年
月	人　数	人　数
1月	0	0
2月	0	0
3月	0	0
4月	0	0
5月	6	7
6月	30	21
7月	43	37
8月	30	32
9月	12	8
10月	1	1
11月	0	0
12月	0	0
計	122	106

月である。〃7月〃と言っても梅雨明け前の上旬か、夏本番の下旬かで随分意味合いが変わってくるので、このアンケート結果の解釈は難しいところだ。「約6割の学生がホタルの見頃は6～7月の夏前半と正しく回答した」、とポジティブに捉えることもできようが、筆者は「半分以上の学生はホタルを真夏の虫と思っている」とネガティブに解釈したい。最頻値ではないとは言え、ホタルの見頃を8月と答えた学生は両アンケートとも決して少なくないからだ。

このような「ホタルは真夏の虫」との世間の認識を反映しているせいか、ゲームやアニメの画面でもホタルが乱舞するのは大抵真夏である。例えば、ゲーム『初音ミク Project DIVA Future Tone DX』（平成29年）（**図6**）収録の楽曲「タイムマシン」のPV中では、8月と書かれたカレンダーや満開のヒマワリ畑、入道雲等が描かれる中、初音ミクがスイカを頬張り、そして数多のホタルと戯れる描写がある。同ゲーム収録の楽曲「ハト」でも同様のシーンがある。「ハト」のPV中に月日を示す数字は書かれていないが、ミクが砂浜を歩くシーンが描かれていることから、季節は盛夏である、とプレイヤーは解釈するだろう。次にゲーム『ぼくのなつやすみ』（平成12年）では、主人公の〃ボク〃が寄宿先の叔父さんの目を盗んでホタルの乱舞をこっそり見に行くのは8月5日である。

アニメでも同様の傾向がある。『TVアニメ版AIR』第2話と『のんのんびより　りぴーと』第6話。

ストーリー中ではミンミンゼミに加え、晩夏以降のセミであるツクツクボウシが背後で鳴いているにもかかわらず、なぜか夜間の水辺ではホタルが群飛しているのである。令和元年のアニメ『川柳少女』第10話は、ミンミンゼミ、オオクワガタ、肝試しなどなど、盛夏の象徴とも言うべき生き物やイベントが描かれる回だ(**図7**)。しかし、主人公の毒島エイジと雪白七々子たちはやっぱり同じ日にホタル観賞を楽しんでいるのである。平成30年のアニメ『となりの吸血鬼さん』でも、主人公たちが「夏はホタルを見たい」と言う場面がある。

◆図6 『初音ミク Project DIVA Future Tone DX』©SEGA /©Crypton Future Media, INC.

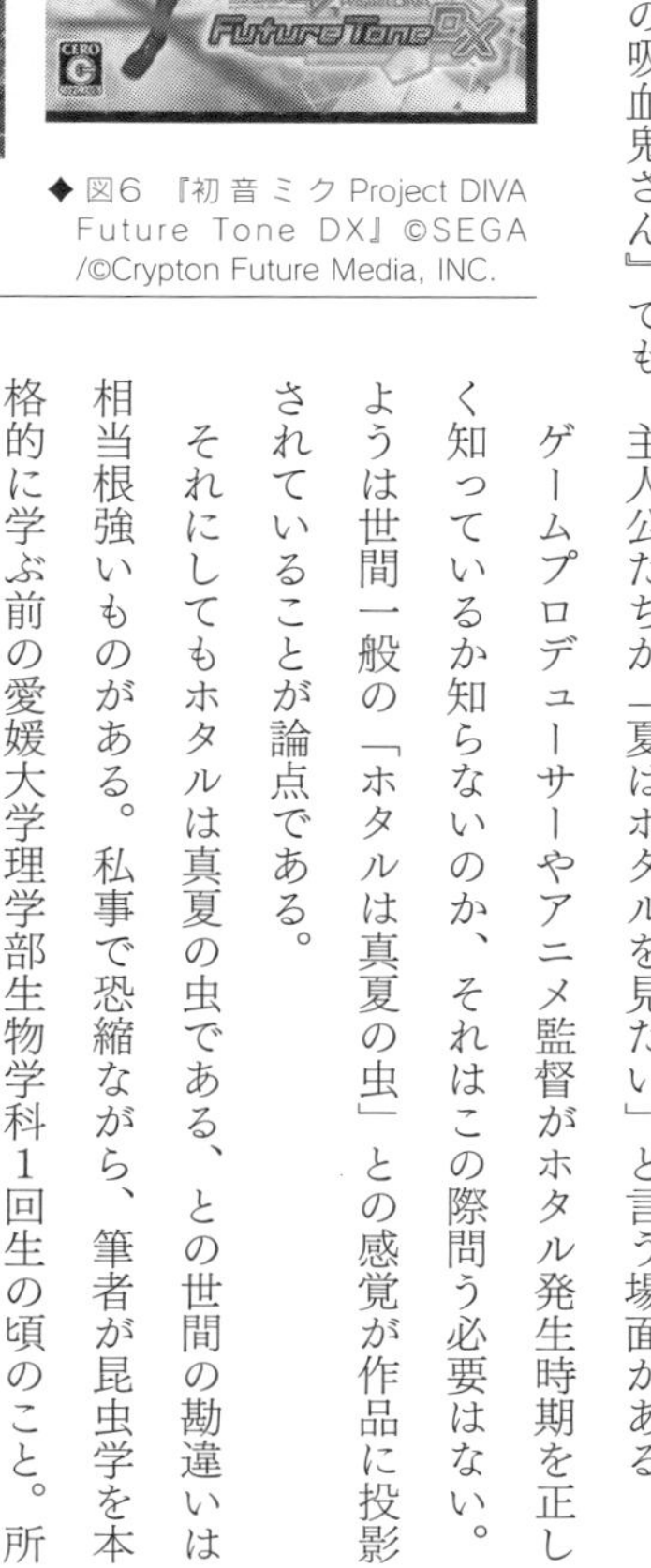

◆図7 コミック版『川柳少女』第9巻 五十嵐正邦 講談社

ゲームプロデューサーやアニメ監督がホタル発生時期を正しく知っているか知らないのか、それはこの際問う必要はない。ようは世間一般の「ホタルは真夏の虫」との感覚が作品に投影されていることが論点である。

それにしてもホタルは真夏の虫である、との世間の勘違いは相当根強いものがある。私事で恐縮ながら、筆者が昆虫学を本格的に学ぶ前の愛媛大学理学部生物学科1回生の頃のこと。所属するサークルの野生生物研究会の先輩から5月末に「ホタルを見に行くぞ」と言われ、酷く驚愕したことを今も鮮明に覚えている。当時の筆者は「ホタルとは盆踊りの帰りにウチワ片手に見物するもの」とばかり思い込んでいたからである。実際、『TVアニメ版AIR』第4話では、ヒロインの1人霧島佳乃が浴衣を着て夏祭りの夜店に向かう途中、川ではホタルが飛んでいるのである。

現代文化蛍学最大の謎はこの「なぜ多くの日本人はホタルを真夏の虫と勘違いしているか？」である。相当前から筆者はこの問いに悩み続けているが、うまい回答に辿り着けていない。かろうじて憶測を述べることが許されるならば、ホタル観賞と着物姿の人々が結びついたからではないか、と筆者は考える。例えば、明治26年6月8日付神戸又新日報には「夢野、平野等には振りの袖翻して岐阜団扇軽く一蛍柳條に触れて落ちかゝるを見」と、振り袖姿の少女たちのホタル狩りの様子を表した記事がある。この「着物をめかし込んだ人々による、奥ゆかしい伝統的なホタル観賞」との漠然としたイメージが、いつしか「浴衣を着てホタル観賞」（**注1**）へと変化し、やがて「浴衣姿の人々が夏祭りの日にホタルを見物する」との思い込みに至った、と言うのが筆者の憶測だ。ホタルの実物を見る機会がない都会人であれば、この思い込みを是正する機会がなくても不思議ではない。

筆者のこの憶測がホタルを真夏の虫に位置付けた原点と言ってよいのかどうかはわからない。現代文化蛍学最大の謎は未だ解けぬままである。しかし、何らかのきっかけにより、人々の思い込みが一度世間に定着すると、それを払拭するのは容易ではないことは、次の現代文化蝉学で詳しく述べることとしよう（291頁）。何はともあれ、今後もマンガやアニメ、ドラマで「盆踊りの帰りにホタル見物」との演出が繰り返しなされ、季節違いの知見は人々の記憶に上書きされ続けていくのだろう。

（保科英人）

注1　筆者は戦前生まれの方から「当時はみんな浴衣を着てホタル狩りに行った」と聞いたことがある。

14章 現代文化蟬学――アニメ・ゲーム篇

ギリシャに生まれ、日本に骨を埋めた欧州人作家の小泉八雲は「日本のセミはギリシャのセミと比較すると、音楽的に鳴くものは少なく、大多数のものは驚くほど騒々しい。彼らの鳴き声はあまりにうるさいため、夏の季節の大きな苦痛の一つに思われているくらいだ」と記した（長澤純夫編訳『蝶の幻想』収録「蝉」）。無論、我が国の自然や民俗を愛した八雲が「日本のセミはうるさくて大嫌いだ」と心底嫌悪していたわけではあるまい。八雲はセミが詠まれた俳句や都都逸を列挙し、「これらの小さな句の中に秘められている思想は、虫の声の哀れさとともに、自然の寂寞のなかから訴えてくる夏の憂愁を説明している」と指摘しているので、日本のセミにそれ相応の感慨を持ったはずである。

一方、知日派欧米人であっても、八雲とは異なり日本のセミに特に好き嫌いと言った関心を払わなかった外国人もいる。明治初期、福井藩や大学南校（東京大学の前身の1つ）のアメリカ人化学教師だったグリフィスは帰国後に日本の昆虫をキャラクター化したお伽話を執筆した。しかし、福井滞在中の彼の日記を見る限り、カエルの鳴き声や蚊についての感想は述べられているが、セミについては一切言及がない（拙文「お雇い外国人グリフィスが描いたお伽話の中の日本の甲虫たち」）。グリフィスが日本の昆虫に興味を持ったのは確実であるが、セミの鳴き声に限れば日記に書き留めたいほどの関心が湧かなかった、と解釈するのが妥当だろう。

では、我々日本人は自国のセミとどのように向き合ってきたか。本書は「お堅い文化と決別した文化昆虫学」を売りにしているので、平安王朝文学におけるセミがどうのこうのと書くのはやめにする。ここでは日本人は古来セミに情趣を見出してきた、とだけ申し上げておこう。明治時代の日本人もまたセミに情緒の感情を抱いていた。明治21年7月13日付福井新報は「樹木の生ひ茂げれるところにては蝉の吟する聲を聞き初めしが（中略）蝉聲にも氣の置ける心地せらる」とセミの合唱に思いを寄せている。また、明治20年代半ばの東京ではなんと上野や日暮里の森で捕られたセミが売られていた。1頭1厘5毛〜3厘くらいの価格であったと言う（明治25年8月25日付読売新聞）。

現在でもセミは新聞のコラムの季節雑感の格好の素材とされている。また、平成30年7月21日付配信の日刊スポーツ記事によれば、安倍晋三首相は「自民党総裁選出馬については蝉時雨を聞きながら考えたい」と述べたと言う。さらに安倍さんは同年1月には「出馬表明は国会が終わり、セミの声が聞こえて来たら明かにする」とも語っていたそうだから、我らが首相様も随分なセミ好きの御仁である。

何はともあれ大半の現代日本人にとってセミは大なり小なり親しみを感じる虫である。本章では主にアニメやゲームを題材としたセミの文化昆虫学的考察、すなわち「現代文化蝉学」を展開していこうと思う。

1　夏の季節の表象に徹するアニメやゲーム世界でのセミ

アニメやゲームで、僅か一週間の儚い命を持つとの観点でのセミの描写は意外に少ない気がする。その描き方はあまりに詩的すぎるからであろうか。平成21年のゲーム『ナツユメナギサ』は筆者が思いつく数少ないこの事例の1つである。同作品は常夏の臨海副都心の島「hope」が舞台。ヒロインの1人で幼少時より病弱だった遠野はるかは「自分はセミだ」と自覚している。彼女は、閉じ込められた環境から脱出する願望と、与えられた命が短いとの覚悟、2つの意味で自らをセミに準えた。はるかは、常夏の町へ来れば自分もセミのようになれるのではないかと思い、この街にやって来た。そして、セミを「短く生き、自らが生きた証に子供を残すもの」との考えに至った。その覚悟通り、はるかは主人公である郡山渚の子を宿し、無理を押して産んだのち、その生を終えることとなる（**図1**）。病弱なヒロインが「自分はセミである」とまで宣言し、己の人生をセミと重ね合わせる『ナツユメナギサ』の悲劇的描写は他に例を見ない作品と言ってよい。

◆図1　『ナツユメナギサ』©SAGA PLANETS

一方、全くの逆の事例。これまた数は少ないのだが、セミをギャグシーンで用いる場合がたまにある。例えば2000年代のヒットゲーム『つよきす』。主人公の悪友がロリコンであると自白した時に、昼間の校舎の中であるにもかかわらず「カナカナカナ」とヒグラシの声がバックに流れるシーンがある。また、アニメ『ももくり』（平成27年放送）でもヒロインの栗原雪がカレシの桃月心也への変質的な愛情に悶える時に、やはりヒグラシの声を流すとの演出があった。どうやらヒグラシはギャグシーンとの親和性があるようだ。

2番目は令和元年のTVアニメ『からかい上手の高木さん2』。中学生の西片君と高木さんが駄菓子屋に行った時、高木さんは「友達に見られたら、私たちデートしていると思われるかも?」と西片君をからかう。案の定、2人は級友に目撃されてしまい、西片君は凍り付く。そして西片君をあざ笑うかのようにアブラゼミが鳴く、との場面がある。

3番目は平成30年放送のコメディアニメ『邪神ちゃんドロップキック』。登場人物の1人ぺこらは地上でホームレス生活を余儀なくされている極貧の天使。ぺこらは公園の水道でペットボトルに水をくんで段ボールハウスに戻る途中、つまずいてこけてしまう。すると、ぺこらをさも馬鹿にするように、種不明のセミがパタパタパタパタと飛び去るのである。カラスに「アホー」と鳴かせるのと同じ演出だ。

以上の悲劇とギャグ。前述の通りこれらは例外的なセミの使用法である。この他の少数使用事例としては、アメリカの有名な17年ゼミを念頭に置いた諸作品がある。例えば、令和元年、オーストラリア人童話作家のショーン・タンによる17年ゼミをイメージした作品である『セミ』(岸本佐知子訳)が出版された。日本にも『アースライト・ウォーズ.割れぬ少女と蝉の王』(平成22年)のように、やはり17年ゼミがモデルと思しきライトノベルがある。

とは言え、作品中のセミの大半は本書03章39頁で述べた通り、鳴くことで夏と言う季節を表象する役目に専念している。コミックと異なり、BGMを有効な演出手段として使えるゲームやアニメでは、特にセミの鳴き声は重宝される傾向がある。そして、セミの姿形は一切登場せず、ただ鳴き声だけが使われるとの作品がほとんどなのである。

さて、我々の身近なセミにはミンミンゼミ、アブラゼミ、ニイニイゼミ、ヒグラシ、ツクツクボウシ、クマゼミの6種がいると既に41頁で述べた。実は日本には計30種強のセミが分布する。そのうちハルゼミやエゾゼミ、アカエゾゼミ、ヒメハルゼミなどは決して珍しいセミではないのだが、かと言って町の公園や郊外で簡単に見られるセミでもない。よほどの特殊事例でない限り、エゾゼミやアカエゾゼミの鳴き声がアニメ、ゲーム、ドラマなどで使用されることはないのだ。以下、ミンミンゼミなどの身近なセミ6種の二次元世界での分布状況を記すことにしよう。

2　夏突入の高揚感の代名詞であるミンミンゼミ

いよいよ夏の始まり、ないしは学校を舞台とする作品であれば、定期試験終了そして夏休み突入との場面で、もっともよく使われるのがミンミンゼミの鳴き声だ。2000年~2010年代のゲームでは『夏色小町』『夏少女』『はぴ☆さま』『ねここい』『ラブラブル』『キミの瞳にヒットミー』(図2)などなど。近年のTVアニメで言えば『小林さんちのメイドラゴン』『となりの吸血鬼さん』『俺が好きなのは妹だけど妹じゃない』『私に天使が舞い降りた!』『ひとりぼっちの○○生活』『川柳少女』『世話やきキツネの仙狐さん』『ぼくたちは勉強ができない』『ダンベル何キロ持てる?』などなど。これらの作品では夏突入との段階

◆図2 『キミの瞳にヒットミー』©GIGA 2017

でミンミンゼミの鳴き声が繰り返し流される。類似の事例としては他にも多くあり、枚挙にいとまがない。とにかく「さあこれより夏です」とのシーンではミンミンゼミを鳴かせておけば間違いはない、との意識が作り手側にあるらしい。ミンミンゼミが如何に夏の到来を告げる生物として重宝されているかがわる。ファンタジーもののゲーム『プリミティブリンク』だと、魔法の国の異世界ですらミンミンゼミが鳴いている始末。どうやら二次元世界では、日本だろうが地球外だろうが、町だろうが農村だろうが、ミンミンゼミは世界の隅々まで分布している最優占種のセミのようである。

ただ、毎年現実世界でセミの声に耳を傾ける昆虫学者からすれば、ミンミンゼミを盛夏の初っ端に持ってくる演出には多々思うところがある。7月中旬に羽化を始め、8月上旬～中旬に成虫個体数のピークを迎えるミンミンゼミが盛夏のセミであることは間違いない。しかし、東京の都心部では珍しくないミンミンゼミだが、実は全国どこでも普通のセミと言うわけではない。例えば、ミンミンゼミは大阪市中心部にはほとんどどいないのである（沼田英治・初宿成彦『都会にすむセミたち』）。筆者が住む福井市でも盛夏の町中にいるのは、アブラゼミとニイニイゼミだけである。つまり、日本人の全てが毎年ミンミンゼミの声を身近で聞いているわけではないにもかかわらず、なぜか夏到来の合図で「ミーンミーン」との演出を強制的に聞かされるのは、やや不可解だ。この辺は「全国民は首都に住む方々の感性に合わせろ」と言われれば、我慢するしかないのか。

学生なら誰しもが憂鬱な定期試験なわけだが、二次元世界ではその拷問期間の終了を告げ、夏休みの開始を告げるのが前述のようにミンミンゼミなのだ。つまり、ミンミンゼミの役割は開放および高揚感である。

「ミーンミーン」との大きな鳴き声の騒々しさ及び力強さが、ミンミンゼミにその役割を与えている。夏の演出として特にミンミンゼミが多用される背景については、本章**9**で他のセミ類と比較しつつ、改めて検証することとしたい。

3　身近なセミ6種の一角を占めるのになぜか出番が全くないニイニイゼミ

お次はニイニイゼミに関するお話。身近な6種のセミのうち、毎年最も早く成虫が羽化するのはほぼ間違いなくニイニイゼミである。他の5種よりも約一か月早い初夏の6月中下旬に成虫が鳴き始める。続いてアブラゼミ、ミンミンゼミ、クマゼミ、ヒグラシがだいたい7月中旬前後に出現。8月に最後のツクツクボウシの成虫が出て来る、と言うのがざっくりとした〝セミ・カレンダー〟だ。ニイニイゼミはアブラゼミと同様に9月中旬頃に姿を消す。つまり、日本人なら誰しもが知るアブラゼミと比較すると、ニイニイゼミは成虫の出現時期が早い分だけ、より長い期間我々の目に触れているはずである。

にもかかわらず、アニメやゲームの世界ではニイニイゼミはその存在が認められない。鳴き声を使ってもらえないのだ。数例を出すと、ゲーム『月は東に日は西に』『夏色ラムネ』、そしてTVアニメ『ドメスティックな彼女』。これら3作品では、7月下旬の定期試験が終わった途端にミンミンゼミが鳴きだすとの演出がある。これは本章**2**で述べたミンミンゼミを用いた王道的演出法だ。となると、その前の7月上旬、つまりキャラクターたちが試験勉強に勤しむ背後では、生物学的にはニイニイゼミが鳴いているはずである。しかし、なぜか右の3作品ではその時期、町中はしーんとなっており、セミは全く発生していないが如くである。ようするに、本来なら初夏には出現しているはずのニイニイゼミはクリエイターたちから完全無視されているのである。

現実世界ではニイニイゼミは町中でそこそこ普通に見られるのに、なぜ二次元世界では登板機会が与えられないのだろうか？　まず、人々の頭の中でニイニイゼミの存在感の薄さが挙げられよう。ニイニイゼミは6月から9月までの長期にわたって成虫が出現し、特に6月はニイニイゼミの一人舞台であるにもかかわらず、7月中旬以降に声量が大きいアブラゼミが鳴き始めると、相対的に小声で甲高いニイニイゼミの声はかき消されてしまう。つまり、一般の人々の認識からニイニイゼミの存在自体が失われがちなのである。

この他、ゲーム・アニメにおけるニイニイゼミの鳴き声の不採用の背景には、日本人のセミ全体への印象も影響していると思われる。それについては改めて本章**8**で後述することとする。

4　最も効果的に郷愁を表現するヒグラシ

3番目はヒグラシだ。かの蜻蛉日記の作者は逢坂山の麓で盛んに鳴くヒグラシの声を聞き、「なきかへる声ぞきほひて聞ゆなる待ちやしつらむ関のひぐらし」との歌を思いついた。日本人にとって夕方に哀しげに合唱するヒグラシは、まさに日本の夏の夕暮れへの郷愁の象徴である。この点は蜻蛉日記の著者も現代人も変わるところが無い。

アニメの描写で、お空をオレンジ色に塗って、バックで「カナカナカナカナ」と鳴かせれば、ほぼ全ての日本人が夏の黄昏時と理解する。夕方だけに鳴くセミが他にいないこともあって、とにかく夕方時におけるヒグラシの存在感は圧倒的である。ヒグラシが夕方を告げる演出として登場するゲームやアニメとして『水夏』『こすぷれＣＯＭＰＬＥＸ』（**図3**）『_summer』『ひまわり!!あなただけを見つめてる』『ラムネ２』『夏めろ』『のんのんびより』『夏の魔女のパレード』『ゆるゆり』『ＴＶアニメ版この世の果てで恋を唄う少女ＹＵ－ＮＯ』などなど、いくらでも挙げられるがこれくらいにしておこう。

ヒグラシの鳴き声は単に夕方の１時点を指すだけでなく、時間が経過したことを表す表現にも使われる。複数種類のセミの声を練り込んで、キャラクターたちの心の沈痛を巧みに演出したのが平成17年発売ゲームの『智代アフター』だ。主人公の岡崎朋也と恋人の坂上智代は、母親に捨てられた幼稚園児のともの面倒を見始める。やがて２人はともの母親である三島侑子と、ミンミンゼミの声が鳴り響く公園で会うことができた。朋也は母親に現在の住所を尋ねるが、侑子は「もうあなた方と会うこともないので住所を教える必要はない」と言い放つ。すると３人の周囲からミンミンゼミの声が消えてしまった。朋也と智代の２人は返す言葉もない。結局、母親との協議が物別れに終わった後、夕方の公園で無力に立ちすくむ２人を包んだのはヒグラシの声だった……。ミンミンゼミからヒグラシへの鳴き声の変化が時間の経過を示しているのは言うまでもない。さらに付け加えるならば、陽気なミンミンゼミで始まり、途中のセミの声の消失を挟みつつ、哀しげなヒグラシの声で終えることで、かすかな希望を断ち切られた朋也と

◆図３　『こすぷれCOMPLEX』DVD2巻　©ワンダーファーム ©「こすぷれCOMPLEX」製作委員会

智代、そして捨てられたともの心情が巧妙に比喩されているわけである（**図4**）。

ヒグラシはシリアスなシーンと相性が抜群に良い。平成31年放送の高校女子野球部アニメ『八月のシンデレラナイン』第10話。女子野球部キャプテンの有原翼は幼なじみの河北智恵をレギュラーから外す苦渋の選択をチームに発表する。ヒグラシの声が鳴り響くその日の夕方、翼は校舎の屋上で思い悩み、チームメイトの野崎夕姫が慰める場面があった。バックのヒグラシが2人のやるせない思いを表象していると言えよう。この他、本作の第11話の高校女子野球大会の第一試合開始直前にはセミの抜け殻（種不明）が画面全体で描かれる。この場面はいよいよ雄飛せんとするチームメンバーの意気を表象しているようにも思える。『八月のシンデレラナイン』は随所にセミが登場する、文化蝉学上の重要題材なのだ。

◆図4　『智代アフター』©VISUAL ARTS/Key

5　なぜか町中でも鳴いているヒグラシ

ヒグラシは黄昏時のセミとのイメージが強烈すぎるせいか、夕方との時間設定でさえあれば、ヒグラシは二次元世界でところ構わず鳴いているような気がする。しかし、ここに1つの大きな落とし穴がある。それは、ヒグラシは原則森の中でしか鳴かない、との歴然たる生物学的特徴だ。東京や大阪はもちろん、筆者が居住する地方都市の福井市でさえ、町中でヒグラシの鳴き声を聞くことはまずない。ヒグラシの声を聞きたければ、山の手にあるスギ植林に行くしかない。

しかし、二次元世界ではなぜかヒグラシは町のど真ん中でも平気で鳴いている。『ナツメグ』『ゆるゆり♪♪』『たまこまーけっと』『ももくり』『すのはら荘の管理人さん』『私に天使が舞い降りた！』『ドメスティックな彼女』『ひとりぼっちの○○生活』などなど、画面を見る限りスギ林からはほど遠い町中であるにも関わらず、なぜかヒグラシが夕方を告げている描写がある。平成28年のゲーム『戦国無双　真田丸』（図5）になると、何と真夜中の町中でヒグラシが鳴いているのである。

さらに平成30年のＴＶアニメ『はるかなレシーブ』『Release The Spyce』の作品中では、沖縄には本来生息していないはずのヒグラシがヒロインたちに夕方を告げている始末である。

◆図５　『戦国無双　真田丸』©2016 コーエーテクモゲームス

このようにヒグラシの鳴き声を用いた描写を見る限り、現実世界と二次元世界の間にある種の乖離が見られることは確かである。逆に言えば、黄昏時のヒグラシの鳴き声が日本人の意識にあまりに強固に埋め込まれており、ヒグラシは全国の町中にいると思い込んでいるが故の演出、とも解釈できる。また、「夕方を告げる」との役回りは他に代替できるセミがいない以上、たとえ町中であったとしてもヒグラシを起用せざるを得ない、との事情がクリエイター側にあるのかもしれない。

◆図６『恋する姉妹の六重奏』(C) PeasSoft

6　なぜか真夏に鳴いているツクツクボウシ

鳴き声そのまんまの名前を持つツクツクボウシ。ミンミンゼミ同様、国民の大半がその名と鳴き声を知る有名なセミだ。しかし、抜群のその知名度とは裏腹に、ツクツクボウシもまた、アニメやゲームの世界では実際の生物学特徴をやや逸脱した用いられ方をしている。

本章**2**で述べたように、夏の到来を告げる役割を担うのはミンミンゼミだ。しかし、まずは初っ端の「ミーンミーン」との声を流した直後に「ツクツクボーシ、ツクツクボーシ」との鳴き声が続く場合、ないしは両種のセミを同時に鳴かせる演出は多い。『よつのは』『TVアニメ版AIR』『恋する姉妹の六重奏』（**図6**）『アマツツミ』などは、その事例のほんの一部である。次にミンミンゼミとセットではなく、事例としては少なめながら『水夏』『あののの』『天神乱漫』『のんのんびより　りぴーと』などアニメ・ゲーム諸作品では、盛夏の象徴としてツクツクボウシ単独の声が流される場面がある。

真夏にツクツクボウシを鳴かせて何か問題があるのか？　実は昆虫学の理屈で言えば、ツクツクボウシは確かに7月下旬に出現する成虫もいるが、個体数が増えて「ツクツクボーシ、ツクツクボーシ」とのやかましい声で町や山が覆われるのは8月下旬〜9月中旬である。つまり、ツクツクボウシは小学生に「さあ遊びやがれ」と夏休み開始を祝うセミではなく、「夏休みも残り少ないから、そろそろ宿題に取り掛かれ」と勉強を催促するセミなのである。ざっくばらんに言うとツクツクボウシとは〝秋のセミ〟と呼んでも差し支えない。『そらいろ』は残暑の季節の描写としてツクツクボウシの声が活用されている数少ないゲームの一事例であるが、大半の作品ではツクツクボウシはミンミンゼミと同じく夏の象徴として扱われている。

ツクツクボウシは町中でも盆以降普通に誰しもが声を聞くことができるセミである。よって、少しばかりセミの声に耳を傾ければ、ツクツクボウシが初秋のセミであることは誰にでもわかるはずなのだ。なのに、二次元世界では盛夏のBGMとしてツクツクボウシの鳴き声が使われるとは不思議な話である。この状況を生み出した背景については筆者には思うところがある。その点は本章8で後述することとしよう。

7　生物学的特徴をまあまあ正しく反映している二次元世界のアブラゼミとクマゼミ

昆虫学者としてはツッコミたいところがあるミンミンゼミ、ニイニイゼミ、ヒグラシ、ツクツクボウシの4種の取り扱われ方。一方、それらと比較するとアニメ・ゲームの世界ではそれなりに実際の生物学的特徴を反映した用いられ方をしているのがアブラゼミとクマゼミである。7月中旬に出現し9月中旬ぐらいには姿を消すアブラゼミとクマゼミは、ミンミンゼミ同様、文句なく盛夏のセミである。

アブラゼミは日本のセミの中の最普通種であり、特徴的な茶色い羽を持つ。そして、アブラゼミの鳴き声をカタカナに直すと「ジリジリジリジリ……」である。夏の演出としてミンミンゼミとセットでアブラゼミの鳴き声を使用している事例は多い。一方で、数は少ないがアブラゼミ単独で鳴き声が用いられる作品もある。『TV版Happy Lesson』『アッチむいて恋』『彼女が俺にくれたもの俺が彼女にあげるもの』『OVA To Heart2』『ソ・ラ・ノ・ヲ・ト』『SHUFFLE！』『ゆるゆり』『邪神ちゃんドロップキック』『となりの吸血鬼さん』などなど、アブラゼミが何らかの形で登場するアニメやゲームの事例作品をいくらでもあげることができるが、これくらいにしておこう。

前述の通り、アニメやゲーム作品において、セミはただキャラクターの背後でがなり立てるだけであって、姿を視聴者の前に見せることはない。それでも稀に鳴き声とともに外見が描かれることがある。そして、その描かれるセミとはほぼアブラゼミであると言ってよい。『のんのんびより りぴーと』第7話、『この世の果てで恋を唄う少女YU-NO』第4話、『8月のシンデレラナイン』第9話はその数少ない例だ。茶色い羽のアブラゼミが大半の日本人にとって極めて身近な存在であることの証である。

一方、「シュワシュワシュワシュワシュワ」と鳴くクマゼミ。本種は関東以西の本州、四国、九州、琉球列島などの温暖な地域に生息する南方系のセミだ。ここで、クマゼミを「本州の海沿いの町や西南日本など、温暖な地域を好むセミ」と単純化してみよう。すると、アニメやゲームの世界では、相当程度「昆虫学的に正しい場所で」クマゼミの声が響いていることがわかる。例えば、『TV版AIR』『TVアニメ版キミキス』『アステリズム』『間宮くんちの五つ子事情』などのアニメ・ゲーム諸作品ではキャラクターたちが海辺にいるその時に、クマゼミの声がバックに流される。そして、最近のTVアニメ『サークレットプリンセス』『ゾンビランドサガ』では、それぞれ場所が西南日本の和歌山そして佐賀であると明示したうえで、やはりクマゼミの声が用いられている。大学院生時、博多に5年間住んだ筆者は、九州がいかにクマゼミが多いかを身に染みて知っている。『ゾンビランドサガ』は佐賀県を舞台にし、徹頭徹尾佐賀ネタにこだわった人気アニメだ（**図7**）。監督がそこまで考えて九州北部の夏の風物詩のクマゼミの声を作品中に用いたのだとすれば、その手腕は大したものと言わねばならない。

常日頃アニメやゲームの世界のセミを斜めから見ている筆者であるが、アブラゼミとクマゼミの用いられ方については特に大きな文句をつける隙はなさそうである。

8　実世界の生物学的特徴を正しく反映していない二次元世界の昆虫たち

平成30年度放送のTVアニメ『ゾンビランドサガ』第10話。話の開始直後に木の葉が舞い落ち、キリギリスが鳴くシーンがある。一見何の変哲もない場面のように思えるが、多少虫に知識がある人間なら物申したいところである。この場面は明らかに秋の描写なのであるが、キリギリスは基本盛夏の昆虫であり、秋になるとほぼ見られない。ここはエンマコオロギを鳴かしておいた方が無難なのだ。

◆図7　『ゾンビランドサガ』©ゾンビランドサガ製作委員会 (P) 2018 AVEX PICTURES INC.

『ゾンビランドサガ』第10話から読み取れるのは、スズムシやコオロギなどの鳴く直翅類は秋の虫である。だから、その仲間であるキリギリスも秋に鳴くはずと世間は思い込んでいる、との点である。アニメやゲームでは昆虫の鳴き声が季節や時間を表す演出に頻繁に使われているわけだが、それが昆虫生態学な知見を正しく反映しているかどうかはまた別問題なのだ。

また、虫の声を逆手に取った、以下のようなイチャモンも可能である。4人の女子高生が無人島に漂着する令和元年のTVアニメ『ソウナンですか?』。彼女らは自分らのいる島が地球のどこなのか不安にさいなまれているが、何てことはない。アニメ中ではミンミンゼミ、アブラゼミ、クマゼミが鳴いているので、この無人島が日本の領域であることは明らかなのだ。彼女らのリーダーでありサバイバル技能に長けた鬼島ほまれはやたらと生き物に詳しいのだが、なぜかセミの鳴き声は聞き分けられないようである……。

さて、実際の自然界以上に幅をきかせるミンミンゼミ。初夏にたくさんいるはずなのに作品中ではなぜか存在が抹消されているニイニイゼミ。鳴く場所がどこかおかしいヒグラシ。鳴く季節がどこかおかしいツクボウシ。やはり二次元世界のセミは実世界のセミと少なからず逸脱しているところがある。

その乖離を生みだす理由の1つは「俳句の世界において蝉は夏の季語」との常識を持ち出すまでもなく、やはり「セミは夏だけに出現する昆虫である」との人々の意識があまりに強固である、との点が挙げられよう。さらに付け加えるならば、「セミは夏限定の虫」のように、一度人々に染みついた認識を変えるのは容易ではない、と言うことだ。そして、アニメ監督やゲームプロデューサーは正しい科学知識を普及し、人々の常識に誤りがあれば是正する責任を負っているわけではない。アニメやゲームの演出はあくまで大多数のユーザーの科学リテラシーのレベルに合わせなくてはならない。となると、「あれ?　セミは真夏の虫だよね。何で梅雨なのにセミが鳴いてんの?」との疑問を視聴者に持たせるリスクを冒してまで、6月にニイニイゼミを鳴かせる演出上の必要もないわけだ。

よって、二次元世界ではおそらく未来永劫ニイニイゼミは生息しないし、ヒグラシは町のど真ん中でカナカナと鳴くし、ツクツクボウシはミンミンゼミと共に夏の到来を告げ続けるに違いない。

9　ミンミンゼミが特に重宝される理由は動物学の理屈だけでは説明しきれない

二次元世界で無きものとされるニイニイゼミ、夕方限定で鳴くヒグラシを除く、ミンミンゼミ、アブラゼミ、ツクツクボウシ、クマゼミ4種に改めて着目してみた。すると、夏の到来、または夏真っ盛りの演出として、①ミンミンゼミが単独で鳴く、②最初にミンミンゼミを鳴かせ、続けてツクツクボウシかアブラゼミの鳴き声を流す、③ミンミンゼミとアブラゼミを同時に鳴かせる、④ミンミンゼミとツクツクボウシを同時に鳴かせる、⑤ミンミンゼミとクマゼミを同時に鳴かせる、のいずれかに該当する作品が多い。一方で、⑥アブラゼミ、ツクツクボウシ、クマゼミいずれかが単独で鳴く、⑦アブラゼミ、ツクツクボウシ、クマゼミのいずれかがペアを組んで鳴く、との演出をしている作品はかなりの少数派であることに気付いた。ようするに夏の演出はあくまでミンミンゼミが中心なのである。

平成20年のOVA『ないしょのつぼみ』第2話では、校庭の木に止まっているセミの姿形は明らかにアブラゼミなのに、鳴き声はなぜかミンミンゼミだった。似たような場面は平成24年『ゆるゆり♪♪』第5話、平成25年『たまこまーけっと』第6話、平成30年『キューティーハニーユニバース』第6話、同年『となりの吸血鬼さん』第7話にもある。セミの鳴き声と外見との不一致については、日本で最も人目に触れやすいのは茶色の羽を持つアブラゼミなので、アニメ中でも描かれやすいのであろう、一方で最も強く印象に残る

表　頭に浮かぶセミの鳴き声

	全　体	福井県
ミンミンゼミ	66	32
アブラゼミ	15	6
ツクツクボウシ	9	5
クマゼミ	4	0
ヒグラシ	3	2
計（人数）	97	45

鳴き声はミンミンゼミだから、と理由付けすることも可能だ。とにかく如何に「ミーンミーン」との鳴き声がアニメやゲームで重宝されているかがわかる。

手元にセミの鳴き声に関する興味深いデータがある。筆者は勤務先の福井大学の学生97人に対し出身都道府県を記入させ、さらに「あなたの頭に浮かぶセミの鳴き声を1つだけ書きなさい」とのアンケートを行った。そして「ミーンミーン」などと書かれた鳴き声を基に筆者がセミの種を特定した後、集計した。その結果が**表**である。その傾向は明らかで、約7割の学生の頭に最初に浮かんだのはミンミンゼミの鳴き声なのである。しかも、前述の通り、福井県の町中、そして福井大学のキャンパス内にはミンミンゼミはいない。にもかかわらず、7割以上の福井県出身者はセミと問われれば、まずミンミンゼミを思い浮かべるのである。福井県人の彼らがどの程度ドラマやアニメの影響を受けているのかは不明だが、ミンミンゼミの印象が如何に強烈に刷り込まれているかを示す数値ではある。

しかし、「ミンミンゼミの鳴き声が他のセミよりも突出して用いられている理由を動物学の論理だけで解説できるか」と問われれば、それは難しいと答えざるを得ない。一応、ミンミンゼミの「ミーンミーンとの鳴き声のカタカナへの直しやすさ」がミンミンゼミの人々への認識されやすさに関係している、と言うのが筆者の推測だ。アブラゼミは身近に非常に多いセミでありながら、ミンミンゼミほど鳴き声を的確かつ簡潔にカタカナで表現できない。クマゼミも然りである。

もちろん、ミンミンゼミの鳴き声は他のセミよりも力強く感じられ、聞き手の印象に残りやすいから演出に用いられるとの推測も当然成り立つ。しかし、その推測の妥当性を検証するには生物音響学に加え、聴覚心理学や言語心理学的な分析が必要である。また、ゲームやアニメで用いられるセミの鳴き声の大半は人工合成音のようだから、製作技術上の制約との問題もあるはずだ。さらに、当然前述の通り「最大の人口を擁する首都圏ではミンミンゼミは普通のセミ」との人口社会学的な事情も絡んでくる。となると「二次元世界の夏の演出では、なぜミンミンゼミがずば抜けて重宝されるのか?」との命題は、もはや一介の昆虫分類学者である筆者の手に負える代物ではない。

ただ、ここで1つ言えるのは、動物学や社会学、聴覚心理学的側面、そして製作技術など諸事情などが過去に総合された結果、「ミンミンゼミこそが代表的なセミだ」との認識が世間に定着した。そして、現在もアニメやドラマでその認識が視聴者の脳に上書きされ続けている、とのことである。となると、夏を演出する側としては物語の舞台が東京だろうが大阪だろうが魔法の国だろうが、人々の頭に定着したミンミンゼミの鳴き声を流し続ける方が無難となり、未来永劫それが続く、との結論になる。本章8で述べたように、一度世間に流布した常識を変えるのは並大抵のことでない。ましてや、医学や栄養学上の誤りならともかく、演出上のセミの鳴き声の科学的な間違いなんぞ実害をもたらすことはないのだから、放置しても何ら構わないのである。

（保科英人）

15章 二次元世界の現代文化蛙学

世間に星の数ほどいる気持ち悪い動物のうち、東西の両横綱が昆虫と両生爬虫類である。環形動物のゴカイや扁形動物のコウガイビルも十分キモいのだが、これらは何分一般人の目に入る機会が多くない。一方、両生爬虫類は人間と完全無縁の存在ではない。両生爬虫類の中で最も人目に触れる機会が多いのはカエルである。さすがに東京や大阪の繁華街でカエルを目にするのは困難だが、都市公園に小さな池さえあれば百万都市であってもアマガエルの声を聞くことは可能である。

本書はとにかくお堅い文化との決別を最大の目的としているので、古事記や鳥獣戯画に描かれたカエルがどうのこうとの話は止めておこう。古来、何だかんだ言って日本人はカエルに親しみを感じてきた、との結論だけ申し上げておく。美術史家の宮下規久朗・神戸大学教授は「日本ほど蛙が愛されている国はない」と断言する（宮下『モチーフで読む美術史2』）。現代欧州や米国にもカエルグッズは満ち溢れているようなので（写真集『乙女の玉手箱シリーズ　カエル』）、日本人が世界で突出してカエル好きな民族かどうかは疑問が残る。とは言え、我々がカエルに好意的な民族であることは確かであろう。

その一方で、筆者はカエルを気持ち悪い、嫌いだ、見たくないとの女子大生を何人も指導してきた。彼女らのカエルに対する嫌悪感はどうやら生理的なもののようで、如何ともし難いものである。他の動物同様、日本人のカエル観もそう単純ではない。

06章では明治大正期の日本人とカジカガエルの関係を紹介した。本章では現実世界では女性に嫌われがちであるにもかかわらず、二次元世界では少女としっかり結ばれているカエルたちについて考察したい。

1 カエル型戦闘機あれこれ

鎌倉時代成立の軍記物語『平治物語』には、以下の中国の故事が引用されている。ある時、越王は故郷へ帰る時、道で蛙が跳ねていたのを見て、わざわざ馬から下りて通り抜けた。不思議に思った人が「どうしてそんなことをしたのですか」とたずねると、越王は「勇ましい者を称えたまでだ」と答えた。すると「世にはこのような賢人がいるものだ」と評判になり、当国他国から大勢の人々が越王の軍陣に加わった、と言うのである。似たような話は室町時代成立の『太平記』にもある。やはり越王が車で本国に帰る時、おびただしい数のカエルが越王の車の前に飛び出してきた。越王は「これは勇士を得て、本懐を遂げる吉兆である」と車から降りて、カエルたちを拝んだとのこと。

残念ながら、大多数の現代人は越王のようにカエルを勇敢な生き物と見る感覚を持っていない。水辺の葉っぱの上でボケッーと座っているカエル。我々はカエルを平和的で弱弱しい存在と見がちである。しかし、これは動物生態学的には正しくなく、越王の方がよほどカエルを正確に捉えている。自然界のカエルは丸っこい見た目に寄らず獰猛な肉食動物だ。

さて、このような肉食動物カエルをモチーフとした空想世界の戦闘機にはいくつか心当たりがある。古くは80年代初めのアニメ『タイムパトロール隊オタスケマン』の「オタスケガエル」と、同年代のプラモデル『メカ生体ゾイド』の「アクアドン」。比較的最近だと特撮の『忍者戦隊カクレンジャー』の「ブラックガンマー」や『特命戦隊ゴーバスターズ』の「FS-0Oフロッグ」と言ったカエル型メカがある。

筆者の頭に浮かぶカエル型戦闘機はこんなところ。事例としては多くはないと思われるが、確かにチラホラ存在する。上記4種戦闘機は、いわゆるブサカッコイイと言うヤツで愛嬌たっぷりの姿形をしている。空想兵器の強弱を論じても意味はないが、それらは勇猛果敢に敵を討つ主力戦闘機ではなさそうだ。貪欲な捕食者とのカエルの動物生態学的特性は、空想世界のカエル型戦闘機にはあまり反映されていないのである。

2　伝奇性を帯びたカエル

動物名と「男（おとこ）」「おばさん」などの人を表す単語をくっ付けると、大概その人に対して悪口となる。「ゴリラ男」「女狐」などはその好例だ。カエルと人が合わさると、口が広い、ないしはギョロ目など、容姿を貶す表現となる場合が多い。90年代半ばの伝説的PCゲーム『同級生2』の〝カエルおやぢ〟はカエルを彷彿させる醜い容貌を持ち、主人公の義母である鳴沢美佐子に言い寄る、典型的な悪役だった。

戦闘場面で主人公の敵として立ちはだかるカエルも珍しくはない。宮下あきら作のコミック『曉!! 男塾青年よ、大死を抱け』では、毒ガエルが男塾生の呉袁紹と死闘を繰り広げた。日本のRPGの東西の横綱と呼ぶべきドラゴンクエストやファイナルファンタジーでもカエル型モンスターは定番の敵キャラである。

このように日本人はカエルに対して常に好意的な視線を注いできたわけではない。

ここでカエルに対する嫌悪感情が垣間見える、いくつかの事例を取り上げてみよう。まず、平安時代末期成立の『今昔物語集』にはヒキガエルにまつわるやや猟奇的な話が収録されている。陽明門には夕暮れになると出てきて、平たい石のようにうずくまるヒキガエルがいた。御所に出入りする人の中には、ヒキガエルに気付かずに転んでしまう者が続出した。人が倒れると、ヒキガエルは這い隠れてしまうのだと言う。なお、このようにカエルが人をからかうとの発想は我が国固有のものではなく、フランスのノーベル文学賞作家のミストラル著『ナルボンヌの蛙』にも、その一端を見ることができる（畠中敏郎『ミストラルと鷗外――「蛙」をめぐって――』）。

お隣の中国にはカエルにまつわる以下のような神話がある。元々は天上の女神で絶世の美女であった嫦娥が、夫の羿を裏切って不老不死の薬を飲み、1人で天上に戻ろうとした。嫦娥は夫に背いたと神々に非難されることをおそれ、しばらく月宮に隠れることとした。しかし、嫦娥は月宮に着いたとたん、背骨が短くなり、腹と腰が膨らみ、醜いヒキガエルになってしまった（袁珂著・鈴木博訳『中国の神話伝説』）。

所変わって地球の裏側のイギリス。画家・詩人のウィリアム・ブレイク（1757−1827）のアダムとイブを著した絵画では、イブの耳元で何かをささやくカエルが描かれており、このカエルはサタンの使い魔の役割をしていると解釈できるらしい。また、同じく欧州ではカエルは豊穣の象徴ではあったが、同時に交配行動の様子から淫乱のイメージを植えつけられた。西洋中世以後に現れる寓意図では、カエルは女の性欲や食欲を示す図像と考えられているそうだ。2004年公開の米国映画『フロッグマン』はこの発想の延

◆図1　映画『も〜っと！おジャ魔女どれみ　カエル石の秘密』DVD発売中4500円（税抜）発売元：東映ビデオ

長上にあるカエル映画とも言える。

以上、和洋中を問わず人はカエルに不気味さや醜悪さを見出すこともあったわけだが、現代日本の二次元世界作品にもその名残を見ることがある。1つ目は女性を害する淫獣としてのカエルだ。これはPC用RPG『ワーズ・ワース』（エルフ）や『神楽箱』（でぼの巣製作所）に登場する敵キャラクターのカエルが該当例となる。2つ目は伝奇的なカエルだ。劇場版少女キッズアニメ『おジャ魔女どれみ　カエル石のひみつ』（図1）は、カエルにまつわる伝説と童歌にまつわる物語である。過去のカップルの悲話を軸とした伝説とともにストーリーは展開していく。本作に絡むカエルは霊性を持つ存在である。このほか、作品中では祖父と孫の軋轢と和解といった重ための人間関係も主眼となっており含蓄ある作品である。キッズアニメとしてはやや特異な部類に属するだろう。

このような影を帯びたカエルが二次元世界では時折見られることを忘れてはならない。

3　夏と雨の到来を告げるカエル。ただしセミやスズムシには勝てない

春の早い段階で動き出すニホンアカガエル。5月に入ると盛んに鳴くシュレーゲルアオガエルやトノサマ

ガエル。初夏になるとアマガエルが大きな鳴き声を田んぼに響かせる。これが筆者の住む福井市の大雑把な〝カエル鳴き声カレンダー〟である。アマガエルの声は盛夏でも聞くことができるが、概してカエルは盛夏限定の歌い手ではない。

アニメやゲームで言えば、『水夏』『ＯＶＡ版_summer』『ＴＶアニメ版ＡＩＲ』『のんのんびより』『ここから夏のイノセンス！』などの作品中で、カエルの鳴き声が夏の夜のとばりを醸し出す音として用いられている。アマガエルらしき合成音が使われることが多いが、『アキハバラ電脳組』『キューティーハニーユニバース』のようにカジカガエルの声がバックに流れることもある。ただ、カエルの鳴き声の使用頻度はセミやスズムシに遥かに劣る。季節を告げる役割との観点で見れば、カエルは鳴く虫たちに到底勝てない。

二次元世界でのカエルの出場機会が鳴く虫に遠く及ばない理由は定かではない。一応憶測を述べさせていただくと、カエルは梅雨の生き物との認識が大半の人々にある。盛夏の高揚感を示す演出にセミは付き物であるが、人々は梅雨との季節にその手の聴覚的効果を求めないが故であろうか。また、スズムシやマツムシと比べると、カエルの声はどうしても騒がしい。夏の夜のカップルの語らいに相応しいのは涼しげに歌うスズムシであって、ゲロゲロ鳴きたてるカエルではないとの解釈も可能だ。

ただカエルにはセミやスズムシには絶対務まらない役割を持っている。それは鳴くことで雨の到来を人々に知らせるとの役割だ。特定の季節や時間に鳴く鳥獣や昆虫はいくらでもあるが、降雨を声で告げられるのはカエルだけである。例えば、平成31年放送のＴＶアニメ『上野さんは不器用』の第6話。ヒロインの上野のラブコメ相手の田中君が、降りしきる雨の中、校舎の縁に止まり、ケロケロ鳴く2頭のカエルをじっと見つめるシーンがあった。このカエルは何かをしでかすわけではないし、田中君がカエルに特別な思いを寄せる場面でもない。このカエルたちはただただ雨との天気に微笑ましさを添える役割を担っているわけだ。

4　魔法少女にお仕えするも、どこか横着なカエルたち

カエルが主役を張ったアニメと言えば、筆者の世代ならば、まずは『ど根性ガエル』、次いで『ケロロ軍曹』が頭に浮かぶ。70年代前半には『けろっこデメタン』とのカエルアニメが放送された。犬猫とて完全主役となったアニメとなると、『名探偵ホームズ』ほか事例は決して多くないはずだから、筆者が挙げた3つの事例があるだけでも、アニメにおけるカエルの存在感は大したものと言うべきだろう。

では、主役とまではいかなくとも、主人公の脇を固めるカエルはいるのか？　犬、猫、イタチ、鳥が魔法少女をサポートする事例は多々あるが、カエルが女の子を補佐する場合も時々ある。例えば２０００年代半ばに講談社の「なかよし」で連載され、アニメ化もされた『シュガシュガルーン』。魔界出身の少女２人が次期クイーンの座をかけて人間界にやってくるところからストーリーは始める。２人の魔法少女の１人ショコラの使い魔がカエルのデュークとの設定だ。二例目は、プレイステーション2対応で平成18年発売のＲＰＧ『魔界戦記ディスガイア２』のティンク。ティンクは魔界の王ゼノンの娘のロザリーのお供である。

こうして見ると、犬猫とカエルも同等に魔法少女のサポート役を務めているようだが、性格はかなり異なる。一般の魔法少女アニメの鳥獣型お供動物のキャラ設定の傾向はだいたいにおいて、①マスコット的存在で可愛い、②明朗活発、③几帳面でお節介、とまとめられる。だが、ここで挙げた２例のカエルはこれらの

傾向に当てはまらない。デュークは横着ものの寝坊助であまり頼りにならない。ティンクもやはり怠け者の気があるし口が悪い。また、キレると性格が豹変するという困った一面を持っている。鳥獣型のお供動物が常にヒロインに寄り添い、サポート役として獅子奮迅の働きを見せるのに対して、デュークとティンクはどうにもこうにも頼りにならない。

シェークスピアの『マクベス』の魔女は自身がヒキガエルに化け、逆に他人をヒキガエル男に変えることもできる。よってカエルと魔法少女を結び付ける発想自体は取り立てて珍しいものではない。ただ、どこか横着で、そこに愛嬌があるカエルの描かれ方は日本の二次元世界諸作品に普遍的なものである。また、魔法少女のお供動物のうち、鳥獣でないものはほぼカエルに限定されているとの状況も特異である。この点については本章最後の**8**でまとめて考察することとする。

5　カエルに寄り添うのはなぜか女の子ばかり

夏休みに田んぼでカエルやオタマジャクシを捕まえるのは主に男の子の役目であって、女の子ではない。これは現代社会の厳然たる事実である。にもかかわらず、二次元世界ではカエルと寄り添うのはなぜか女の子ばかりである。

1つ目の事例は平成17年の映画「ふたりはプリキュアMax Heart」(**図2**)。闇の世界の魔女の攻撃を受けている希望の園(その)から、カエルたちが少女戦士のプリキュアに救いを求めて地球にやってくるところから始まる。本作は勧善懲悪のシンプルなストーリーで、戦いを終え地球に戻った2人の主人公の女の子が、

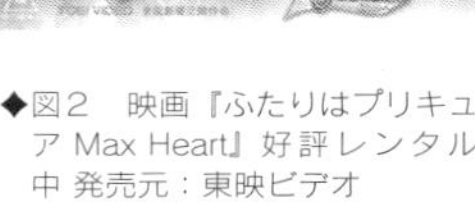

◆図2　映画『ふたりはプリキュア Max Heart』好評レンタル中 発売元：東映ビデオ

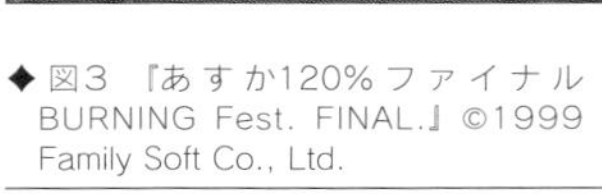

◆図3 『あすか120%ファイナル BURNING Fest. FINAL.』©1999 Family Soft Co., Ltd.

庭にいたカエルを見つめることで幕を閉じるのである。

2つ目は90年代の格闘ゲーム『あすか120%』シリーズの豊田可莉奈（**図3**）。本作は繚乱女学院高等部の各部活の代表が部費を巡って、格闘技大会を行うとのトンデモ設定だ。豊田可莉奈は生物部所属で、ペットのカエル（ケロぴょん）と深い信頼関係で結ばれている。

3つ目の事例は平成30年の『Release The Spyce』。スパイ組織「ツキカゲ」所属の6人の少女が大活躍するTVアニメだ。ツキカゲにはサポート役のシノビと呼ばれる動物たちがいて、そのうちの1匹が「カマリ」との名を持つカエルである。

4つ目の事例は平成31年春のTVアニメ『Fairy goneフェアリーゴーン』。本作は妖精を自由自在に操る、〝妖精兵〟と呼ばれる戦士たちの物語だ。主要女性キャラクターの1人のクラーラ・キセナリアが扱うトメリーズは明らかにカエル型妖精である。クラーラもまたカエルとコンビを組んだ女性キャラの1人だ。

最後は『僕のヒーローアカデミア』の少女サブキャラクターの蛙吸梅雨。彼女の名前は言うまでもなく、姿形や能力そのものがカエルとの設定である。

こうして見ると、二次元世界でカエルに寄り添うのは不思議なことに少女ばかりである。ただ、カエルと少女との結び付きは現代サブカルチャーで突如生まれた突飛な発想ではないことは記しておく必要がある。例えば、江戸後期から明治にかけて活躍した絵師の河鍋暁斎（1831－1889）の代表作の1つが「美人観蛙戯図」で、ここでは相撲をとるトノサマガエルたちとそれをみつめる若き美人女性が描かれている。
それにしても、豊田可莉奈を筆頭に、二次元世界にはしばしばカエルを変態的に溺愛する少女が描かれることは特筆に値しよう。無論、これは万人に愛されて当たり前の犬猫とは異なり、カエルが大好き＝キャラクターの特異な個性としての描写が成立するが故の現象ではある。しかし、カエルと同じゲテモノのトカゲやバッタを偏愛する少女キャラクターがいないことを鑑みると、やはりカエルにはカエルにしかない〝何か〟があるのである。

6　少女とキスをするカエル。日本人の大きな勘違い

グリム童話集の中に「カエルの王さま」という話がある。あらすじは以下の通りだ。

お姫様は遊んでいた泉に落としてしまった金のまりを、泉にいたカエルに取らせようとしました。カエルは交換条件として「友達になってほしい」といい、お姫さまは承知しました。しかし、お姫様に約束を守る気はさらさらありませんでした。彼女はカエルにまりを取らせた後、さっさと城に帰ってしまいます。やむなくカエルは城まで押しかけてきて彼女の父親に訴え、ついには「あなたのように私も

ベッドで休みたい」などと彼女に要求を重ねます。カエルを触りたくないお姫さまでしたが、とうとう怒ってカエルを捕まえて壁に叩きつけました。すると、悪い魔女によってカエルにかけられていた魔法は解け、カエルは王子様の姿に戻りました。やがて2人は結婚しました。

このように、王子様にかけられた悪い魔女の魔法を解いたのは、相当荒っぽい物理的な衝撃なわけだが、多くの、いや、おそらく7割以上の日本人はお姫様のキスによって魔法が解けたと勘違いしている。そこで、5年ほど前に筆者は授業中に学生たちにアンケートを採ったことがある。問うた内容は「グリム童話『カエルの王さま』で、カエルの姿にされてしまった王子様はお姫様の力で人間に戻ることができた。お姫様はどのようにして魔法を解いたのだろうか?」で、以下の選択肢を用意した。

(1) お姫様はカエルを壁に叩きつけて魔法を解いた
(2) お姫様はカエルにキスして魔法を解いた
(3) お姫様は呪文を唱えて魔法を解いた
(4) 想像がつかないので答えられない

アンケートに答えたのは100人弱の20歳前後の福井大学生。結果は**表**のようになった。衝撃的である。正答率は1割に過ぎない。キスによって魔法を解かれたと思い込んでいる学生は3分の2に上ることが明ら

表　カエルの魔法化解除に関するアンケート結果

回答	男性（人）	女性（人）	合計（人）	全体中の割合
①壁	5	5	10	11%
②キス	47	17	64	67%
③呪文	11	1	12	13%
④わからない	8	1	9	9%
合計	71	24	95	

※小数点以下、四捨五入。

かになった。ここまで高い数値を示した以上、もはや正解率が低いという次元の話ではない。日本におけるグリム童話「カエルの王さま」の解釈の1つと理解すべきだ。

では、この恐るべき勘違いは何に起因するのか？　筆者は公立図書館で「カエルの王さま」の絵本およびグリム童話集を計20種近く調べたが、キス・バージョンは1つとしてなかった。すなわち全てがカエルを壁にぶつけたという原作に忠実なものであった。また、１９８７〜１９８８年に日本アニメーションによって制作されたアニメ「グリム名作劇場」の「かえると王女」（＝カエルの王さま）でも、お姫様がカエルを壁に投げるという行為については原作通りに描かれていた。

我々の身近にある童話や絵本は原作に忠実（＝カエルを壁にぶつける）であるにもかかわらず、本学の学生たちの3分の2が「お姫様のキスによって魔法が解かれた」と勘違いしている事実は、一体何を意味するのだろうか？　おそらくは以下に記すコミックやアニメ、ゲームなどで、キスによってカエル化が解除される場面を繰り返し見てきたからではないか。例えば、往年の名作コミック『うる星やつら』28巻収録の「口づけ❤速達小包」の中で、70年代生まれの男どもの永遠のアイドルであるラムちゃんが、男の子にかけられたカエル化の魔法を解くため、カエルにキスするシーンがある。

平成19年発売のプレイステーション2対応のアクションRPG『オーディンスフィア』にも同様の世界観がある。本作品第3章「妖精の国の物語」の主人公のメルセデスはリングフォールドの王女。メルセデスは森の中で武者修行中にカエルと出会う。やがてリングフォールドに危機が訪れるが、メルセデスはカエルや周囲の者たちに助けられ、戦い抜く決意をする。実は、このカエルは魔法によって姿を変えられた王子で、魔法は解くにはメルセデスのキスが必要なことが後に明らかにされるのである。

また、登場キャラクターが直接キスするわけではないが、RPG『ファイナルファンタジー（FF）』シリーズに「乙女のキッス」というアイテムがある。FF5には、エルフトード、アルケオトード、コルナゴというカエル型モンスターが登場する。この3種のカエルはプレイヤー側に対して「蛙の歌」という攻撃を仕掛けてくる。そして「蛙の歌」を食らうと、プレイヤーキャラクターはカエルにされてしまい、極端に弱くなってしまう。そして、プレイヤー側がそのカエル化を解くアイテムが「乙女のキッス」なのである。

以上の事例はほんの一部に過ぎない。ここまでしょっちゅうアニメやゲーム、ファンタジー小説でカエルへのキスシーンを見せつけられると、大半の人間が「お姫さまのキスによって元の王子の姿に戻れた」と勘違いしても不思議ではない。

それにしても日本におけるグリム童話「カエルの王さま」への曲解、そしてその曲解から生まれた空想諸作品。となると「キス・バージョンは日本オリジナルの発想か？」との疑問が湧く。結論から先に言うとキス・バージョンの発生は本家本元の欧州の方が先である。

筆者がドイツ文学が専門の同僚の磯崎康太郎氏にうかがったところ、キス・バージョンがドイツで生まれたのは19世紀末ごろにさかのぼるのではないかとのことである。また、2009年の米国ディズニーのアニメ『プリンセスと魔法のキス』でも、カエルにされた王子の魔法を解くべく女の子がキスをしている。

つまり、「カエルの王さま」のキス・バージョンには長い歴史があり、かつそこから派生した「キスで魔法を解くとの発想」も日本固有のものではないことは確かである。

7　カエル王国の不思議

アニメやゲームの世界では擬人化した動物たちだけで構成される住人集団や王国がちらほらと見受けられる。古くで言えば手塚治虫の『ジャングル大帝』がそれに該当するだろう。だが、1種類の動物のみで成り立っている自治組織の事例となると一気に数が減ってしまう。一種の動物だけで国が構成されている数少ないアニメの例の1つが『ドラえもん　のび太の大魔境』の犬の王国だろう。

ここで本章のテーマであるカエルに話を絞ると、二次元世界ではカエルは犬猫を凌ぐ数の王国を築いていることに気付く。まず本章**4**で紹介した『ケロロ軍曹』の母国ケロン星はカエル型宇宙人で構成されている。次に、**5**で述べた『ふたりはプリキュアMax Heart』。舞台となった希望の園(その)の女王は人間形態で国民はイヌ、ヒツジ、リスなど様々な動物で構成されている。そのような多種多様な動物たちの中から、なぜかカエルが女王の使者として選ばれ、またプリキュアとともに戦うとの設定が面白い。このほか、作品中には「カエルの泉」と呼ばれる泉も登場するので、この希望の園も準カエル王国に数えても良いだろう。

もっと直接的にカエルがキング（国王）であるとの設定がなされている作品も少なくない。カエル国王の

◆図5 『しろのぴかぴかお星さま』 ©2013 Sweetlight

◆図4 コミック版『ケロケロちゃいむ』 藤田まぐろ 集英社

代表は何と言っても『ケロケロちゃいむ』だ（図4）。本作は少女マンガ雑誌である「りぼん」掲載の藤田まぐろ著のコミックで、平成9年にアニメ化された。カエル族の女王の姫君であるミモリと人間の少年のアオイが主人公。アオイはミモリの兄であるマカエルに魔法をかけられ、水をかぶるとカエルになる体にされてしまう。アオイはその魔法を解くためにカエルの国にやってきてミモリと会うところからストーリーは本格的に展開し始める。過去にあったカエル族とヘビ族との戦争が物語の鍵となっている。こう書くと何やらシリアスなストーリーのように思われるが、実態は全く異なる。ミモリは超ポジティブシンキングのノーテンキ娘で、作品全体の雰囲気はのほほん系である。作品中にはミモリの従者のカエルが登場するなど、とにかくカエルだらけだ。

平成25年のPCゲーム『しろのぴかぴかお星さま』にもカエルの国王が登場する。このゲームには現実の人間社会と「おとぎの国」の2つが舞台となる。「おとぎの国」とは、死んだ様々なペット動物たちが飼い主との再会を待ちわびる国のこと。言わばペットの天国のようなものだ。本作の主人公は尊藤由紀と言う男の子と、10年前に死んだ愛犬のしろ。奇跡を起こしたしろは少女の姿となって人間社会に舞い戻り、飼い主の由紀と再会を果たす。「十年愛犬を忘れなかった少年と、十年飼い主を忘れなかった元犬の少女」とのキャッチフレーズが心打たれる作品だ。由紀としろは夢の中で何回も「おとぎの国」を訪れるわけだが、果たしてこの国の王様がカエルなのである（**図5**）。

室町時代の軍記物語『太平記』には、天竺の波羅奈国の大王の前世はカエルだったとの逸話が掲載されている。どうも日本人はカエルを国王とすることに抵抗がないらしい。では、カエルが国王と目されがちな、何か特別な理由があるのだろうか？　実は、日本製空想諸作品だけがカエルと王国を結び付けているわけではない。ヨーロッパのメルヘンにおいても、カエルがしばしば王冠をかぶって登場する。

なぜ数多（あまた）の動物たちの中で、なぜカエルだけが突出して王国を築くのか。残念ながら、この重要な点につき、筆者は説得力のある推測を導き出しえていない。今後の課題である。

8　両生爬虫類の中でなぜカエルだけが少女と結び付くのか？　答えはデフォルメにあり

二次元世界のカエルを長年（でもないが）追いかけてきた筆者は他の動物には見られないカエルならではの特徴を3つ見出した。①他の動物を差し置いて国王にされがちである、②人々の現実の生き物への感情と、キャラクター化された生き物の扱われ方の間の乖離が極めて大きい、③少女と言う片方の性別キャラクターとだけ圧倒的に結びつきやすい、の3点である。

①の国王については本章**7**で既に「カエルだけが突出して国王になっている背景をうまく説明できない」

と告白した。「魔法でカエルの姿にされてしまった王子様」との設定が言わばテンプレートとして定着していることは一因ではあるだろう。しかし、世界的古典であるグリム童話が及ぼした我が国の二次元作品への影響をどこまで見るべきなのかは、文学者ではない筆者には判断しがたい。

②について。カエルをヌルヌルして気持ち悪いと考える女性は少なくない。しかし、コミックやアニメ、ゲームなどでカエルがキャラクター化すると、とたんに好意的な扱いに転じるのだから不思議な話である。単純に醜悪な淫獣として登場することもあるにはあるが、カエルはおおよそ可愛く、そして愛嬌ある生き物として描かれる。

このように実際の動物としてのカエルと二次元世界のカエルとの扱いの差は歴然としており、この点は不可思議である。③は②と深く密接に関係していよう。可愛く描かれるからこそカエルは少女に寄り添うのである。犬の場合は少年と少女どちらとでもコンビを組めるのに、カエルの場合はなぜパートナーがほぼ少女に限定されるのか。少女とカエルと密接な繋がり。これは現代文化蛙学の重要な論点の1つである。

そして、実物はヌルヌル毛なしのキモいカエルが、なぜキャラクター化すると可愛くなるのか？　そして、同じ両生爬虫類なのに、なぜヘビやトカゲ、イモリは愛嬌たっぷりに描かれにくいのか？　この疑問に答える回答の1つ目は、気持ち悪がられるとは言え、日本人は水田稲作が始まった弥生時代以降、カエルと共に日々を歩んできた。カエルに直接手を触れるのは嫌だが、カエルの声を聞いて初夏の到来に思いを寄せるとの日本人は少なくないだろう。かの『蜻蛉日記』の作者も雨が乱れ降る夕暮れの中、カエルの声に耳を傾けていた。結局のところ、何だかんだ言って鳴き声で季節を告げるカエルに対しては、セミや鳴く虫と同等の親しみを感じ、無声のヘビやトカゲとは全く別の代物とみなすのが日本人の文化的ＤＮＡだとの解釈が１つ。

２つ目は日本語には「帰る」「買える」「変える」「替える」など、〝かえる〟と発音する動詞が多いこと。これはカエルがダジャレを介在したキャラクターにされやすいことを示している。**図6**のＪＲ東日本の案内看板はその一例だ。この点は、キャラクター市場の中で、イモリやサンショウウオがカエルには遠く及ばない理由の１つであろう。

◆図６　JR東日本の案内看板。平成28年6月JR五反田駅にて撮影。

３つ目はデフォルメとの描写法に関するものだ。省略、誇張、変形の３つ基本要素から構成されるデフォルメ。そして、マンガにおける普遍的なデフォルメとは幼形刺激である。幼形刺激とは可愛いといった感情反応を誘う刺激を指す。人間や動物の絵で言うならば、この刺激を生み出す形態的特徴とは、短い手足、大きい頭、まるっこい輪郭、大きな眼などである。多くの少女マンガに登場する極端に大きい目を持つ女の子は、この最たる例だ。

こうしてみると、カエルはデフォルメによって幼形刺激を視聴者に容易に与えうるフォルムを元々素質として持っていることがわかる。体は丸っこいし、頭もでかめ、眼はギョロ目である。つまり、前述の幼形刺激を生み出しうる前段階的な形態的特徴の大半をカエルは最初から備えているのである。そして、これらの生物学的特質

◆図7 『ケロケロキング スーパーデラックス』©2000, 2003 kero ©BANDAI 2003

をちょいと誇張してやれば、カエルは誰もが知っている薬局の「ケロちゃん」や街にあふれる「けろけろけろっぴ」のように、可愛いキャラクターにいとも簡単に変身できるわけだ。プレイステーションやゲームキューブ対応のゲーム『ケロケロキング』シリーズに出てくるカエルはその最たる事例の1つだ（**図7**）。カエルと同じ両生爬虫類の仲間であっても、頭小さめで体が細長いヘビやイモリには真似できない芸当である。

カエルの場合、二次元世界で愛嬌さを発揮するうえで、体色も有利に働いたと考えられる。グリーンは人に癒しの印象を与えるが、カエル・キャラクターをグリーンで塗りつぶすことは違和感がない。実物がそれに近いからである。

身近な両生爬虫類も中で、丸っこい体と大きな頭と目ん玉を持ち、デフォルメしやすい緑色の体を持つのはカエルだけである。ヘビやトカゲ、イモリには無理だが、カエルなら少女のパートナーになれる。この要因についてはかなりの部分を動物形態学の理屈で説明できる、と言うのが筆者なりの推論である。

（保科英人）

あとがき

本書では大衆文化を文化昆虫学の題材とすると宣言しつつ、「何じゃそら?」と思われること必定のマイナー作品ばかり取り上げて来たような気もする。実はこれこそが文化昆虫学の醍醐味である。1人の人間が生涯のうちで接することができるマンガや小説、音楽なんぞたかがしれている。ならば、個々の研究者が趣味を隠そうとせず、己の嗜好に忠実に文化昆虫学論を展開していけばよいのだ。その嗜好の偏りは研究者の数自体が増えれば、おのずと是正される。本書発刊の狙いはそこにある。

近年、財界のトップが「役に立たない人文学は無意味」との発言をすることがある。現在カネ儲けに繋がらない学問分野に携わる研究者は息苦しさを感じている。確かに文化昆虫学に勤しんだところで、カネは出ていくばかりで入ってくることはない。しかし、人々が昆虫をどのように捉えているのか、即ち昆虫観を探ることは、民族の自然観の実態を知ることに他ならない。そして、人々の自然観を考察することは国や県の自然保護行政を評価する上で必要不可欠なのである。

本書第2章で「日本人による自身の虫好き論はやや過大評価の傾向がある」と苦言を呈した。単に虫好き比べで、他民族に勝っていると思い込むだけなら弊害はない。厄介なのは日本人が「自分らは欧米人どもとは異なり、虫好き民族なのだから、常日頃から自然を大事にしているはずだ」と思考停止することである。昨今の奄美大島のノネコ騒動を見てみればよい。環境省は野生化したノネコを捕獲し、里親が見つからない場合は殺処分やむなしとの方針を定めた。対して全国の猫愛護団体は抗議活動を展開している。彼らの言い分の本音はようするに「可愛い猫を絶対に殺すな」であって、ノネコに捕食される両生ハ虫類や昆虫類なんぞ知ったこっちゃねえ、なのである。このような生き物の外見至上主義そして昆虫軽視は、人間の存亡にかかわる生物多様性の保全を進める上で、非常に面倒な代物なのだ。

民族の昆虫観を評価するうえで、大衆文化における昆虫の扱われ方を知ることが重要である、と本書第1章で述べた。歴史の教科書に名を残す偉大な芸術家の作品を分析するのは学術的には興味深い。しかし、彼らの感性が一般大衆とは大きくかけ離れていることは常に意識しておく必要がある。よって、本書ではあくまで現代、そして我々の直接の先人とも言うべき近代の大衆文化に焦点を当て、文化昆虫学的検証を重ねたわけだ。

そのうえで、我々著者2人は、日本人は世界でも稀に見る感性豊かな虫好き民族などと単純に評価していないし、また昆虫をリアルに作品上で再現できる観察力優れた民族であると自画自賛したわけでもない。近代日本人にとってホタルは大量消費する使い捨てのオモチャにすぎなかった（第5章）。また、映画の中で昆虫をキャラクター化する際には、動物形態学的知見を逸脱したデフォルメも行う柔軟性を持ち合わせている（第12章）。

その一方で、日本人が自分らの生活する自然の特性を生かし、昆虫を大衆文化に巧みに取り込んでいるのもまた事実である。日本のアニメファンの外国人は作品中にむやみやたらと流れるセミの声に疑問を持つと言う。欧州ではセミの数は比較的少なく、その鳴き声も特徴的ではない。しかし、夏の大半をセミに囲まれて暮らす我々日本人は、セミの鳴き声でアニメキャラクターの心情を表現する技法を手にした（第14章）。また、温暖湿潤な気候の日本列島はセミだけでなく、昆虫自体の種数も個体数も多い。そして、虫たちに溢れる我が国では、昆虫モチーフのパンや和菓子が日々生み出されているのである（第8章）。

人は万物の霊長であり、他の全ての生物の生殺与奪を握る存在だ。とは言え、我々は地球生態系を完全コントロール下に置くことはかなわない。ウナギやマグロの資源枯渇が叫ばれて久しいではないか。生物多様性の劣化は、我々の生活レベルの低下に直結しつつあるのだ。

生物多様性の中心は地球上の生物種数の4分の3を占める昆虫である。昆虫無くして人類の安穏な日々はありえない。だからこそ、人は昆虫を今一度見つめ直す必要がある。しかし、人間は生き物の良し悪しを感情的に外見で判断する癖もある。理屈だけで生きているわけではない。昆虫の重要性を認識する上で、科学的な見地だけではなく、文化的な側面にも着目する理由はそこにある。

本書では普段科学的な立場から昆虫学を研究する著者2人が、その知識と経験を活かしつつ、文化的側面から民族の昆虫観のアプローチを試みた。「大衆文化のなかの虫たち――文化昆虫学入門」が読者の方々の昆虫観を振り返る切っ掛けになれば幸いである。

（保科英人・宮ノ下明大）

の調べ方. p. 116–117. 文教出版.
奥本大三郎監修, 1990. 別冊歴史読本特別号. 虫の日本史. 新人物往来社. 157 pp.
小野俊太郎, 2007. モスラの精神史. 講談社. 238 pp.
大場裕一, 2016. 恐竜はホタルを見たか. 岩波書店. 128 pp.
桜谷保之, 2009. テントウムシグッズ. 日本環境動物昆虫学会編, テントウムシの調べ方. p. 118–121. 文教出版.
佐藤晃子, 2013. アイテムで読み解く西洋名画. 山川出版社, 159 pp.
瀬川千秋, 2016. 中国 虫の奇聞録. 大修館書店. 226 pp.
篠田知和基, 2018. 世界昆虫神話. 八坂書房. 213 pp.
鈴木健一編, 2012. 鳥獣虫魚の文学史. 虫の巻. 三弥井書店. 373 pp.
高田兼太, 2009. 人にかかわる昆虫たち. ─文化的に重要な昆虫とそれらの人間社会への影響に関する覚え書き（文化昆虫学)─. とっくりばち, (77): 9–20.
高田兼太, 2011. 甲虫と人類の文化 ─ホタル科の文化昆虫学概説. さやばね, (2): 25–31.
Takada, K., 2012a. Is interest in Dynastine beetles really uniquely Japanese and of little interest to people in western countries? Elytra, Tokyo, new series, 2: 333–338.
Takada, K., 2012b. Japanese general public highly fascinated by Hercules beetles, Dynastes hercules（Linnaeus, 1758）, of the exotic dynastine beetles. Elytra, Tokyo, new series, 2: 325–332.
Takada, K., 2016. Gummi candy as a realistic representation of a rhinoceros beetle larva. American Entomologist, 62: 154–156.
手塚治虫著. 小林準治解説, 1998. 手塚治虫の昆虫博覧会. いそっぷ社. 182 pp.
碓井益雄, 1982. 霊魂の博物誌. 河出書房新社. 252 pp.
宇山あゆみ, 2007. 夢のこども洋品店. 河出書房新社. 109 pp.
矢野智司, 2002. 動物絵本をめぐる冒険. 勁草書房. 242 pp.

【付記】 本書を執筆するにあたり、著者の1人の保科は、科学研究費助成事業（学術研究助成基金助成金）の基盤研究（C）（課題番号：18K00254）の助成を受けている。

bunnies. Bulletin of the Entomological Society of America, 34: 55–63.
マガジンハウス書籍編集部, 2013. 大人の仮面ライダー大図鑑. マガジンハウス. 111 pp.
Mertins, J. W., 1986. Arthropods on the screen. Bulletin of the Entomological Society of America, 32: 85–90.
三橋淳編, 2003. 昆虫学大事典. 朝倉書店. 1200 pp.
三橋淳・小西正泰編, 2014. 文化昆虫学事始め. 創森社. 273 pp.
宮ノ下明大, 2005. 映画における昆虫の役割. 家屋害虫, 27(1)：23–34.
宮ノ下明大, 2007. アリからチームワークを学んだ少年—映画『アント・ブリー』にみる成長物語—. 家屋害虫, 29(2): 153–158.
宮ノ下明大, 2007. 昆虫絵本への招待. 家屋害虫, 28(2): 161–166.
宮ノ下明大, 2008. 幼虫チョコとキモカワイイ. 家屋害虫, 30(1): 19–21.
宮ノ下明大, 2011. 映画における昆虫の役割 II. 都市有害生物管理, 1(2): 147–161.
宮ノ下明大, 2014. パン屋における「昆虫パン」. 都市有害生物管理, 4(2): 97–101.
宮ノ下明大, 2014. 映画（特撮・アニメ・実写）に登場する昆虫. 文化昆虫学事始め（三橋淳・小西正泰編). p. 242–271. 創森社.
宮ノ下明大, 2015. 正体不明の昆虫マグネット. 都市有害生物管理, 5(1): 37–38.
宮ノ下明大, 2015. 暮らしの中のテントウムシデザインとは何か？その図像と鞘翅斑紋パターンの特徴. 都市有害生物管理, 5(2): 61–67.
宮ノ下明大, 2015. 文化昆虫学で歩く鎌倉散歩. 都市有害生物管理, 5(2): 77–78.
宮ノ下明大, 2016. 七つ星テントウムシの描き方. 都市有害生物管理, 6(1): 33–35.
宮ノ下明大, 2016. カプセル玩具「カブトム天」. 都市有害生物管理, 6(1): 49–50.
宮ノ下明大, 2016. チョコレート「カイコの一生」. 都市有害生物管理, 6(2): 99–100.
宮ノ下明大, 2017. 気になる不思議な昆虫絵本. 都市有害生物管理, 7(2): 65–66.
宮ノ下明大, 2018. 昔話にみる「虫の恩返し」. 都市有害生物管理, 8(1): 21–22.
中山圭子, 2018. 事典和菓子の世界 増補改訂版. 岩波書店. 309 pp.
ノア・ウイルソン=リッチ著. 原野健一監修, 2015. 世界のミツバチ・ハナバチ百科図鑑. 河出書房新社. 223 pp.
沼田英治・初宿成彦, 2007. 都会にすむセミたち. 温暖化の影響？. 海游舎. 162 pp.
小畑晶子, 2009. テントウムシの民俗学. 日本環境動物昆虫学会編, テントウムシ保科英人, 2017. 帝国議会における鳥類学者鷹司信輔. 日本海地域の自然と環境, (24): 101–115.
保科英人, 2017. 古事記・日本書紀に見る日本人の昆虫観の再評価. 伊丹市昆虫館研究報告, (5): 1–10.
保科英人, 2017. 名和昆蟲研究所側面史. きべりはむし, 39 (2): 58–68.
保科英人, 2018. 明治百五拾年. アキバ系文化蝶類学. 環境考古学と富士山, (2): 46–73.
保科英人, 2018. 明治百五拾年. 近代日本ホタル売買・放虫史. 伊丹市昆虫館研究報告, (6): 5–21.
保科英人, 2019. 文化蛙学. 近代日本人とカジカガエル. 日本海地域の自然と環境, (25): 127–136.
保科英人, 2019. 明治40年代「名和靖日記」. 科学史研究, (289): 39–55.
Hoshina, H., 2017. The Prices of Singing Orthoptera as Pets in the Japanese Modern Monarchical Period. Ethnoentomology, 1: 40–51.
Hoshina, H., 2018. The prices of fireflies during the Japanese modern monarchical period. Ethnoentomology, 2: 1–4.
Hoshina, H., 2018. Cultural coleopterology in modern Japan, II: the firefly in Akihabara Culture. Ethnoentomology, 2: 14–19.
保科英人・稲木大介・丹治真哉・廣田美沙, 2010. アキバ系の文化甲虫学〜序章〜. ねじればね, (128): 5–19.
Hoshina, H. & K. Takada, 2012. Cultural coleopterology in Modern Japan: The Rhinoceros Beetle in Akihabara Culture. American Entomologist, 58: 202–207.
今井彰, 1978. 蝶の民俗学. 築地書館. 212 pp.
今井彰, 2006. 羅浮山蝶ゆらり. 信濃毎日出版社. 211 pp.
井上浩監修, 2012. 乙女の玉手箱シリーズ. カエル. グラフィック社. 141 pp.
金子浩昌・小西正泰・佐々木清光・千葉徳爾, 1992. 日本史のなかの動物事典. 東京堂出版. 266 pp.
加納康嗣, 2011. 鳴く虫文化誌. 虫聴き名所と虫売り. エッチエスケー. 155 pp.
笠井昌昭, 1997. 虫と日本文化. 大巧社. 171 pp.
小泉八雲著. 長澤純夫編訳, 1998. 蝶の幻想. 築地書館. 299 pp.
小西正泰, 1993. 虫の博物誌. 朝日新聞社, 300 pp.
Leskosky, R. J. & M. R. Berenbaum, 1988. Insects in animated films. Not all bugs are

主要参考文献

本書では数多くの書籍や論文を参考にした。以下、主要なものだけを挙げる。

阿部光典, 2013. 昆虫名方言事典. サイエンティスト社. 197 pp.

別冊宝島編集部, 2019. マーベル・シネマティック・ユニバース. 宝島社. 127 pp.

ルーシー・W・クラウセン著. 小西正泰・小西正捷訳, 1993. 昆虫のフォークロア. 博品社. 264 pp.

ハルドバウアー, G. 著. 屋代道子訳, 2012. 虫と文明. 築地書館. 281 pp.

Hogue, L. C., 1980. Commentaries in cultural entomology. 1. Definition of cultural entomology. Entomological News, 91: 33–36.

Hogue, L. C., 1987. Cultural entomology. Annual Review of Entomology, 32: 181–199.

保科英人, 2013. アキバ系文化昆虫学. 牧歌舎. 426 pp.

保科英人, 2014. アカトンボが登場するフィクション作品あれこれ. Pterobosca, (19B): 72–73.

保科英人, 2014. アキバ系文化蜻蛉学事始. Pterobosca, (20A): 10–12.

保科英人, 2014. お雇い外国人グリフィスが描いたお伽話の中の日本の甲虫たち. さやばね, (13): 26–34.

保科英人, 2015. 蝶類學者仁禮景雄先生小傳. 日本海地域の自然と環境, (22): 111–131.

保科英人, 2016. 近年の世相に見る日本人のトンボ観. Pterobosca, (21B): 50–51.

保科英人, 2016. 12 月. 近代海軍における日米両国の昆虫観の比較. きべりはむし, 39 (1): 36–37.

保科英人, 2017. 近現代文化蛍学. さやばね, (26): 38–46.

保科英人, 2017. 鳴く蟲の近代文化昆蟲學. 日本海地域の自然と環境, (24): 75–100.

著者

保科　英人（ほしな　ひでと）

昭和47年神戸市生まれ。平成12年九州大学大学院農学研究科博士課程修了、博士（農学）。現在、福井大学教育学部准教授、日本甲虫学会和文誌編集委員長、福井県環境審議会野生生物部会長、環境省希少野生動植物種保存推進員。
専門：文化昆虫学、科学史、土壌性甲虫分類学。

宮ノ下　明大（みやのした　あきひろ）

昭和39年鹿児島県生まれ。平成5年東京大学大学院農学系研究科博士課程修了、博士（農学）。現在、国立研究開発法人 農研機構に勤務。法政大学兼任講師、農林水産省 国際植物防疫条約に関する国内連絡委員、都市有害生物管理学会会長。
専門：応用昆虫学、文化昆虫学。

大衆文化のなかの虫たち　文化昆虫学入門

2019年12月25日　初版第 1 刷発行
2020年 4 月10日　初版第 2 刷発行

著　者　保科　英人
　　　　宮ノ下　明大

発行者　森下　紀夫

発行所　論 創 社
〒101-0051 東京都千代田区神田神保町 2-23　北井ビル
tel. 03 (3264) 5254　fax. 03 (3264) 5232
http://www.ronso.co.jp　振替口座 00160-1-155266

装　幀　白川公康
組　版　中野浩輝
印刷・製本　中央精版印刷
ISBN978-4-8460-1891-7